普通高等教育"十一五"国家级规划教材
计算机科学与技术系列教材 信息技术方向

数据库技术及应用

汤荷美 周立柱 冯建华 刘卫东 宋佳兴 编著

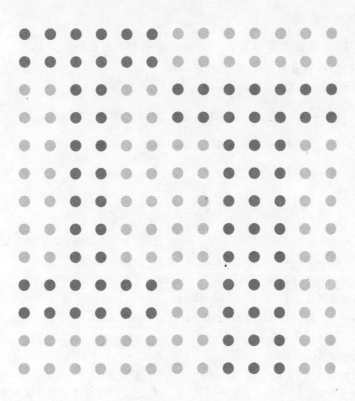

清华大学出版社

北京

内 容 简 介

本书紧密结合数据库技术应用需求,分为三个层次:数据库系统基本原理、数据操纵、应用开发,详细介绍数据库技术涉及的基本概念、原理、工具及方法。第一个层次数据库系统基本原理,内容包括了数据库系统的基本结构及组成、数据模型、数据存储技术、数据管理技术、分布式数据库技术等。第二个层次数据操纵,介绍 SQL 及 Oracle 的 PLSQL 关系数据库语言。第三个层次应用开发,从数据库工程角度介绍软件及数据库应用系统涉及的开发模型和开发技术,并结合 Java 和.NET 面向对象开发环境,分别给出了一个简化的选课系统实现示例。

本教材参考 CC2005 课程体系和我国高等学校计算机科学与技术教学指导委员会编制的核心课程教学实施方案,内容覆盖了课程体系中数据库技术知识点,贯穿强调基础、重视实践、内容实用的指导思想,以流行的 Oracle 大型分布式数据库系统作为实践教学对象,理论与实践结合,同时兼顾工程需求。

教材内容翔实,实用性强,可作为应用型计算机专业本科学生数据库课程的教材,也可供计算机专业工作人员及相关从业人员作为自学参考书。

图书在版编目(CIP)数据

数据库技术及应用 / 汤荷美等编著. —北京:清华大学出版社,2011.6
(计算机科学与技术系列教材 信息技术方向)
ISBN 978-7-302-25912-1

Ⅰ. ①数… Ⅱ. ①汤… Ⅲ. ①数据库系统—教材 Ⅳ. ①TP311.13

中国版本图书馆 CIP 数据核字(2011)第 110147 号

责任编辑: 张瑞庆 薛 阳
责任校对: 李建庄
责任印制: 王秀菊

出版发行: 清华大学出版社   **地 址:** 北京清华大学学研大厦 A 座
　　　　　　http://www.tup.com.cn   **邮 编:** 100084
　　社 总 机: 010-62770175   **邮 购:** 010-62786544
　　投稿与读者服务: 010-62795954,jsjjc@tup.tsinghua.edu.cn
　　质 量 反 馈: 010-62772015,zhiliang@tup.tsinghua.edu.cn
印 装 者: 北京嘉实印刷有限公司
经 销: 全国新华书店
开 本: 185×260   **印 张:** 19.25   **字 数:** 480 千字
版 次: 2011 年 6 月第 1 版   **印 次:** 2011 年 6 月第 1 次印刷
印 数: 1~3000
定 价: 29.50 元

产品编号:042635-01

序　言

随着高等教育规模的扩大以及信息化在社会经济各个领域的迅速普及,计算机类专业在校学生数量已在理工科各专业中遥遥领先。但是,计算机和信息化行业是一个高度多样化的行业,计算机从业人员从事的工作性质范围甚广。为了使得计算机专业能更好地适应社会发展的需求,从 2004 年开始,教育部高等学校计算机科学与技术教学指导委员会组织专家对国内计算机专业教育改革进行了深入的研究与探索,提出了以"培养规格分类"为核心思想的专业发展思路,将计算机科学与技术专业分成计算机科学(CS)、软件工程(SE)、计算机工程(CE)和信息技术(IT)四个方向,并且自 2008 年开始进入试点阶段。

以信息化技术的广泛应用为动力,实现信息化与工业化的融合,这是我们面临的重大战略任务。这一目标的实现依赖于培养出一支新一代劳动大军。除了计算机和网络等硬件、软件的研制开发生产人员外,必须要有更大量的专业人员从事信息化系统的建设并提供信息服务。

信息技术方向作为计算机科学与技术专业中分规格培养的一个方向,其目标就是培养在各类组织机构中承担信息化建设任务的专业人员。对他们的能力、素质与知识结构的要求尽管与计算机科学、软件工程、计算机工程等方向有交叉,但其特点也很清楚。信息技术方向培养能够熟练地应用各种软、硬件系统知识构建优化的信息系统,实施有效技术管理与维护。他们应该更了解各种计算机软、硬件系统的功能和性能,更善于系统的集成与配置,更有能力管理和维护复杂信息系统的运行。在信息技术应用广泛深入拓展的今天,这样的要求已远远超出了传统意义上人们对信息中心等机构技术人员组成和能力的理解。

信息技术在国外也是近年来才发展起来的新方向。其专业建设刚刚开始起步。本系列教材是国内第一套遵照教育部高等学校计算机科学与技术教学指导委员会编制的《高等学校计算机科学与技术专业发展战略研究报告暨专业规范(试行)》(以下简称专业规范),针对信息技术方向需要组织编写的教材,编委会成员主要是教育部高等学校计算机科学与技术教学指导委员会制定专业规范信息技术方向研究组的核心成员。本系列教材的着重点是信息技术方向特色课程,即与计算机专业其他方向差别明显的课程的教材建设,力图通过这些教材,全面准确地体现专业规范的要求,为当前的试点工作以及今后信息技术方向更好的发展奠定良好的基础。

　　参与本系列教材编写的作者均为多年从事计算机教育的专家,其中多数人直接参与了计算机专业教育改革研究与专业规范的起草,对于以分规格培养为核心的改革理念有着深刻的理解。

　　当然,信息技术方向是全新的方向,这套教材的实用性还需要在教学实践中检验。本系列教材编委和作者按照信息技术方向的规范在这一新方向的教材建设方面做了很好的尝试,特别是把重点放在与其他方向不同的地方,为教材的编写提出了很高的要求,也有很大的难度,但对这一新方向的建设具有重要的意义。我希望通过本系列教材的出版,使得有更多的教育界的同仁参与到信息技术方向的建设中,更好地促进计算机教育为国家社会经济发展服务。

李未

2009. 6. 1

中国科学院院士

教育部高等学校计算机科学与技术教学指导委员会主任

前 言

数据库技术诞生于 20 世纪 60 年代,它以方便计算机用户管理大量数据为目标,研究数据在计算机内的组织、存储、加工和处理的理论和方法。数据库技术以 E. F. Codd 提出的关系模型和关系代数为基础,建立起关系数据库理论,逐步发展出关系数据库产品,成为数据管理的有力工具。从 20 世纪 80 年代中期起,数据库应用开始在我国起步,从基于 dBASE 的财务管理系统开始,到各企业的综合信息管理系统,数据库技术进入了全面、深入的应用阶段。

随着信息技术的不断发展和进步,各种信息系统逐步成为支撑各行业甚至整个社会正常运行的重要基础。数据库技术也面临新的挑战,主要体现在以下几个方面:首先,计算机网络尤其是互联网技术和应用的飞速发展,使数据库应用从单机走向网络,数据管理从集中式管理转向分布式管理;第二,传统数据库以关系模型为理论基础,而随着应用的不断延伸,各种半结构化数据、非结构化数据的管理也成为必然,对数据模式提出了更多的要求;第三,数据规模的扩大,不同类别的应用,如 OLTP、OLAP、数据仓库到数据中心等使 TB 规模的数据库成为常事。为应对这些挑战,近些年来,数据库领域中涌现出许多新的研究成果,也开发出许多新的数据库产品,数据库应用也在不断深化,延伸到越来越多的应用领域。

数据库领域研究成果的广泛应用,使得数据库技术成为高等学校计算机专业的核心课程。ACM 的计算机专业课程体系 CC2005 中,把计算机专业划分为计算机科学(CS)、计算机工程(CE)、软件工程(SE)、信息技术(IT)、信息系统(IS)5 个方向,而在其中每个方向,数据库都占有重要的地位。本教材参考 CC2005 课程体系和我国高等学校计算机教学指导委员会编制的核心课程教学实施方案,覆盖了课程体系中数据库技术的知识点,并结合数据库应用的实例,力图让读者在掌握数据库基本理论的同时,能对开发数据库应用系统有一个比较全面的认识,并在教学过程中进行基本的实践。

本书紧密结合数据库应用的现实需求,介绍数据库管理系统 DBMS 的基本概念,分析数据存储和管理的基本策略、数据索引的建立和查找算法,并介绍了事务的概念和实现机制,对当前数据库前沿技术如 XML 数据库等也有所涉及,最后,综述了数据库应用系统的基本开发方法和过程,并分别用 Java 和 .NET 开发环境给出了一个简化的选课系统的实现示例。全书以 Oracle 数据库为教学对象,理论和实践相结合,力图为读者全面展示数据库系统的基本概念和实现技术,以及数据库管理方法和应用系统开发的基本过程。本书可作为应用型计算机专业本科学生数据库课程的教材,也可用作计算机专业工作人员在从事数据库应用时的参考书。

本书各章节主要内容如下所示。

第1章:数据库系统概述

本章简要介绍数据管理技术所经历的人工管理、文件管理和数据库管理的三个发展阶段,重点描述了数据库管理系统 DBMS 的组成和结构,说明了数据库应用系统的计算模式,最后,对本书所用的 Oracle 数据库做了总体说明。

第2章:数据模型

数据库管理系统的目标是通过对数据的管理,支持对现实世界中各种应用的管理、分析和预测。现实世界的各种应用是纷繁复杂的,数据模型就是要对复杂的现实世界中的数据进行抽象,即仅保留与管理目标直接相关的数据,在计算机中建立一个能反映现实世界数据的使用情况的模型。本章给出了数据模型的概念和常用的几种模型,并对其中的实体-关系模型(ER 模型)和关系模型进行了详细介绍。

第3章:关系数据库语言 SQL 与 PLSQL

SQL 是当前使用关系数据库的标准语言,它既能对其中的数据进行操作(查询、增加、修改和删除),也能对关系数据库本身进行定义和维护(创建关系表、维护索引等),是学习和使用关系数据库的主要手段之一。本章对 SQL 的特点、各种查询功能进行了详细描述,并给出了具体实例。PLSQL 是 Oracle 对 SQL 进行的扩充,把 SQL 的数据操纵能力和过程语言的数据处理能力相结合,弥补 SQL 本身对数据结果集处理能力的不足,并可实现与其他高级语言的嵌套使用。

第4章:数据库设计

数据库设计的任务是根据应用系统的功能需求,为应用系统建立一个结构合理、使用方便、运行高效、与需求吻合的数据库。其核心是要在对应用系统运行规律准确刻画和描述的基础上,完成数据库设计的需求分析、概念设计、逻辑设计、物理设计、实现与维护等 5 个阶段的工作,本章具体描述了每个阶段的主要任务和一般设计方法。

第5章:数据库存储技术

数据管理的基础是数据的存储,数据存储技术直接影响数据库功能的实现和性能的提高。本章讨论了多种数据记录存储结构,以及数据文件中记录的不同组织方式,包括堆文件组织、顺序文件组织、散列文件组织、簇集(clustering)文件组织、B^+ 树文件组织等。建立数据索引是提高数据库性能的必要手段,本章还讨论了不同的索引对数据访问性能的影响以及各自的特点。

第 6 章：事务管理与并发控制

数据库事务指构成单一逻辑工作单元的一系列操作,这些操作必须全部成功完成,才可以更新数据库中的数据。事务是数据库管理系统保证数据库的语义完整性,简化数据库错误恢复,提高应用系统可靠性的重要支撑技术。本章讨论了事务的 ACID 特性,以及这些特性的具体实现方法,同时讨论了支持多用户同时访问数据库的并发控制方法、死锁处理等技术。

第 7 章：数据库管理与维护

正确的设计和高效的实现是数据库应用系统正常运行的前提,而数据库管理和维护是应用系统能发挥作用的基础和保障,其任务是通过数据库管理员对数据库系统的日常维护管理,保证数据的安全性、正确性、一致性和可靠性。另外,还需要对数据库运行状态进行监控和优化,动态规划存储空间的使用,以使数据库系统能适应数据量的增长和性能的提高。本章以 Oracle 数据库为例,详细讨论了数据管理和维护的主要工作。

第 8 章：分布式数据库

计算机网络技术的发展,使数据库技术从传统的集中处理方式走向了网络时代,分布式数据库也应运而生。它以数据的物理分布性和全局数据逻辑统一性为特点,为数据的异地处理及相关的应用问题提供了很好的解决方案,广泛应用于跨地域、企业级的数据处理中。本章介绍了分布式数据库的主要特点和一般结构,并讨论了 Oracle 分布式数据库的实现及其支持的操作,说明了它的透明性。

第 9 章：XML 数据库基础

XML 是一种专门为 Internet 设计的标记语言,它为 Internet 上不同应用程序之间进行数据交换提供了标准。由于其在对半结构化数据的表示、存储、处理和传输方面的独特优势,XML 数据在互联网上得到了广泛的应用。XML 数据库主要研究对 XML 文档数据的管理技术,是当前数据库技术的发展前沿。本章介绍了 XML 数据的特点,以及 XML 数据管理的基本要求与实现。

第 10 章：数据库应用系统分析与设计

数据库应用系统的开发是一项复杂的工程,也是数据库技术应用的关键。应用系统的开发与运行应遵循软件工程的一般原则。本章介绍软件工程中系统分析设计的典型方法,分析了数据库应用系统的结构,叙述了数据库应用系统的开发过程,并详细说明了各开发阶段的主要工作。

第 11 章：Java 语言数据库编程

网络技术的飞速发展使数据库应用系统逐步进入网络环境中,Java 是当前流行的网络应用开发语言和平台。本章首先简单介绍 Java 语言和 Java 环境下数据库应用系统开发的

一般过程,然后,以一个简化的选课系统为实例,从需求分析开始,经过系统逻辑设计、物理设计等过程,最后,给出了该系统的主要功能模块的具体实现。

第 12 章:.NET 平台数据库编程

.Net 平台是微软公司推出的网络应用开发环境。本章对其做了简单的介绍,同样以第 11 章的选课系统为例,给出了.Net 环境下各功能模块的具体实现。

本书全面介绍了数据库技术的核心内容,并结合实例给出了设计开发数据库应用系统的一般过程,内容比较丰富,教学时可根据课时的多少进行适当的取舍,如课时比较紧张,可将第 8 章、第 9 章内容作为课外阅读材料,根据具体的实验环境选择第 11 章或 12 章其中一章进行讲授。数据库系统是一门实验性较强的课程,在教学过程中安排一定的教学实验是必需的,实验可以用书中的实例作为基础,适当扩充一些如用户管理等的功能来完成。

虽然本书的作者都具有数据库方面的研究、开发经历,对数据库技术有一定的掌握和见解,但限于时间和水平均有限,书中肯定还存在一些不足之处,敬请读者不吝指正。

作　者

2011 年 4 月于清华园

目　录

C O N T E N T S

C O N T E N T S

C O N T E N T S

C O N T E N T S

第 1 章　数据库系统概述

自 20 世纪 50 年代末计算机进入数据处理领域以来,计算机及相关技术的迅猛发展,使得现代组织面临着更多的挑战。一方面市场竞争日益加剧,环境的不稳定性越来越强,而可预测性越来越差;另一方面,信息资源数量呈爆炸式增长,如何组织、管理好日益膨胀的数据资源,如何从巨大的数据、信息资源中获取有价值的信息来提高企业与组织的决策能力、应变能力和创新能力,是现代组织与企业十分关注的一个问题。数据库技术产生自 20 世纪 60 年代末,是由数据管理的需求引发不断发展起来的,其目的是面向企业与部门,以数据为中心,采用一定的数据模型组织、存储数据,使得存储在计算机中的数据冗余小、易使用、易修改、易扩充、易管理和维护,同时能够保证数据库中的数据具有正确性、安全性、一致性和可靠性。

本章首先讨论一些基本概念,在此基础上介绍数据库系统的组成、结构及数据库应用系统的计算模式。

1.1　基本概念

1.1.1　数据与信息

人类利用自然资源创造物质财富,改造生存环境,推进社会发展的历程经历了三个阶段:农业经济、工业经济和知识经济。农业革命使人类学会了利用土地、矿物质等加工材料,制造人力工具扩展人的体力;工业革命使人类学会了利用能源,创造动力工具扩展人的体能,在扩展人的体能的同时,也把人类从体力劳动中解放了出来;以计算机及相关技术为主体的信息革命使人类学会了利用物质、能源和信息制造智能工具,扩展人的智力,以解放脑力劳动。

物质、能量和信息是促进人类社会发展的三大基本要素。信息来源于物质和能量,信息的载体是数据。

数据是对客观事物的符号表示。为了方便地研究客观事物,人们通常用多种形式:数字、文字、声音、图形等来描述和记录客观事物。例如,用一组文字描述一个具体事物的属性特性:它的名称、颜色、重量、大小、材质、用途,它的位置以及与其他事物的相互关系。

有人说信息就是消息,用来消除和减少人类认识事物过程中的不确定性。也有人说,信息是事物存在的方式或运动状态,以及这种方式或状态的直接或间接的表述。从数据处理的角度人们把信息定义为"信息是经过加工处理以后的对客观世界产生影响的数据"。通常信息具有以下特征:

(1) 跨越时空,打破国界,快速、准确的传递。

(2) 能共享。

(3) 可处理。

（4）有时效性。

（5）有价值。

数据强调它的客观存在性，而信息是人类思维的素材，强调对主体的影响和价值，其价值是通过决策者的行为体现的。

1.1.2 数据处理

数据处理指根据业务规则或数据处理需求对数据进行收集分析、组织存储、加工处理、转换传送等一系列活动的总和，其目的是从大量的原始数据中抽取对人类有价值的信息，以作为行动和决策的依据。数据、信息及数据处理之间的关系如图 1.1 所示。

图 1.1　数据、信息及数据处理

数据是对物质、能源等客观存在事物的符号描述和刻画，信息是按照使用要求经过加工处理、选择排序、统计计算、分析以后的数据。

1.1.3 计算机信息系统

计算机信息系统是由人、计算机硬软件及管理规则组成的能进行管理信息的收集、传送、存储、加工、维护和使用的系统。从使用者的角度来看，信息系统是提供信息，提供数据管理及辅助管理者进行控制和决策的数据支持系统。

1.1.4 数据管理

数据管理指利用现代信息技术及时地收集和获取有关企业和组织日常业务运行中的各类数据，并且有效地对数据进行组织、存储和管理的活动。往往数据管理与数据运用得好坏，直接影响管理与决策的质量和水平。随着现代社会数据量呈爆炸式的增长，数据的种类和数量的不断增长给数据的管理增加了难度，数据库技术正是瞄准了这一需求，即为数据的组织、存储和数据的管理提供技术、方法和手段。

1.2　文件系统与数据库系统

尽管人们身边存在着大量的数据及信息，但如果不对它们进行分类、组织、整理，这些数据是不好用的，尤其是在人们需要的时候不能快速、方便地获取并发挥其作用。为了能够方便地获取存在于客观世界中的各类信息，人类组织、加工和管理数据的方式大体经历了以下三个阶段：

1. 人工管理阶段

在计算机没有被应用到数据处理与管理领域之前，数据的组织存储、数据的管理与维护工作是由人工完成的，即通过人工对企业与组织运行过程中产生的数据进行收集、组织和整理，形成各种形式的文件与档案资料，以被查询或使用。本节主要讨论人类历史上数据管理方式的两次飞跃：文件系统阶段和数据库系统阶段。

2. 文件系统阶段

早期的计算机主要用于科学计算，这个时期人们也曾尝试用计算机进行数据处理，如用于人口普查做一些统计汇总等方面的工作,但效果不很理想。因为人们发现数据处理有它自身的规律,与科学计算相比,数据处理一般涉及的数据量大而算法并不复杂,如某选课系统可能涉及几万名选课学生的信息,几千门课程信息和几千名开课教师的信息,几十万条成绩的数据需要处理和管理;另外数据处理涉及的数据一般需要长期保存,反复使用。早期的计算机还不完全具备数据处理能力。

20 世纪 50 年代末,集成电路技术及相关技术的突破,使得各种大容量存储技术纷纷登场,为数据处理提供了存储支持。软件方面,操作系统及其文件系统的出现,以及商务数据处理语言 COBOL 的推出,使得计算机进入了数据处理领域。

文件系统中程序与数据的关系如图 1.2 所示。由图 1.2 可知,处理数据的程序和数据可以分别存储在计算机中,一个数据文件可以为多个程序提供数据服务,数据和程序有了一定程度的独立性,数据可以由多个程序共享,数据通过应用程序中定义的数据结构建立联系。以文件方式组织处理数据有如下特点:

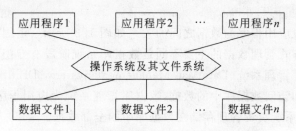

图 1.2　文件系统阶段应用程序与数据的关系

（1）以功能为中心按照一个应用程序的要求组织数据。

（2）数据以记录为单位存储在数据文件中,且数据与程序分离。

（3）一个数据文件可以被多个应用程序共享。

（4）数据文件中的数据依赖应用程序文件中定义的数据结构。

文件方式快速、准确和高效的数据处理方式,使得计算机在数据处理领域发挥了很重要的作用。

3. 数据库系统阶段

很多企业与组织的信息化工作是从财务部门开始的,企业与组织每月为职工计算工资收入(基本工资、业绩、加班),扣除(病家、事假、水电费等),尤其是月底向主管部门上报各种统计报表,工作量很大。用计算机进行数据处理和管理工作以后,每月只需把数据收集起来提交给计算机就能够快速、准确、及时、高效地把需要的数据计算和统计出来,极大地提高了工作效率。然而,当计算机从组织与企业的一个部门扩展到多个部门时,文件方式以功能为中心组织、存储数据,程序处理什么数据就用数据文件存储什么数据的问题也日益凸现出来。一份数据如教师的信息,有多个部门如人事管理部门需要、财务部门发工资需要、教务部门安排教学计划需要使用。由于不同部门对同一数据的处理需求不同,一个部门存储的数据文件不能由多个部门共享,其结果是一份数据由多部门存储和管理形成了多个副本,在大量数据冗余存储的同时,当原始数据产生变化的时候,经常出现同一数据的不同副本没有及时全部更新产生了严重的数据不一致性问题。

数据库技术是根据数据共享及大量数据管理的需求发展起来的,从数据处理和数据管理的角度人们希望面向问题域,面向企业与组织把一个企业或组织涉及的全部数据综合组织、统一管理,以数据为中心组织数据,减少数据的冗余,提供数据共享。

数据库方式组织管理数据有如下特点:

(1) 以数据为中心,面向企业及问题域,对需要处理的全部数据进行综合组织、集中存储和统一管理。

(2) 用数据模型在计算机中组织和存储数据,数据模型不仅描述和存储数据自身的属性特征,还能够描述和存储数据之间的关系。

(3) 存储的数据冗余小,易修改、易扩充。

(4) 提供了数据独立性。即数据的物理组织与存储方式的改变,不影响数据的逻辑结构,当数据的逻辑结构改变时,如果应用程序不涉及修改内容则不需要修改应用程序。程序与数据具有独立性。

(5) 采用专门的软件(DBMS)管理数据,保证了数据库数据的安全性、完整性、一致性和可靠性。

数据库系统阶段应用程序与数据之间的关系如图 1.3 所示。由图 1.3 可知,数据库方式管理数据与文件方式管理数据的主要不同是数据库系统阶段有专门的软件管理数据,这个软件被称为数据库管理系统(DataBase Management System,DBMS)。应用程序通过数据库管理系统请求和访问数据库中的数据,数据库管理系统为应用程序提供数据的共享服务,同时数据库管理系统负责管理存储在数据库中的全部数据。

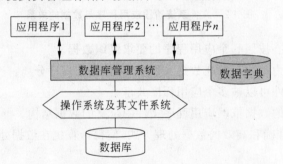

图 1.3　数据库系统阶段应用程序与数据的关系

文件系统阶段是以应用程序的功能为中心进行设计的,数据是根据程序的需要组织和存储的。数据库系统阶段的里程碑意义在于,这个阶段面向问题域,根据一个企业与组织全部应用程序的处理需求,以数据为中心对数据进行综合组织、集中存储和统一管理。应用程序只需要根据程序完成的功能按照数据库中定义的数据结构进行设计,就可以方便地获取和存取需要的数据。

1.3　数据库系统的组成

除了计算机硬件、软件如操作系统、网络支持环境外,数据库系统通常指一个实际可运行的数据库支持系统,一般由数据库、数据库管理系统、人、方法、工具及数据处理规则集合组成。

1.3.1　数据库

数据库(DataBase)是按照一定的数据模型组织并存放在外存上的一组相关数据的集合,通常这些数据是面向一个企业与组织的。例如,一个计算机集成制造信息系统,其产品设计、工艺设计、制造,以及采购、营销,计划、管理、产品装配测试等环节需要的数据将由集成制造数据库提供。这个数据库中存放着各类用户使用或操作的数据及相关数据,通常把由用户组织、存储、操作和使用的数据叫做用户数据。

数据库中还存放着由数据库管理系统建立和维护的一组表和系统视图,这组表和视图被称为数据字典,它们是数据库管理系统管理数据的依据。这些表和视图中将存储和记录有如数据库中已经建立了哪些对象,这些对象的定义信息,以及这些对象分配的空间信息等。

1.3.2　数据库管理系统

数据库管理系统(DataBase Management System,DBMS)是对数据进行管理的软件,它是数据库系统的核心软件。用户对数据库的一切操作,包括创建各种数据库对象,如表、视图、存储过程等,以及对这些对象的操作,如数据的访问、数据库对象的维护等,都是通过数据库管理系统进行的。

数据库管理系统主要提供以下功能。

1. 数据定义功能

数据定义功能主要由数据定义语言(Data Definition Language,DDL)提供。数据库设计人员及具有相应特权的相关人员可使用数据库管理系统提供的数据定义语言描述和定义数据库中存储的对象,主要有关系表,包括关系表属性特征(表列)的定义、表之间关系的定义、表列所满足的完整性约束条件的定义,以及其他数据库对象,如索引、视图等对象的定义与创建。用 DDL 建立数据库中的对象,其信息通常存储在数据字典中。

2. 数据存取功能

数据存取功能主要由数据操纵语言(Data Manipulation Language,DML)提供。程序设计人员可使用 DML 操纵数据库中的数据,如查询指定表中的数据、将数据插入指定表中、修改及删除指定表中的数据等。很多大型数据库系统,如 Oracle 支持用 DML 交互式访问数据库和嵌入式访问数据库。交互式访问数据库指通过联机终端或客户机以命令方式执行 DML 语句,嵌入式访问数据库指将 DML 语句嵌入某种高级语言,如 C、Pascal,Java 等(也称为宿主语言或主语言),每个主语言程序中的 DML 语句从数据库存取数据,并把存取结果传递给主语言语句,由主语言对数据进行处理。

3. 数据管理功能

DBMS 提供的数据管理功能主要有:

(1) 并发控制功能:当多个用户程序同时存取数据库中的同一数据时,并发控制模块负责维护数据库中数据的完整性、一致性。

(2) 安全管理:安全管理模块通过密码验证、权限控制与检查防止非法使用,维护数据库的安全性。

(3) 空间管理:提供数据库空间的分配、管理和对不再使用空间的回收。

（4）内部维护：如日志信息、数据字典等信息的维护。

（5）数据备份与恢复：利用备份与恢复技术维护数据库的可靠性，当数据库系统出现故障时，能够快速恢复数据到一个正常、一致的状态，保证数据库能够正常可靠地运行。

1.3.3 应用开发工具与应用程序

为了缩短数据库应用系统的开发周期，很多数据库管理系统提供了面向对象、可视化的第四代语言开发工具，如微软的 VS. Net，VB，VC 数据库开发工具，Oracle 公司提供的 Developer 2000 开发工具，第三方厂商提供的 Delphi 开发工具等。利用这些开发工具可以快速生成和开发数据库应用。

应用程序指根据数据处理需求和业务规则，利用应用开发工具或集成开发环境提供的软构件设计、开发的完成特定任务或实现应用系统功能的软构件的集合。

1.3.4 数据库管理员及相关人员

数据库系统是由计算机硬软件资源支持的，由数据库、数据库管理系统和相关人员组成的用于存储数据、管理数据、维护数据的人机系统。通常，数据库系统涉及下列人员。

用户：指数据库的最终使用者，他们通过数据库应用程序提供的操作界面使用数据库，完成日常事务及业务工作。

应用程序员：负责设计、开发数据库应用系统的功能模块。

系统分析及设计员：负责数据库应用系统的需求分析、系统设计、数据库设计和数据库实现。

为了保证数据库能够高效正常地运行，一般数据库应用系统都设专人（数据库管理员）负责数据库系统的管理和维护工作。

数据库管理员(DataBase Administrator，DBA)：在数据库应用系统开发期间参与数据库的设计与实现工作。一旦数据库应用系统投入实际运行后，数据库管理员负责管理和监控数据库系统，为用户解决应用系统运行过程中的各种问题，包括建立数据库用户，为用户授予数据库资源的使用权限。维护数据库的可靠性，根据数据库的使用情况制定合理的数据备份策略，定期备份数据库，当系统出现故障之后，能够在短时间内恢复系统，保证数据库系统正确、有效、安全、可靠地运行。当数据库管理系统的版本需要更新时，数据库管理员负责数据库管理系统版本升级，并把全部数据从老版本迁移到新版本的数据库中。

1.4 数据库系统结构

1.4.1 三级模式结构

三级模式结构是数据库的一个总体框架和标准化结构，1975 年由美国国家标准化组织、授权标准委员会及系统规划与需求委员会（ANSI/X3/SPARC）下设的 DBMS 研究组正式提出，1978 年提交了其最终报告，被称为 ANSI/SPARC 报告，旨在规范化数据库管理软件产品。即生产商可以在不同的操作系统平台，使用不同的数据模型，以不同的实现技术实现数据库管理系统，但在总体框架上要支持三级模式结构，这使得数据库的使用者不论面对什么数据库产品,只需要定义三级模式结构就可以方便地操作数据库。

数据库的体系结构由外模式、概念模式和内模式三级模式组成,如图 1.4 所示。

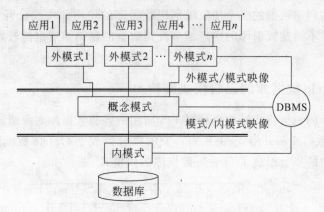

图 1.4　数据库系统结构(三级模式结构)

概念模式又称数据库模式(或简称模式),它是数据库中全部数据的逻辑结构和特征的描述,通常以某种数据模型为基础,并用数据库管理系统提供的数据定义语言(DDL)定义及描述其内容。用模式 DDL 描述及定义的全部内容,被称为数据库模式。概念模式可以被看做是现实世界中一个组织或部门中的实体集及其联系的抽象模型在具体数据库系统中的描述和实现。

外模式又称用户模式或子模式,通常由概念模式导出,是概念模式的子集。外模式是根据不同用户或用户组对数据的使用需求及数据的保密需求定义的,一个外模式描述允许一个特定用户或用户组操作的数据库数据是用户看到的数据视图,通常由 DDL 描述和定义。

内模式又称存储模式,是对数据库数据的物理结构和存储方式的描述。例如,数据库的记录是顺序存储还是索引存储、索引以什么方式组织等。内模式也是由 DDL 描述的。

数据库系统的三级模式结构在数据的三个抽象级上提供了两个层次的映像:内模式到模式的映像以及模式到外模式的映像。

内模式到模式之间的映像提供了数据的物理独立性,即当数据的物理结构发生变化时,如改变存储设备,改变数据的存储位置,改变数据存储的组织方式、增加索引等,不影响数据的逻辑结构。为了提高应用程序的存取效率和性能,数据库管理员和数据库的设计者可以根据各应用程序对数据的存取要求,建立相应的内模式,对数据的物理组织进行某些优化。这些优化工作只会改善数据库的性能,而不会影响概念模式,也不会影响外模式,因此不需要修改应用程序。

模式到外模式之间的映像提供了数据的逻辑独立性,指当数据的整体逻辑结构发生变化时,不影响外模式和应用程序。因为人们总可以通过修改外模式/模式的映像来实现这一点,除非全局逻辑结构的变化使得外模式中的某些数据项无法再从全局模式中导出。例如,某选课系统投入使用后,随着课程改革的深入需要在系统中增加先修课程的管理,设计人员在课程模式中增加了先修课程的信息,当学生进入选课模块并选中某门课程以后,系统会自动检查是否已经选修了指定的先修课程,如果没有系统会首先列出先修课程的信息。类似这类对模式的修改和扩充,不会影响外模式或外部级,不需要重新生成外模式,也不必重新生成全部的应用程序。当然,为了完成新的处理功能,可能需要修改相应的外模式,需编制新的应用程序,或修改相关的应用程序以满足新的处理要求。

三级模式结构利用数据的三个抽象级别把数据库的使用和实现分开,使得数据库的设计者和使用者即使不清楚数据库的实现细节及其数据的存储细节也能较好地使用各种类型的数据库。

1.4.2 Oracle 数据库的三级模式结构

Oracle 数据库的三级模式结构由如图 1.5 所示的各级数据库对象组成。视图对象的集合组成了 Oracle 数据库的外模式;关系表对象的集合组成了 Oracle 数据库的概念模式;索引对象和聚集对象的集合组成了 Oracle 数据库的内模式。

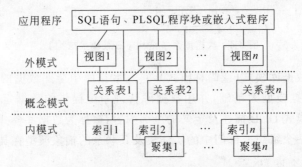

图 1.5 Oracle 数据库的三级模式结构

模式强调数据库中存储的数据的结构及其属性特征,用于描述存储数据的结构。模式的一个具体值被称为模式的一个实例,每一个实例由现实世界的一个客观对象组成,同类客观对象的集合组成了一个关系表,所有关系表的集合组成了一个关系数据库。

1.5 数据库应用系统计算模式

数据库应用系统计算模式有时也称为数据库系统结构,是指数据库应用系统中软部件(或模块)之间相互作用的关系和接口方式。数据库应用系统计算模式经历了三个发展阶段:单主机计算模式(Mainframe Computing);客户机/服务器计算模式(Distributed Client/Server Computing),简称为 C/S;网络计算模式(Internet Computing),简称为 B/S和分布式数据库计算模式。

1.5.1 主机-终端计算模式

20 世纪 80 年代中期前,数据库应用的运行模式以单主机计算模式为主,这种运行方式的主要特征是数据库管理系统、数据库、用户程序接口及应用程序全部在一台主机上,主机配置多台(几十或上百台)终端,用户通过终端机运行程序,共享主机的各类资源。

20 世纪 60 年代以前的计算机系统硬件主要是 CPU、内、外存储器和一些单一的外部设备;软件也仅有简单的操作系统、高级语言编译器或解释程序及支持科学计算的库函数等。所以,这个时期的计算机主要是以单用户方式进行科学计算,完成重复且繁重的计算任务。

20 世纪 60 年代中期,IBM/360 分时操作系统的问世以及计算机终端的普及,形成了主机-终端结构的运行模式,这为数据库技术的产生、发展奠定了基础。这一时期,IBM 公司层次模型的数据库管理系统 IMS(Information Management System)的成功推出,使得用户操作计算机的方式发生了根本的改变。用户可通过终端使用计算机,通过终端提交数据库应用程序获取、操作和处理数据库中的数据,由操作系统统一地管理和调度包括数据库在内的软硬件资源,实现了作业管理、CPU 与进程管理、存储管理、设备管理和文件管理、数据库数据的管理和维护等。

随着单主机运行模式的广泛应用,用户数目不断增加,要求主机必须有更多的系统资源来满足各类用户的使用要求,为了适应各类数据处理需求,系统要不断升级,更换功能更强的计算机设备,此时就显得主机系统的灵活性差、且一次性投资也很高。20 世纪 80 年代,局域网技术的成熟,个人计算机的蓬勃发展,微型计算机局域网得到了广泛应用,使得数据库应用系统的计算模式从单主机计算模式进入客户/服务器计算模式时代。

1.5.2　客户机/服务器计算模式(C/S)

20 世纪 80 年代中期以后,网络技术的成熟,个人计算机的蓬勃发展,促进了分布式客户/服务器计算模式的广泛应用,如图 1.6 所示。

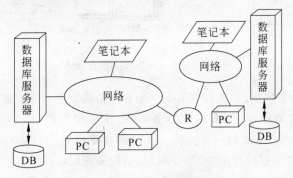

图 1.6　客户机/服务器体系结构

客户机/服务器计算模式通常有两台以上的主计算机系统通过网络传输介质连接起来,在入网的计算机之间形成通路。计算机之间按通信协议实现资源与数据的共享。在这种运行模式中,连入网络的各类计算机根据其执行的功能分为两种角色:服务器角色和客户端角色。具有数据库服务器角色的计算机提供各类数据服务,如数据的存储、数据的操作、数据的查询、数据的管理和恢复等多方面的服务功能;具有客户机角色的计算机为用户提供图形用户界面,快速生成表格、数据报表等应用程序。客户机的任务是与用户交互,根据用户程序的数据操作要求向数据库服务器发起数据请求,并将这些请求按一定格式发送到服务器,客户机还对服务器返回的数据进行处理,并按规定形式呈现给客户。数据库服务器的任务是接受、响应用户的请求,管理连接,对数据库进行存取控制,并将处理结果返回给客户机。因此,作为数据库服务器的主机,需要安装数据库管理系统、数据库之间互操作的通信软件,在客户端要安装操作数据库的客户模块及与数据库通信的通信模块。

这种计算模式把数据的请求及数据处理移到客户端。数据库服务器只提供数据共享服务和数据管理,并不关心具体的应用。一方面实现了网络数据资源的共享和高效率的数据服务,同时也适应了地理上分散的用户群对于数据访问和共享的需求。然而,各类客户端软件及应用程序的安装设置,使得客户机日益庞大,同时分散在客户机上的面向特定应用的程序版本的升级和维护工作也日益繁重。

1.5.3 网络计算模式(B/S)

网络计算模式是以万维网(WWW)技术、主页文档标准化和 Java 语言三大技术的应用为主要标志的。20 世纪 90 年代,在万维网发展初期,只能检索简单静态的 HTML 文档,随着多种技术如 WWW 技术、客户机/服务器等技术的相互融合,Internet 计算模式即浏览器/服务器(Browser/Server)应用方式得到广泛的应用,这种计算模式的体系结构如图 1.7 所示。

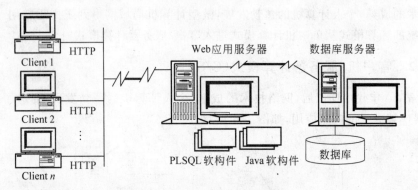

图 1.7　Browser/Server 计算模式

这种计算模式由客户机/服务器(Client/Server)结构发展而成。原来的客户机/服务器两层结构被分解为由浏览器/Web 应用服务器/数据库服务器(Browser/Web Application Server/Database Server)组成的三层结构。在这种计算模式中,一个数据库应用被抽象为多个层次:数据库层、数据操作层、应用逻辑层、数据表现层。

数据库建立在数据库服务器上,应用需要的全部数据存放在数据库中,由安装在数据库服务器上的数据库管理系统进行管理和维护。

数据操作层封装对数据库的访问、操作及实现的细节,并为其上层的应用逻辑层提供透明数据访问,即应用逻辑层通过数据访问层定义的接口访问数据,并不需要关心数据访问的实现细节。在实现上,该层接受上层(应用逻辑层)的数据请求,生成相应的 SQL 语句,存取数据库,并把结果通过接口返回给应用逻辑层。

应用逻辑层完成应用程序功能的具体实现,是整个应用程序的核心部分。从数据访问层获取的数据在这层按照业务规则和处理要求进行处理,系统的适应性和可扩展性通常体现在这一层。

数据表现层在最上层的,直接与用户交互,是用户和后台系统互操作的接口。应用系统的功能通过这一层展现给用户。

用户通过统一资源定位器(URL)从相关的 Web 应用服务器下载应用,并通过浏览器提供的用户界面输入数据访问请求,浏览器通过超文本传输协议(Hypertext Transfer Protocol,HTTP)将请求传送给 Web 应用服务器,Web 应用服务器执行相应的业务逻辑并且通过数据库接口访问数据库服务器,并把数据处理及访问的结果返回给浏览器,由浏览器用户界面把数据请求及处理的结果最终显示给用户。

三层体系结构可将已有的各种资源方便地连接起来并加以充分利用,有效地保护了投资,大大降低了数据库应用软件维护的代价,也彻底地改变了数据库应用的方式,使得应用不受时空限制,也使移动办公成为现实。

1.5.4　分布式数据库计算模式

分布式数据库计算模式把网络中的多个数据库系统互连起来组成一个整体,这种系统的主要特点是其数据的物理分布性和逻辑的整体性。由于数据物理上被分散存放在网络中的多个数据库中,用户可以通过一条 SQL 语句或一个应用程序同时获取网络中多个数据库中的数据。在分布式数据库系统中,数据的物理存放位置对用户是透明的,当用户访问一个分布式数据库中的数据时,并不需要知道数据的具体物理位置,分布式 DBMS 会响应用户的数据访问请求,并为用户数据的透明存取提供数据定位。目前一些流行的分布式数据库系统一般还支持多副本的数据管理、数据维护,通过在不同的数据库中存放相同的数据副本来提高数据的可靠性和可用性。为了减少分布式环境中维护多副本的代价,包括 Oracle 在内的多种分布式数据库管理系统还支持数据复制技术、支持快照(异步)副本的管理和维护。

1.6　Oracle 数据库系统

Oracle 数据库管理系统是美国 Oracle 公司研究开发的一个关系型数据库产品。1986 年,Oracle 公司推出其第一个开放型分布式关系数据库管理系统 SQLstar(Oracle RDBMS v5.1)版本,之后其产品不断更新换代,从 Oracle 7 版本开始 Oracle 数据库管理系统以其跨平台、分布处理能力强、数据库系统安全性好等特点,得到了用户的认可,成为各类信息管理系统尤其是跨平台、跨地域信息系统解决方案的首选数据库产品。

1997 年,该公司的 Oracle 8 版本开始支持面向对象数据的存储和处理,这为复杂数据类型的存储和处理提供了可能。Oracle 8 的网络计算结构,为 Oracle 数据库产品扩展了更加广泛的应用市场,基于网络计算模式的各类应用信息系统,使得客户可以在全球任何一个地方处理订单,在线办公。Oracle 8 对数据仓库应用的支持以及其分区功能使得 Oracle 产品在功能和性能方面都有显著提高。Oracle 8 之后 Oracle 9、Oracle 10、Oracle 11 每个版本在数据管理及系统性能方面都有突破性改善和提高,本节简要介绍 Oracle 数据库系统的产品结构、系统结构和存储结构。

图 1.8　Oracle 数据库系统的产品结构

1.6.1　Oracle 数据库系统的产品结构

Oracle 的产品结构示意图如图 1.8 所示。

Net8 是 Oracle 的通信模块,支持两层结构客户机/服务器(Client/Server)的计算模式,也支持三层结构浏览器/Web 应用服务器/数据库服务器(Browser/Web Application Server/Database Server)的计算模式以及分布式数据库环境中数据库服务器之间的互操作。SQLPlus 是 Oracle 的一个交互式语言环境,这个环境支持命令方式的 SQL 语句,即一次提交或执行一条 SQL 语句,也支持过程化 SQL(Procedure Language SQL,PLSQL)语句块,如无名 PLSQL 块、存储过程、存储函数、数据库触发器的编译及运行。Pro＊C、Pro＊C++、Java 等是 Oracle 的高级语言编程工具,通过这些高级语言编程接口,用户程序可以方便地访问 Oracle 数据库。Develop 2000 是 Oracle 公司提供的可视化、面向对象的快速开发工具,Oracle 数据库也支持微软的 VS.NET 开发工具,以及第三方厂商提供的开发工具如 Delphi 等的数据存取与数据访问。

Oracle 数据库管理系统从 Oracle 7 开始就以其跨平台、分布处理能力强、数据库安全性好、可移植性占有了很好的市场份额。以后 Oracle 8 的网络计算结构、面向对象数据类型的支持、分区功能以及对数据仓库的支持,使 Oracle 数据库产品有了更加广泛的应用空间。

1.6.2 Oracle 系统体系结构

每当 Oracle 数据库被启动的时候,Oracle 会自动生成一个实例,一个 Oracle 实例由系统全局区(System Global Area)和多个后台进程组成。系统全局区是 Oracle 在高速缓冲区中申请开辟的一块内存区域,Oracle 数据库管理系统通过 SGA 区和一组后台进程为用户提供数据服务。Oracle 实例的结构如图 1.9 所示。

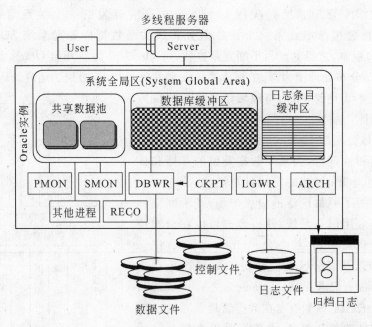

图 1.9　Oracle 系统的体系结构

由图 1.9 可知,用户的请求首先被 Oracle 的多线程服务器响应,多线程服务器接到用户的请求后,首先进行权限检查和验证,然后在 SGA 区中寻找需要的数据块,如果在 SGA 中找不到需要的数据时,才会从磁盘读取数据块到内存的数据库缓冲区中。Oracle 的多线程服务器由调度器、共享服务器、请求与响应队列组成。调度进程负责响应用户的数据请求,并将有关结果返回给用户进程。共享服务进程负责权限验证,需要时执行对数据库的操作。多线程服务器可以通过参数文件中的相应参数配置。

Oracle 实例由 SGA 区与一组后台进程组成:

SGA 是 Oracle 数据库的全局共享内存区,这个区域由所有的 Oracle 进程共享,SGA 区中主要包含下列信息:

(1) 数据库缓冲区。

存放从数据文件中读出的数据块。

(2) 日志缓冲区。

以记录项的形式存储数据库缓冲区中被修改的数据块,这些信息将被写到日志文件中。

(3) 共享池。

存放 SQL 或 PL/SQL 语句的文本、语法分析形式及执行方案等,还存放字典缓冲区的信息及一些控制信息(如封锁信息)等。

SGA 区中的数据库缓冲区、日志缓冲区、共享池的大小可以通过参数文件中的相应参数配置。

Oracle 的后台进程包括:DBWR、LGWR、SMON、PMON、RECO、ARCH、CKPT、LCKn,SNP 进程。

这些进程协同工作为用户提供各种服务:

① Database Writer(DBWRn)——数据库写进程。

定期将数据缓冲区中的内容写入数据库文件,同时负责数据库缓冲区的管理。数据库管理员可以根据需要通过参数文件中的相关参数配置启动多个写进程(DBWR1～DBWR9)。

② Log Writer Process(LGWR)——日志写进程。

将日志缓冲区的内容写到日志文件中,同时负责日志缓冲区的管理。

③ System Monitor(SMON)——系统监控进程。

当 Oracle 实例出现故障时,执行实例的恢复,并负责回收不再使用的临时空间和资源。

④ Process Monitor(PMON)——进程监控。

一旦发现异常终止的用户进程,清除异常进程,撤销异常进程做的全部操作,释放故障进程占用的资源。

⑤ Recover Process(RECO)——恢复进程。

负责分布事务的恢复。

⑥ Archive Process(ARCH)——日志归档进程。

数据库归档运行模式下,负责把已写满的联机日志文件归档到指定的存储设备。

⑦ Lock Processes(LCKn)——锁处理进程。

用于并行服务器环境,提供实例间的封锁。

⑧ Checkpoint(CKPT)——检查点进程。

每当检查点事件出现的时候,负责将 SGA 区中全部修改的数据块写入数据库文件。

⑨ SNP 进程。SNP 后台进程的功能是周期性地唤醒用户作业队列中的作业并执行这些作业。Oracle 8 的数据库实例可以配有 36 个 SNP 后台进程,它们分别以 SNP0～SNP9,SNPA～SNPZ 来表示。如果一个实例具有多个 SNP 后台进程,那么执行作业队列的任务

可以有多个 SNP 后台进程分担。但是,一个作业一次只能由一个 SNP 进程执行。

1.6.3 Oracle 数据库的存储结构

数据库因为存储的数据量非常大,通常被存放在大容量存储设备如磁盘上。

网络中的每一个 Oracle 数据库有一个唯一的名字,其数据库名字在 Oracle 数据库产品安装的时候由数据库管理员命名。每一个数据库的存储空间被划分成逻辑区域,这些逻辑区域被称为表空间。数据库创建时,系统会自动地生成名为 System 的表空间,其中存放 Oracle 系统的数据字典,也可以存放一般用户数据。数据库管理员可以根据需要建立更多的表空间。一个表空间至少要建立一个数据文件,当这个数据文件中的空间被使用完以后,数据库管理员可以用相应的维护命令在这个表空间中增加新的或更多的数据文件。数据库管理员可以通过相关的参数控制表空间中存储空间的分配方式、控制数据库用户对指定表空间的使用限额、控制数据库数据的有效性(Online 或 Offline)等。表空间中每个数据文件的大小不受限制,依赖于操作系统,每个表空间中数据文件的数量也不受限制。一个数据库能够建的表空间的数目,原则上 Oracle 也没有限制。数据库管理员可以根据需要在一个数据库中建立多个表空间。

一个表空间可以包含一个或多个数据文件,但每个数据文件只能属于一个表空间。

一张关系表中的数据可以存储在一个表空间的一个文件中,也可以存放在一个表空间的多个数据文件中,如图 1.10 所示,用户 STU1 的 Course 关系表,一部分被存放在表空间 1 的数据文件 1 中,另一部分被存放在表空间 1 的数据文件 3 中。Oracle8 以后的版本由于分区功能的支持,一张关系表中的数据还可以跨越表空间存放在多个表空间的不同数据文件中。

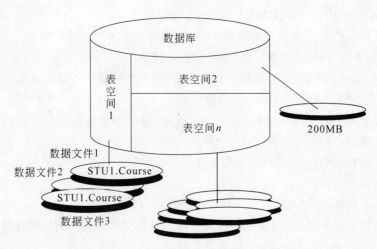

图 1.10　数据库、表空间与数据文件

一个 Oracle 数据库其内部按照如图 1.11 所示的结构组织,其逻辑对象由表空间、段、范围组成,物理对象由数据文件、Oracle 数据块组成。

1. 数据库

数据库是一个数据容器存放需要处理的全部数据,但与一般的数据容器不同,数据库中的数据是按照一定的数据模型组织、存储在外存上的相互关联的数据集合。

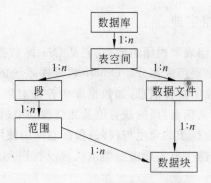

图 1.11　Oracle 数据库的存储结构

2. 表空间

表空间是 Oracle 数据库的一个逻辑存储区域,Oracle 数据库管理系统在安装及建立数据库的时候会在数据库中建立一些表空间,如 System 表空间、RBS 表空间等。System 表空间用来存放 Oracle 数据字典涉及的全部数据和信息,也可以存放用户建立的数据库对象,如关系表、视图等。Oracle 数据库管理员可以根据需要在数据库中建立更多的表空间由不同的用户使用,并可以规定允许一个用户使用哪些表空间及空间限额。

3. 段

段为表空间中的一种逻辑存储结构,在 Oracle 数据库中使用 4 种类型的段。

(1) 数据段:存储表数据。每当用户执行建表语句时,Oracle 生成对应的数据段,这个段将随数据的插入操作不断增长。段是仅次于表空间的一个逻辑单位。一个段不能跨越一个表空间,但可以跨越一个表空间中的数据文件。

(2) 索引段:Oracle 数据库用一个对应的索引段存储索引数据。每当用户发出建立索引(CREATE INDEX)命令时,Oracle 建立索引段。

(3) 临时段:是 Oracle 处理某些操作时需要的临时工作空间,用来存放处理的中间结果。例如,像 SELECT…ORDER BY、SELECT DISTINCT…、SELECT…INTERSECT 等语句都要占用临时段,语句完成后临时段空间被释放。

(4) 回滚段:每个数据库含有一个或多个回滚段。回滚段中记载每个事务修改前的数据值,当事务异常终止时,Oracle 系统利用回滚段的信息恢复未提交的事务。回滚段还被用来提供数据库中数据的读一致性。

4. 范围

段由一组范围组成,这些范围用来存放数据库中的数据。例如,Oracle 为每张表分配一个或多个范围,这些范围就构成了对应表的数据段。对于每个索引,Oracle 分配一个或多个范围形成一个索引段。

范围是数据库系统分配存储空间的一个逻辑单位,一个或多个范围组成一个段。当段内分配的空间被用完时,Oracle 自动为这个段分配新的范围。

5. 数据块

一个范围由物理上连续的一组数据块组成。数据块被称为 Oracle 块或页,每个数据块的默认值是 4096B。数据块是数据库输入/输出的最小单位。每个 Oracle 块的大小通常是操作系统块大小的倍数。

1.6.4　Oracle 的数据字典

Oracle 的数据字典由一组表和视图组成,它们是 Oracle 数据库管理系统管理数据的重要依据,也是数据库系统的重要组成部分。Oracle 数据库系统的数据字典由数据库管理系统自动生成和维护,其中存放了多种信息,如数据库中各种对象(如表、视图、索引、聚集、同义词、过程、函数、包等)的定义信息,列的缺省值及完整性约束信息,以及这些对象分配的空间信息;用户及用户授予或被授予的角色与权限;数据空间的使用情况等。

Oracle 数据库系统的数据字典主要由三类系统表及视图和一组动态视图组成,使用者输入命令:

```
select * from dict; (dictionary)
```

就可以看到数据字典中的全部内容。

使用者也可以查看第一类由 all_(作为前缀)开始的视图,如输入命令:

```
Select * from  all_views;
```

就可以看到当前用户可以存取的视图。

第二类是由 user_开始的视图,输入命令:

```
Select * from user_views;
```

就可以看到当前用户自己建立的视图。

第三类是由 dba_开始的视图,输入命令:

```
Select * from  dba_views;
```

就可以看到系统管理员建立的视图。

如果输入命令:

```
select * from dba_data_files;
```

则可以看到在当前数据库中已经建立了哪些数据文件、每个数据文件的名字、所属的表空间,以及数据文件的大小等信息。但第三类以"dba_"开始的系统表和视图只能由拥有 DBA(数据库管理员)特权(权限)的用户才能够查看。

第四类是以"V$"开始的视图,通常是一些内存表,通过这些表可以查看 Oracle 实例运行的情况及系统性能状况。

小　结

数据是对物质、能源等客观存在事物的符号描述和刻画,信息是按照使用要求经过加工处理、选择排序、统计计算、分析以后的对主体有用的数据。

数据管理指利用现代信息技术及时地收集和获取有关企业和组织日常业务运行中的各类数据,并且有效地对数据进行组织、存储和管理的活动。

数据库是按照一定的数据模型组织并存放在外存上的一组相关数据的集合,通常这些数据是面向一个企业或组织的。

数据库管理系统是对数据进行管理的软件,主要提供数据定义功能,数据存取功能和数据管理功能。

　　三级模式结构是从数据的组织、存储、操作与管理的角度看的一个结构,相关人员涉及的抽象级别为：数据库管理员和数据库设计者涉及概念模式、外模式和内模式；应用程序员涉及外模式和概念模式。而数据库应用系统计算模式有时也称为数据库系统体系结构,则是从最终用户的角度看的一个结构,如 C/S、B/S 或是其他。

　　数据库技术产生自 20 世纪 70 年代,经过近半个世纪的发展,已经形成了坚实的理论和成熟的商业产品,然而,新的需求还在不断提出,新的技术也不断出现,数据库领域仍然充满着活力和挑战。

习　题

1. 试述数据与信息的概念,以及它们的不同。
2. 分别简述文件方式及数据库方式处理数据的特点。
3. 简述数据库系统的组成。
4. 简述数据库管理系统的主要功能。
5. DDL 与 DML 分别用来解决什么问题？
6. 简述三级模式结构：外模式、模式、内模式解决的主要问题。
7. 什么是数据的独立性？
8. 什么是数据的逻辑独立性？
9. 什么是数据的物理独立性？
10. 简述 Client/Server(C/S)计算模式的结构及特点。
11. 简述 Browser/Server(B/S) 计算模式的结构及特点。
12. 试举例说明分布式计算模式的特点。
13. 简述 Oracle 的后台进程 DBWR 的主要功能。
14. 什么是 Oracle 的数据段？其数据段与一个关系表是什么关系？
15. 什么是数据字典？简述 Oracle 数据库系统数据字典的基本组成。

第 2 章 数 据 模 型

　　数据模型是根据数据的综合组织、集中存储和管理的需求提出来的,其目的是为了真实地模拟、表示现实世界中的事物,准确、高效地在计算机中存储数据及数据之间的关系,既便于实现、操作方便,又容易管理和维护。

　　本章主要介绍概念数据模型和基本数据模型。概念数据模型部分重点介绍 ER 建模方法,基本数据模型部分重点介绍关系数据模型。

2.1 模型与数据模型

　　模型是对现实原型所做的一种抽象,即只关心与研究与内容有关的因素而忽略无关的因素。用模型方法认识客观事物的实例在现实生活中随处可见。例如,数学家计算圆的面积,即从各种圆实例对象中抽取出与圆面积有关的属性(如圆的半径 R),而忽略与面积无关的属性,如颜色、实心还是空心等特征,得出计算圆面积的公式: πR^2。在很多场合会看到一些人体模型,同样是人体模型但服装行业的人体模型与医学院使用的模型关注的点是不同的。服装业建立的人体模型关注的是人体的曲线及反映人身体各部位比例特征的有关参数;而医学院及医疗机构建立的人体模型更侧重于描述和表达人体的构造,各器官的组成、功能及它们之间的相互作用,新陈代谢活动变化的规律。模型是人们研究、认识客观事物的一种方法,借助模型方法把复杂的事物变得相对简单、便于人们认识和分析复杂的事物。

　　数据库存储的数据是面向某个组织与企业的,数据库中将存储和管理一个组织与企业涉及的全部数据。从数据处理的角度,使用者要求存储在数据库中的数据不仅反映数据本身的内容,而且反映数据之间的关系。那么在数据库系统中如何表示、组织、存储和管理现实世界中的数据呢? 通常数据库系统采用数据模型(Data Model)对现实世界中的数据进行组织、存储和管理,即用数据模型描述和模拟现实世界中的数据,也用数据模型在计算机世界中表示、存储和操作数据。因此,数据模型是数据库方法模拟现实世界的工具,也是数据库系统用来表示、操作数据的形式框架,是数据库系统的核心和基础。数据库系统的实现基本都是基于某种数据模型的。

2.1.1 概念模型

　　概念模型也称为概念数据模型或需求模型,其实质是用简单的方法表达和描述复杂的问题。概念模型的主要任务是将应用领域中要处理的数据及相关的业务需求准确地描述出来。它是按用户的观点对数据和信息建模的,通常要求这类模型有较强的语义表达能力,即它要能较方便地、直观地表达应用领域中的各种数据及语义,如被描述对象的属性特征以及相互关系等。这种模型也是用户和数据库设计人员之间进行交流与沟通的工具。

　　在数据库应用领域中广为流行的概念模型或概念建模方法主要有: ER(Entity-Relationship)方法、IDEF1X 数据建模方法及 UML(Unified Modeling Language)。

ER 方法是 1976 年由 Peter Chen 提出的,因为这种方法能够清楚地表达被描述对象的语义,图形化方式描述数据及其之间的关系,简单、容易理解,尤其是能够被轻松地转换成关系数据库管理系统支持的关系数据模型而被广泛地用于面向数据的概念建模领域。

20 世纪 80 年代以后,随着数据库应用规模的增大和系统复杂性的迅速增长,在一些大型复杂的数据库应用中开始使用 IDEF1X(是 IDEF1 方法的扩展版本)数据建模方法。IDEF 是 ICAM(Integrated Computer Aided Manufacturing)DEFinition method 的缩写,以后被称为 Integration DEFinition method。该方法最早被用于美国空军公布的 ICAM 工程中。早期的 IDEF 模型由三部分组成: IDEF0 描述系统的功能及其联系,被用来构造应用系统的功能模型。IDEF1 描述系统的数据结构及其联系,被用于构造应用系统的概念模型。IDEF2 用于系统模拟,建立动态模型。该方法在 1989 年被成功地应用于我国国家 863CIMS 实验工程中,之后被推广应用于国内各类计算机集成制造系统的功能建模和数据建模中。

ER 和 IDEF1X 模型都是面向数据的建模方法。它们的共同之处是,都是图形化描述数据和信息的工具,用它们构造的概念模型很容易转换成关系数据模型。所不同的是: 其一,IDEF1X 模型提供了更丰富的语义和图形形式;其二,IDEF1X 模型除了图形表示形式以外还给出了建模规范,它把建模过程分为 5 个阶段,且详细定义和描述了每个阶段的工作目标、做什么、怎么做以及提交的文档;其三,用 IDEF1X 方法构造的概念模型满足 3NF(第三范式),即模型中的全部属性满足完全函数依赖规则和非传递依赖规则。因此,IDEF1X 方法更适合大型复杂系统的数据建模及数据库设计。

近几年,随着面向对象技术的广泛应用,对象建模方法也备受关注和建模人员的喜爱。对象建模方法的典型代表 UML(Unified Modeling Language)已经较为广泛地被应用在一些面向对象的项目和集成开发环境中。UML 建模方法由三个模型组成: 功能模型(用例图描述系统功能)、对象模型(类图描述对象、对象的属性特征、对象之间的关系和操作)和动态模型(顺序图、状态图、活动图描述系统的内部行为)。

总之,建模人员可根据建模对象、待建模问题域的特点、规模及复杂性,选择合适的建模方法对现实世界建模。

2.1.2　基本数据模型

基本数据模型也称为结构模型。这种模型的任务是描述计算机世界中数据及数据之间的关系及数据存储、处理的特征。由于模型是按计算机系统的观点组织数据,关注数据结构、结构约束特征的描述,而非数据本身的内涵,通常具有严格的形式化定义,且利于计算机实现。这种模型由三部分内容组成,即数据结构、数据结构支持的操作和完整性约束条件。

1) 数据结构

数据结构用于描述数据库中全部数据的属性特征(静态特性)、数据之间的关系。它反映了现实世界中数据的结构特征及数据之间的逻辑关系,也是从用户的角度看数据是如何组织的。

2）数据操作

数据操作是指对数据库中各种对象类型的实例（值）所允许执行的操作的集合。数据库支持的操作主要有：查询、插入、更新、删除操作，数据模型将定义支持的操作类型、操作规则以及实现操作的语言。

3）完整性约束

完整性约束规则定义模型实例（值）所满足的条件，是数据库管理系统提供的保证数据的完整性、正确性及相容性的一种机制。

基本数据模型是面向数据库的逻辑结构、存储结构的，与具体数据库管理系统的实现有关，至今，数据库系统支持的数据模型主要有：层次模型（树），网状模型（图），关系模型（表），面向对象模型（对象）。它们也代表了数据库管理系统发展的几个阶段。

1. 层次模型

层次模型用树形结构在计算机世界中组织存储数据，描述数据及数据之间的关系。层次模型组织数据的主要特征是根结点只有一个，根结点以外的结点只能有一个双亲结点。层次模型存储数据实例如图 2.1 所示选课系统，其数据从父到子形成一个简单的有向图。

层次数据模型的典型代表是 IMS（Information Management System），是 IBM 公司在 20 世纪 60 年代研发的最早的大型数据库管理系统。

2. 网状模型

网状模型因数据及数据之间的关系呈现一个网状结构而得名，用网状模型在计算机中组织存储数据的主要特征是：

（1）允许多个结点无双亲。

（2）一个结点可以有多个双亲。

（3）结点及结点之间允许用复合链组织存储。

网状模型组织存储数据的实例如图 2.2 所示选课系统。由图 2.2 可知，网状数据模型不仅较好地描述了数据之间 $m:n$ 的联系，也较好地描述了一个记录型内部记录之间存在的关系。例如，选修"数据库技术与应用"课程之前必须先修"软件技术基础"课，这种课程记录之间存在的先修课程关系，通过"先修"联系即可表示。

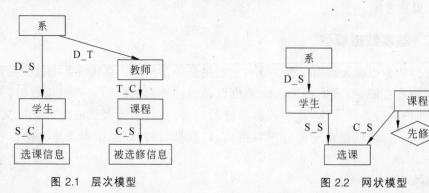

图 2.1　层次模型　　　　　　　图 2.2　网状模型

最早的网状数据库管理系统（Integrated Data System，IDS）是查尔斯·巴赫曼（Charles W. Bachman）主持设计与开发的，该系统是 20 世纪 60 年代中期以后最受欢迎的数据库管理系统。查尔斯•巴赫曼也因彻底解决了数据的集中控制与统一管理问题以及推动并促成了数据库标准 DBTG 报告的指定（该报告被誉为数据库历史上具有里程碑意义的文献），在1973 年获得图灵奖。

图 2.3 是图 2.1 和图 2.2 选课实例中"系"、"学生"数据在计算机中的一个存储示意图，由图 2.3 可知，层次模型和网状模型在计算机中是利用结点名（记录型名），如图中的"系"、"学生"记录型表示数据的，用联系名"D_S"表示两个结点——系记录集合和学生记录集合之间的关系。通过记录类型指针把一个记录型如"系"中的所有记录"计算机系"、"自动化系"、"物理系"等链接起来，采用 First，Last，Next，Prior 指针定位系集合中的每一个记录。用联系类型指针将一个系的学生链接起来，如 D_S 指针把计算机的学生 s00、s02、s03 链接起来，采用 D_S 中的指针 Next，Prior，Owner 定位和检索一个联系中的数据。例如，当指针在 s02 记录上时，通过"学生"结点的 Next 指针可以依次检索学生集合中的全部记录，直到检索完毕。通过 D_S 中的 Owner 指针就可以检索到这个学生所在系"计算机系"的信息。

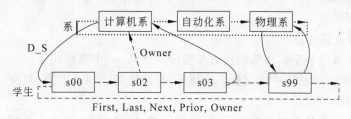

图 2.3　层次、网状模型实现示意图

3. 关系模型

关系模型用一张命名的二维表格在计算机中组织、存储数据及数据之间的关系。表中的每一行称为一条记录，每一列称为一个属性。关系模型概念简单，现实世界中抽象出的数据用表格结构存储，数据之间的联系也用表格结构存储，容易理解、操作简单、使用方便。相对于网状和层次模型，关系模型有较完备的关系数据库理论支持，关系数据库的物理设计不涉及太多实现细节，数据库重构较容易，使得关系数据库产品得到广泛的关注和欢迎，从20 世纪 80 年代推出至今仍是数据库市场的主流产品。埃德加•科德也因首先提出关系模型与关系数据库理论，使数据库管理系统跨入一个新的时代而获得 1981 年的图灵奖。关系数据模型相关知识详见 2.3 节。

4. 面向对象模型（Object-Oriented Model）

对象数据模型用类和对象的概念在计算机中组织和存储数据。类是具有相同属性特征和行为特征的对象的集合，类把同类对象的属性特征和行为特征封装成一个能动的整体，这使得类具有封装性和继承性。对象是类的一个实例，对象模型通过类属性维护对象的状态，通过类方法实现对象的行为或操作。

对象数据模型是 20 世纪 90 年代被提出的一种数据模型，试图解决传统的数据模型不能解决的一些问题，如希望数据库能够存储和管理一些复杂数据类型：向量、矩阵、有序集，以及维护客观数据间存在的继承、封装性等问题。然而，从 20 世纪 90 年代以来，尽管有一些面向对象的数据库产品被推出，但由于多方面的原因，目前数据库市场上的主流产品还是关系数据库系统。

2.2 实体-关系(ER)模型

2.2.1 ER 模型元素

1. 实体

实体描述现实世界中客观存在并可以相互区分的事物(也称为实体集实例),用来标识和表示现实世界中的个体对象,如一台机器、一名工人、一个部门、一门课程等。

2. 实体集

实体集标识和描述同类事物的集合。例如,学生实体集是一个学校全部学生的集合,在这个集合中的每一个对象必须具有相同的属性特征。这个集合中的一个对象(元素)就是这个实体集的一个实例(Instance)。现实世界中的一个事物可以由概念模型中的多个实体集来表示。例如,李敏可以同时是教师实体集和客户实体集中的一个实例,如何组织、表示数据则依赖于应用需求。

3. 属性、域及属性值

属性标识和描述一个实体集的性质及特征。通常,一个属性用于描述一个实体集某方面的特征或性质。例如,用一组属性:教师号、教师姓名、职称、工资、奖金、受聘日期,描述教师实体集的属性特征及性质。

域描述属性的取值类型与范围,可以用整数域、字符域等,描述一个属性的取值,例如,教师号域为 6 位整数,教师姓名域为 8 位字符,职称域为 8 位字符,工资域为 5 位整数,奖金域为 4 位整数,受聘日期域为日期类型。

属性域的取值叫属性值,例如,教师号域的某个取值为"770689"、姓名域的某个取值为"张伟"、职称域的一个取值为"教授"、工资域的一个取值为"8000"、奖金域的一个取值为"1000"、受聘年月域的一个取值为"1993 年 9 月 5 日";这些属性的取值描述了教师实体集中的一个具体对象,如张伟教授的基本信息为:770689、张伟、教授、8000、1000、1993 年 9 月5 日,这也被称为一个实体集实例。

4. 主码

主码也称为码属性,用来唯一标识和识别实体集中的每一个实例,如果一个属性不能唯一识别实体集中的每一个实例,可用多个属性作为码。由于教师号能标识和识别教师实体集中的每一个实例,教师号可以作为这个实体集的主码,而教师姓名因可能存在重名一般不作为码属性。

5. 联系

联系标识和描述现实世界中事物之间的连接或关联,这种关联关系有事物之间的关联关系,也有同一个事物内部属性之间的关联关系。

事物之间的关联关系可以归纳为三类:

(1) 一对一联系(1:1)。

描述两个实体集 A 和 B,其实例之间存在 1:1 的关联关系,即如果实体集 A 中的每一个实体(实例),至多有一个实体集 B 中的实例与之联系,反之亦然,则实体集 A 和实体集 B 具有 1:1 联系。

如一名工人操作一台机器,工人和机器两个实体集之间就存在 1:1 的联系。

（2）一对多联系（1：n）。

描述两个实体集 A 和 B,其实例之间存在 1：n 的关联关系,即对于实体集 A 中的每一个实例,实体集 B 中有 n 个实例（$n \geqslant 0$）与之联系,而对于实体集 B 中的每个实例,实体集 A 中至多有一个实例与之联系,则实体集 A 与实体集 B 存在 1：n 的联系。

如一个系可以聘用多名教师,而每名教师通常只受聘于一个系,系和教师这两个实体集之间就存在 1：n 的关联关系。

（3）多对多联系（m：n）。

描述两个实体集 A 和 B,其实例之间存在 m：n 的关联关系,即对于实体集 A 中的每一个实例,实体集 B 中有 n 个实例（$n \geqslant 0$）与之联系,而对于实体集 B 中的每个实例,实体集 A 中有 m 个实例（$m \geqslant 0$）与之联系,则实体集 A 与实体集 B 存在 m：n 的联系。

图 2.4 说明了实体集之间的这三种关联关系。

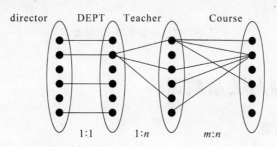

图 2.4　实体集之间 1：1、1：n 及 m：n 联系

2.2.2　ER 模型图形表示

在概念模型的 ER 图中,实体集用长方形框表示,框内写上实体集的名称,如图 2.5 所示,同一个应用问题中实体集名必须唯一。

属性在 ER 模型图中用椭圆或圆角框表示,里面写上属性名称且用线段将实体集和它所拥有的全部属性连接起来。如图 2.6 所示,同一个实体集中属性名必须唯一。

图 2.5　实体集的图形表示

图 2.6　课程实体集及其属性

实体集之间的联系在 ER 模型图中用菱形表示,菱形框内写上联系名,并用线段将菱形框及与之相关的实体集相连,在线段旁注明联系的类型（也叫做联系的基数）。若一个联系本身也有属性,可将属性框与菱形用线段连接起来。图 2.7 是一个选课系统的 ER 模型,该模型描述了系、教师、学生、课程每一个实体集的属性特征及这些实体集之间的关联关系：一个系管理多名学生,每名学生只属于一个系（1：n）；一名学生选修多门课程,每门课程由多名学生选修（m：n）；一个系聘用多名教师,每名教师只受聘于一个系（1：n）；一名教师讲授多门课程,一门课程由多名教师讲授（m：n）。图中的"成绩"是"选课"联系的属性,与"选课"联系相连接；"授课评价"是"授课"联系的属性,与"授课"联系相连接。主码属性用下划线表示,如图中的"系号"、"学号"、"教师号"、"课程号"。

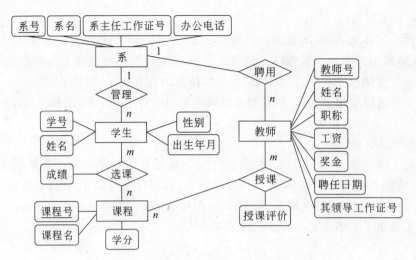

图 2.7 选课系统 ER 模型

2.3 关系模型与关系数据库

2.3.1 关系模型

关系模型存储数据的结构是二维表,关系模型用一张表格结构在计算机中表示和存储数据,也用表格结构存储数据之间的关系。用关系模型存储数据的实例如图 2.8 所示。

学生

学号	姓名	性别	出生年月
20067711	张大明	男	02-3 月-1982
20067734	王敏雅	女	02-8 月-1981

课程

课程号	课程名	学分
70171588	计算机软件技术基础	2
70171581	Java 语言	2
70171882	数据库技术及应用	3

学生成绩

学号	课程号	成绩
20067711	70171588	90
20067711	70171581	85
20067711	70171882	89
20067734	70171588	92
20067734	70171581	83
20067734	70171882	82

图 2.8 关系模型存储数据实例

图 2.8 用三张关系表说明了两名学生选修了三门课程，获得了相应的成绩这一个事实。每张表左上角的名字是关系表的名字(也称为关系名)。例如，选课成绩关系表的名字是"学生成绩"，这个关系表由"学号"、"课程号"、"成绩"三个属性组成。在这个关系表中存储了6个元组，这 6 个元组表示现实世界中学号为 20067711 和学号为 20067734 的两名学生，分别选修课程号为 70171588、70171581、70171882 三门课程后得到的成绩。下面介绍关系模型涉及的一些概念及术语。

1. 属性(列名)

在关系数据库中，表的结构用属性(列名)描述。如图 2.8 所示学生成绩表，表格顶部的列名："学号"、"课程号"、"成绩"是学生成绩关系中的属性。关系模型用属性名(或列名)来描述一个列条目的语义和它的类型及属性值可能占据存储空间的长度。

例如学生关系、课程关系、学生成绩关系分别用下面的属性来描述：

学生
  学号   number(8)   //定义"学号"属性是 8 位整数
  姓名   varchar2(8)   //定义"姓名"属性是一个可变类型，最多存储 8 位字符
  性别   varchar2(2)
  出生年月 date   //定义"出生年月"属性是一个日期数据类型

课程
  课程号   varchar2(8)
  课程名   varchar2(30)
  学分   number(1)

学生成绩
  学号   number(8)
  课程号   varchar2(8)
  成绩   number(3)

2. 关系(Relation)与关系模式(Schema)

关系在关系数据库中也被称为表。关系的概念来自数学，被定义为笛卡儿积的子集，由一组值的集合组成，而关系模式由模式名和这个关系所包含的全部属性集合组成。

关系模式是对关系数据结构的描述。关系模式关注和强调的是关系的结构，即一个关系由哪些属性组成，每个属性将存储什么类型的数据，是字符类型，整数型还是日期型，以及这个属性中存储的数据值可能占据多少存储空间。而关系是关系模式在某一时刻的状态或内容，关注的是它的值，某时刻关系模式中已经存储的数据或记录。当讨论的问题不涉及关系模式的具体结构时，关系模式被简化表示为：

$$R(A_1, A_2, \cdots, A_n)$$

R 是关系名，$A_1, A_2, \cdots, A_n$ 是其属性集。在实际应用中，一般并不刻意区分关系与关系模式，统称为关系，通过上下文识别。图 2.8 中各关系模式可用下面的形式表示：

学生 (学号，姓名，性别，出生年月)
课程 (课程号，课程名，学分)
选课成绩 (学号，课程号，成绩)

3. 元组(Tuples)或记录

关系表中的行(或记录)在关系代数中被称为元组,元组的集合被称为关系。关系中的每个元组表示和描述现实世界中的一个对象,例如,一名学生,一门课程,一名学生选修一门课程获得一个成绩。因此,一个元组不可能在一个给定的关系中出现多于一次。

对于给定关系,一个元组有一个分量(对应其属性),如图 2.8 中学生关系中的第一个元组为:20067711、张大明、男、02-3 月-1982,分别对应属性学号、姓名、性别、出生年月。如果属性不出现,单独表示元组时,可以用下面的形式表示一个元组:

(20067711, 张大明, 男, 02-3 月-1982)

由于关系的属性没有出现在此元组中,元组分量出现的顺序必须使用关系模式中属性定义的次序。

4. 域(Domains)

域指元组分量的取值范围,关系数据库用属性名、取值类型与长度定义域(表列)。层次、网状与关系数据模型只支持简单的数据类型,如整数域、字符域、日期域、实数域,不支持复合数据类型。

5. 码或主码(Primary Key)

如果关系(表)中的某个属性或属性组能够唯一标识关系中的每一个元组,则称这个属性或属性组为关系的码或主码。

6. 候选码

在一个关系中,如果存在多个属性都能够唯一标识关系中的每一个元组,则这些属性称为关系的候选码,可从候选码中选择一个作为关系的主码。如"医生"关系中有属性:编号、身份证号、性别、出生日期、特长,如果选择"编号"为主码,则"身份证号"就是这个关系的候选码,"编号"和"身份证号"属性也称为主属性,其他属性称为非主属性。

7. 关系数据库

关系数据库因采用关系数据模型(二维表格)在计算机中组织、存储、操作和管理数据而得名。关系数据库的查询语言 SQL,曾作为 IBM System R 项目的一部分被开发,在 20 世纪 80 年代末期被标准化,并被美国国家标准化委员会(ANSI)和国际标准化组织(ISO)所采纳,现在许多关系数据库使用的标准是 SQL-92。关系数据库系统因有完备的理论基础、标准化的数据操纵语言,以及在数据管理、数据重构、系统维护、可移植性等方面的特点,其产品从 20 世纪 80 年代一进入市场就受到了广大用户的欢迎,并被广泛地应用在社会生活的各个方面。

20 世纪 90 年代以后,关系数据库产品在许多方面取得了新进展,例如,支持 Internet 计算模式、支持多媒体数据,如长文本、声音、图形和图像数据的存储与操作,支持数据仓库应用,一些数据库管理系统如 Oracle 从 Oracle8 版本开始支持面向对象数据的存储、检索及处理,这为解决复杂数据的存储和处理提供了途径,同时为数据仓库及建立专门的分析处理应用提供了更丰富的语义和数据类型。

关系数据库产品产生自 20 世纪 80 年代,至今仍然是数据库市场上的主流产品,其原因在于关系模型建立在严格的数学理论基础上,概念简单、清晰,也因关系模型用统一的结构表示实体集及其之间的关系,操作方便、容易使用和维护而受到欢迎。

2.3.2　关系的定义

关系在集合论中被定义为：

定义一：

域是值的集合，同一个域中的值具有相同的数据类型，如整数类型或字符类型。

定义二：

设 $D_1, D_2, \cdots, D_n$ 为一组域，$D_1, D_2, \cdots, D_n$ 上的笛卡儿积定义为：

$$D_1 \times D_2 \times \cdots \times D_n = \{(d_1, d_2, \cdots, d_n) \mid d_i \in D_i, i = 1, 2, \cdots, n\}$$

笛卡儿积是一个集合，集合中的每一个元素 $(d_1, d_2, \cdots, d_n)$ 称为一个 n 元组，简称元组。元组中每一个值 d_i 叫做一个分量。

若 $D_i(i = 1, 2, \cdots, n)$ 为有限集，其基数为 $m_i(i = 1, 2, \cdots, n)$，则 $D_1 \times D_2 \times \cdots \times D_n$ 的基数为：$\prod\limits_{i=1}^{n} m_i$。

定义三：

$D_1 \times D_2 \times \cdots \times D_n$ 的子集叫做在域 $D_1, D_2, \cdots, D_n$ 上的关系。用 $R(D_1, D_2, \cdots, D_n)$ 表示，R 是关系名。

由以上定义可知，关系是一组域 $(D_1, D_2, \cdots, D_n)$ 上的笛卡儿积的一个子集。设有三个域：D_1 为学号的集合 {202191, 202192}；D_2 为课程名的集合 {数据库原理，英语阅读}；D_3 为成绩的集合 {90, 100}，这些域的笛卡儿积 $D_1 \times D_2 \times D_3$ 为：

202191, 数据库原理, 90
202191, 英语阅读, 90
202192, 数据库原理, 90
202192, 英语阅读, 90
202191, 数据库原理, 100
202191, 英语阅读, 100
202192, 数据库原理, 100
202192, 英语阅读, 100

$D_1 \times D_2 \times D_3$ 笛卡儿积的基数为：

$2 \times 2 \times 2 = 8$ 个元组，这 8 个元组表示了两个学生选了两门课程共获得两个成绩的可能的组合。

而学生成绩关系因存储和表示现实世界中的客观对象和事实，有意义的只有两个元组，如图 2.9 所示。

学生成绩

学号	课程名	成绩
202191	数据库原理	90
202192	英语阅读	100

图 2.9　学生成绩关系

事实上，笛卡儿积是一个二维表，表中的一行对应一个元组，一列对应一个域（属性的取值域），而关系是笛卡儿积的子集。因关系中的一个元组在关系数据库中表示和存储现实世界中的一个客观对象或事实,通常要求关系中的元组要唯一。

集合论定义的关系,其域的次序是不能改变的,即对于同一组域,其域的次序不同,就代表不同的关系。关系数据库为了方便操作和使用,关系中的每一个域由其属性名、数据类型和长度定义。因利用属性名能够标识和识别一个关系中的每一个属性,属性名消除了域的次序对关系的影响。通常,关系满足下列性质:

(1) 元组唯一。

(2) 属性值是不可分的原子项。

(3) 元组上下无序。

(4) 用属性名引用时左右无序。

2.3.3 关系代数与操作

关系模型用数学方法表示存储数据,用数学方法操作数据,其坚固的数学基础使操作者不必关心其内部存储细节。本节讨论关系数据操纵语言 SQL 的理论基础——关系代数与关系操作。

1. 集合运算

设两个 n 元关系 $R(A_1：D_1, A_2：D_2, \cdots, A_n：D_n)$ 和 $S(B_1：D_1, B_2：D_2, \cdots, B_n：D_n)$,其对应的属性取值于同一个域,则称关系 R 和 S 是并相容。

关系代数提供下列操作。

1) 并操作(∪)

设关系 R 和 S 是并相容,其并操作为 R∪S,可表示成:

$$R \cup S = \{t \mid t \in R \lor t \in S\}$$

并操作生成一个新的关系,其结果集由属于 R 的元组和属于 S 的元组共同组成,并操作结果如图 2.10 所示。

2) 差操作(一)

设关系 R 和 S 是并相容,其差操作为 R−S,可表示成:

$$R - S = \{t \mid t \in R \land t \overline{\in} S\}$$

其中符号 $\overline{\in}$ 表示"不属于"。

差操作生成一个新的关系,其结果集由属于 R,但不属于 S 的元组组成,差操作结果如图 2.11 所示。

3) 交操作(∩)

设关系 R 和 S 是并相容,其交操作为 R∩S,可表示成:

$$R \cap S = \{t \mid t \in R \land t \in S\}$$

两关系的交集可以通过差运算导出:

$$R \cap S = R - (R - S)$$

交操作生成一个新的关系,其结果由既属于 R 又属于 S 的元组组成,如图 2.12 所示。

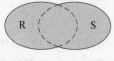

图 2.10　R∪S

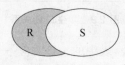

图 2.11　R−S

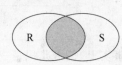

图 2.12　R∩S

2. 关系运算

1）选择（σ）

选择操作是对关系进行水平分解，从给定的关系中选择满足条件的元组。选择操作表示为：

$$\sigma_F(R) = \{t \mid t \in R \wedge F(t) = true\}$$

其中，R 是关系名，F 表示条件，其条件表达式为：xθy。

x，y 是属性名或常量，运算符 θ 可为：$\wedge$、$\vee$、$\neg$、$=$、$\neq$、$>$、$>=$、$<$、$<=$ 及算术运算符。

选择操作的结果集由满足条件的元组（行）组成。

2）投影（π）

投影操作是对关系进行垂直分解，从给定关系的属性集中选择满足条件的属性子集。投影操作表示为：

$$\pi(a_i, \cdots, a_j)R$$

其中，R 是关系名，$a_i, \cdots, a_j$ 为组成结果集的列（投影出的列）。

投影操作的结果集由满足条件的属性子集（列）组成。

3）叉积（笛卡儿积）

设 R 和 S 分别是 r 元和 s 元关系，定义 R 和 S 的叉积是一个（r＋s）元元组的集合，每一个元组的前 r 个分量来自 R 的一个元组，后 s 个分量来自 S 的一个元组。叉积表示为 R×S，其形式定义为：

$$R \times S = \{t \mid t = \langle t^r, t^s \rangle \wedge t^r \in R \wedge t^s \in S\}$$

若 R 有 m 个元组，S 有 n 个元组，则 R×S 为 $m \times n$ 个元组。例如：

DEP（系关系）

DNO（系编号）	DNAME（系名）	DIRECTOR（系主任）
10	中文系	王华
20	外语系	张树
30	计算机系	王宏

STUDENT（学生关系）

SNO（学号）	SNAME（姓名）	SEX（性别）	BIRTH（出生年月）	DNO（所在系）
212193	刘姗	女	01-1 月-1982	20
990101	朱一敏	女	01-1 月-1980	30

则 DEP×STUDENT 结果如图 2.13 所示。

4）连接（Join）

由上面的叉积操作实例可知两个关系的笛卡儿积表示两个关系中所有元组可能的排列组合，而在实际应用中往往只有其中的一部分元组有意义。连接操作是从笛卡儿积（叉积）中选择满足条件的元组，连接操作表示为：

$$\mathop{R \times S}_{Ra_i \theta Sb_j} = \sigma_{Ra_i \theta Sb_j}(R \times S)$$

其中，θ 为比较运算符，Ra_i 和 Sb_j 分别为关系 R 的属性和关系 S 的属性。

DNO 系编号	DNAME 系名	DIRECTOR 系主任	SNO 学号	SNAME 姓名	SEX 性别	BIRTH 出生年月	DNO 所在系
10	中文系	王华	212193	刘姗	女	01-1 月-1982	20
10	中文系	王华	990101	朱一敏	女	01-1 月-1980	30
20	外语系	张树	212193	刘姗	女	01-1 月-1982	20
20	外语系	张树	990101	朱一敏	女	01-1 月-1980	30
30	计算机系	王宏	212193	刘姗	女	01-1 月-1982	20
30	计算机系	王宏	990101	朱一敏	女	01-1 月-1980	30

图 2.13　叉积操作实例

当比较运算符(θ)为相等(＝)比较时,称为等值连接,即从关系 R 和关系 S 的笛卡儿积中选择属性 Ra_i 和 Sb_j,其值相等的元组。

当两个关系中参与比较的项出自相同的属性,且结果集中重复的属性被自动滤去,这样的连接操作被称为自然连接。自然连接表示为:

$$R * S = \sigma_{Ra_i = Sa_i}(R \times S)$$

例如,DEP * STUDENT 如图 2.14 所示。

DNO 系编号	DNAME 系名	DIRECTOR 系主任	SNO 学号	SNAME 姓名	SEX 性别	BIRTH 出生年月
20	外语系	张树	212193	刘姗	女	01-1 月-1982
30	计算机系	王宏	990101	朱一敏	女	01-1 月-1980

图 2.14　DEP 与 STUDENT 自然连接结果集

如果要查询外语系的学生信息,只要从其自然连接结果集中选择满足条件的元组(第一条记录)即可。

3. 关系操作实例

已知关系模式:

DEP(DNO, DNAME, DIRECTOR)

STUDENT(SNO, SNAME, SEX, BIRTH, DNO)

COURSE(CNO, CNAME, CREDIT)

SC(SNO, CNO, GRADE)

下列的实例将进一步说明关系代数及其操作:

(1) 查询 1980 年以后出生的男同学名单(只列出姓名),其查询表达式为:

$$\pi_{SNAME}(\sigma_{SEX='男' \text{ AND } BIRTH > '31\text{-}DEC\text{-}1980'}(STUDENT))$$

(2) 查找选修了"Java 语言"课程,且成绩在 85 分以下的女同学的姓名,其查询表达式为:

$$\pi_{SNAME}(\sigma_{SEX='女'}STUDENT * \pi_{SNO}(\sigma_{GRADE<85}(SC * \pi_{CNO}(\sigma_{CNAME='Java 语言'}(COURSE)))))$$

(3) 查询同时选修了课程号为"C1"和"C2"两门课程的学生学号,其查询表达式为:

$$\pi_{SNO}(\sigma_{CNO='C1'}(SC)) \bigcap \pi_{SNO}(\sigma_{CNO='C2'}(SC))$$

(4) 查询由自动化系学生选修的课程，只列出课程名，其查询表达式为：

$$\pi_{CNAME}(COURSE * \pi_{CNO}(SC * \pi_{SNO}(STUDENT * \pi_{DNO}(\sigma_{DNAME='自动化系'}(DEP)))))$$

(5) 查询选修课程号为"C1"或选修课程号为"C2"的学生的学号，其查询表达式为：

$$\pi_{SNO}(\sigma_{CNO='C1'}(SC)) \bigcup \pi_{SNO}(\sigma_{CNO='C2'}(SC))$$

(6) 查询选修课程号为"C1"，但没有选修课程号为"C2"的学生的学号，其查询表达式为：

$$\pi_{SNO}(\sigma_{CNO='C1' \ or \ CNO='C2'}(SC)) - \pi_{SNO}(\sigma_{CNO='C2'}(SC))$$

2.3.4 关系代数与 SQL

通过比较关系代数与 SQL(见第 3 章)两者可知：从语言形式上看，关系代数用关系表达式表示查询要求，SQL 使用了更适合于计算机操作的语言形式谓词表示查询要求；从操作顺序看，关系代数要规定对关系的运算(选择或投影)顺序，以及结果集满足的条件，而关系数据库语言 SQL 仅需告知系统需要什么数据及信息，以及结果集满足的条件。尽管两者使用的符号不同但表达的操作是一样的，且 SQL 表达形式更简单，也更适合于计算机操作。

2.4 关系的完整性

关系的完整性也称为完整性约束(Integrity Constraint，IC)，是数据库管理系统为了防止不符合语义的数据、不满足条件的数据载入数据库，对数据库数据的正确性、有效性进行检查和控制的一种机制。很多大型商用关系数据库管理系统支持基于申明的完整性约束，这种约束由用户在定义关系模式(建立关系表)的时候，定义关系满足的条件，数据库管理系统会在用户对关系(表)进行实际操作，如插入数据、修改数据、删除数据的时候，自动检查其操作是否满足定义的约束条件。多数商用关系数据库管理系统，如 Oracle，SQL Server 等支持的基于申明的完整性约束主要有三类：主码约束、外来码约束和域约束。

2.4.1 主码约束

主码约束保证关系中的主码属性值不空且唯一。通常主码须满足两个条件。

① 唯一性：在一个关系中，不存在两个元组，它们具有相同的主码值。

例如，SNO 是关系 STUDENT 的主码，不会有两个学生具有相同的 SNO 值。

② 最小性：不存在一个属性可以从主码的属性集中去掉，而同时仍能保持上述唯一性。

在一个关系中，如果用一个属性不能唯一标识关系中的每一个元组(记录)，可以用多个属性共同识别这个关系中的一条记录，但它们必须是最小集。例如，学生成绩关系中的成绩记录，必须由两个属性：学号、课程号，才能够唯一标识这个关系中的每一条记录，因此，学生成绩关系的主码是由学号和课程号共同组成的。

当一个关系中存在多个符合主码条件的属性时，只需选择其中的一个属性为主码属性。

2.4.2 外来码约束

若关系 R 中含有另一个关系 S 的主码 Ks 所对应的属性或属性组 F(该属性或属性组 F 称为关系 R 的外来码——Foreign Key)，则关系 R 中的每一个元组在属性组 F 上的值必须满足：或者取空值，或者等于 S 中某个元组的主码 Ks 的值。外来码约束（引用完整性）保证关系之间相关数据的完整性和一致性。

引用完整性约束如图 2.15 所示。

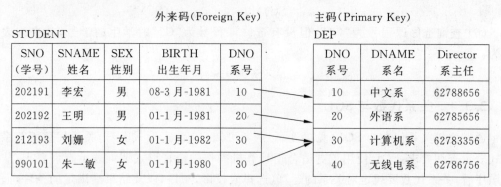

图 2.15　引用完整性约束

由图 2.15 可知，在关系 STUDENT 中，包含属性 DNO（学生所在系的系号），而系号是关系 DEP（系关系）的主码。根据外来码约束规则，STUDENT 表中每一个学生记录的系号（外来码）或者是一个合法值（即 DEP 中某个系记录的主码值），或者为空（该学生暂时没有系）。当希望在数据库中实施这样的约束，即一个关系中存储的值被连接到另一个关系存储的信息中，当一个关系被修改，另一个关系中对应的值必须被检查时，则需要在关系上定义引用完整性约束。

2.4.3　域（Domain）约束

域约束规则定义一个关系属性满足的条件。例如，在定义 STUDENT 关系时可以申明属性 SEX（性别）的取值只能为"男"或"女"。根据需要也可以申明学生年龄的取值范围在 16～35 岁之间。

如果实际应用需要对关系的某个属性的取值进行检查，保证其值的正确性或一致性时，可以在这些属性上定义相应的域约束。每当用户程序对这些域进行插入和修改操作时，数据库管理系统就会对这些操作值进行检查，以保证满足条件的数据进入数据库。

　　数据库方法采用两种数据模型表示、组织、存储、操作和管理数据。一类是面向现实世界建模的数据模型，叫做概念数据模型。另一类是面向机器世界存储数据的数据模型，叫做基本数据模型。通常，数据库设计人员首先用概念数据模型组织、描述数据，把现实世界抽象为某种信息结构（信息模型），这种结构不依赖于具体的计算机系统，只面向数据需求建模，如用 ER 方法建模，并把建模的结果称为 ER 模型。然后，进一步面向计算机世界建模，把概念模型，如 ER 模型转换成具体的 DBMS 支持的数据模型存储到计算机中。

　　DBMS 支持的最早的数据模型是网状模型，因采用网状结构在计算机中存储数据而得名，以后埃德加·科德又提出了概念更加简单且具有坚实数学基础的新一代关系模型，这为数据库技术的普及和应用开创了一个新的时代。随着数据管理内容的不断扩展，以及新需求的不断提出，人们又提出了面向对象数据模型、XML 数据管理、仓库数据管理等存储与管理技术，这些技术的相互融合、集成与渗透，将为数据处理、管理与维护提供更加广阔的应用空间。

习　题

1. 试解释下列概念：

(1) 模型、数据模型、概念数据模型、基本数据模型。

(2) 实体集、实体集实例(实体)、属性、属性值、联系。

(3) 笛卡儿积、关系、关系模式、元组、域、码、记录。

2. 简述基本数据模型的组成。

3. 关系完整性约束包含哪些内容？这些约束分别是用来解决什么问题的？

4. 试举例说明外码的定义及使用场合。

5. 简述等值连接与自然连接的差别。

第3章 关系数据库语言 SQL 与 PLSQL

SQL 是关系数据库提供的一种人机接口语言,SQL 的目标是实现对关系数据库灵活、方便地操纵。

本章主要介绍 SQL 的特点、基本组成,用 SQL 定义与创建各种数据库对象的命令及其用法,以及用 SQL 对关系数据库数据进行基本操作:插入、修改、删除数据以及查询数据的命令及其用法,在此基础上介绍 PLSQL 的内容,包括 PLSQL 块的结构、基本组成,以及用 PLSQL 编程的基本语句及编程方法。最后简要介绍 Oracle 数据库操作环境的安装、配置及操作方法。

3.1 SQL 概述

SQL 早期被称为 SEQUEL(Structured English QUEry Language,结构化查询语言),因功能丰富,操作方便,容易学习和使用,1986 年被美国国家标准化研究所(ANSI)采纳为关系数据库管理系统的标准语言,后被国际标准化组织接纳为国际标准,1992 年推出 SQL 的更新版本 SQL-92 简称 SQL2,之后又引入了很多新特征被称为 SQL3。

SQL 是一种非过程化语言,主要由数据定义语言(Data Definition Language,DDL)、数据操纵语言(Data Manipulate Language,DML)和数据控制语言(Data Control Language,DCL)等组成。数据定义语言提供对各种数据库对象,如关系表、视图、索引、聚集、存储过程、存储函数、触发器等的定义及创建;数据操纵语言提供对关系表的基本操作(查询、修改、删除);数据控制语言提供对数据库的控制,包括权限控制等。

3.1.1 SQL 的特点

SQL 是一种综合的、通用的、功能较强的关系数据库语言。SQL 有以下特点:

1. 非过程化

SQL 是非过程化的,被称为第四代计算机语言,以区别于面向过程的第三代语言。SQL 只需要用户描述"做什么",而无须指出"怎么做",语句操作的过程由系统自动完成,语言简洁,容易学习和使用。

2. 一体化

SQL 集数据定义、数据操作、数据控制为一体,用统一的语言操作数据、管理维护数据库实施及运行阶段的各种活动,包括建库、装载数据、查询数据、更新数据、维护数据库的安全性、数据的完整性、一致性和可靠性。

目前,很多商用关系数据库管理系统其 SQL 提供两种使用方式:一种是交互式命令语言方式,即用户输入一条数据操纵命令,系统返回一组运行结果;另一种是程序方式的 SQL,是对标准 SQL 的扩充。如 Oracle 的 PLSQL,SQL Server 的 T-SQL 都属于标准 SQL 的扩充版,即在标准 SQL 中增加了过程处理语句,使得 SQL 处理数据更加高效、灵活和方便。有些大型商用数据库管理系统还支持嵌入式 SQL,即把基本的 SQL 语句嵌入到多种高级程序设计语言(如 C,C++,Java,Fortran 等)中,把 SQL 的数据操纵能力和高级语言的数据处理能力结合起来以支持更为复杂的数据库应用。用户可以根据不同的使用需求选择合适的运行方式,不论哪种使用方式,其 SQL 的语法结构是统一的,容易学习和使用。

总而言之,SQL 是关系数据库统一的界面语言,可用于支持各种用户的数据库活动,其中也包括数据库系统管理员的一些活动,例如,启动数据库、关闭数据库及系统的管理维护活动等。

3.1.2　SQL 的基本成分

本节将参照 SQL 标准,以 Oracle 数据库为实例,介绍 SQL 的基本成分。

1. 数据类型

SQL 和一般的计算机语言一样,也有自己的词法和句法。在关系模式中,所有的属性名必须定义数据类型。SQL 支持的数据类型有:

(1) 数值型(NUMBER)。

可以存储整数数字值或实数值(最大存储 38 位数字)。

可用下面的语法定义数值型数据类型:

```
NUMBER(p,s)
```

其中,p 表示所有数字的精度(范围为 1~38),s 定义小数点后面的位数。

例如,

```
NUMBER                        //存储一个浮点数
NUMBER(2)                     //存储两位整数
NUMBER(7,2)                   //表示将存储 5 位整数,两位小数
```

Oracle 根据不同的精度及小数位数的定义存储数据的示范,如表 3.1 所示。

表 3.1　不同精度及小数位数对存储数据的影响

输 入 数 据	数 据 类 型	存 储 的 数 据
7 456 123.89	NUMBER	7 456 123.89
7 456 123.89	NUMBER(9,1)	7 456 123.9(保留 1 位小数)
7 456 123.89	NUMBER(9)	7 456 124(取整,小数四舍五入)
7 456 123.89	NUMBER(9,2)	7 456 123.89(保留两位小数)
7 456 123.89	NUMBER(6)	******(不接收超长数据)
0.0012	NUMBER(2,4)	.0012

(2) 字符(Character)数据类型。

字符数据类型以串的形式存储字符数据,串的字节值与字符编码模式(字符集)相对应。数据库的字符集是在创建数据库的时候建立的,通常不会改变。Oracle 支持单字节和多字节字符编码模式,单字节字符集如 7 位编码的 ASCII 码,多字节编码模式包括支持汉字的标准代码 CGB2312—80 及国际通用编码 Unicode 等。

Oracle 支持的字符数据类型有:

① CHAR。

定长字符型。所谓定长是指当输入的字符数目比指定的长度小时,Oracle 用空格填充补齐。如果输入的字符数目大于指定字符位数,Oracle 会发出相应的错误信息拒绝输入。对于 CHAR 类型的列必须指定列的长度(字节数,范围为 1~2000),CHAR 的默认长度为1,即存放一个字符。通常一个汉字占两个字节。

② VARCHAR2。

变长字符型。对于变长列必须指定一个最大的长度(字节数,范围为 1~4000),变长表列占用的存储空间依赖于实际输入的字符数。

③ LONG。

最大可存储 2GB 的变长文本数据。

(3) LOB(Large Object Block)数据类型。

大对象数据类型有 BLOB、CLOB、BCLOB、BFILE,最大存储数据长度为 4GB,可用来存储大量的无结构的数据块,如文本、图像、声音、视频等多媒体信息。

① BLOB。

BLOB 数据类型在数据库中存储无结构的二进制数据,存储长度可达 4GB。

② CLOB 和 NCLOB。

CLOB 和 NCLOB 数据类型在数据库中可存储多达 4GB 的字符数据,CLOB 存储单字节字符集数据,NCLOB 存储多字节字符集数据。

③ BFILE。

BFILE 数据类型在数据库外的操作系统文件中存储无结构的二进制数据,存储长度可达 4GB。BFILE 类型的表列中仅存储文件定位符,由目录名和文件名组成文件定位指针映射到文件系统。

(4) 日期(DATE)数据类型。

日期型用于存储日期和时间信息。Oracle 的日期数据按 7 字节定长字段,使用其内部格式存储,对应于:世纪、年、月、日、小时、分钟和秒。

Oracle 默认的日期格式是“DD-MON-YYYY”,如 05-MAR-2007 表示 2007 年 3 月5 日,如果通过中文环境输入日期,其值应输入为:05-3 月-2007。如果想改变日期的默认格式,可以用 TO_CHAR 或 TO_DATA 函数。例如,以非默认格式输入日期数据:

```
SQL>Insert into mytable (hiredate) values (to_date('28/11/1998 8:11:32',
'DD/MM/YYYY HH24:MI:SS'))
已创建 1 行;
```

以非默认格式显示(查询)日期结果:

```
SQL>select to_char(hiredate,'day Month year HH24:MI:SS') from mytable;

TO_CHAR(HIREDATE,'DAYMONTHYEARHH24:MI:SS')
------------------------------------------------------------------
星期六 11 月 nineteen ninety-eight 08:11:32
```

2. 数据类型转换

与大部分程序设计语言一样,SQL 也不支持不同类型数据的运算。例如,$a \times b + 5$,如果这个表达式能够正确求值的话,两个变量 a 和 b 的数据类型都必须是数值型的。SQL 的语法规定,在插入数据的时候对于数值型的数据不需要用引号把值括起来,而字符型的数据要用引号把值括起来。例如:

语句 1:

```
Insert into course (credit, quota) values (3,90);
```

语句 2:

```
Insert into course (credit, quota) values ('3','90');
```

这两条语句都能够完成数据的插入,但语句 2 在插入数据的时候,系统先要把字符“3”和字符“90”转换成数字后再插入。显然,语句 2 也正确执行了,但会增加系统的开销。

Oracle 提供了一些类型转换函数,如表 3.2 所示,需要时可以调用。

表 3.2 Oracle 的数据类型转换函数

TO〱FROM	CHAR	NUMBER	DATE	RAW	ROWID
CHAR		TO_NUMBER	TO_DATE	HEXTORAW	CHARTOROWID
NUMBER	TO_CHAR		TO_DATE		
DATE	TO_CHAR				
RAW	RAWTOHEX				
ROWID	ROWIDTOCHAR				

3. 空值的用法

空值是一个不是零,也不是空格的特殊值,代表列值未知,很多数据库管理系统支持空值(Null)的存储和处理。Oracle 系统将一个长度为零的字符值作为空值,这意味着,如果一个表列的值为 Null,则它不占据存储空间。Oracle 系统按照下列规则处理空值:

(1) 任何包含空值的算术表达式,其结果为 Null。例如,

```
sal+Null=Null                    //不管 sal 的值是什么结果都为 Null
```

(2) 用 NVL 函数可以处理空值。

有时,为了得到希望的运算结果,可调用 NVL 函数处理表列中的空值,例如,按年收入升序列出教师的姓名和年收入,可输入下面的 SQL 语句:

```
SELECT tname, (sal+ nvl(bonus,0)) * 12   年收入
FROM teacher   ORDER BY 年收入;
```

语句中的 NVL 函数用于判断 bonus 的值,如果不空则 bonus 的取值与 sal 相加,否则使用参数 0 值与 sal 相加。

(3) Null 值的排序。

具有 Null 值的表列在按照升序排列时,Null 值被排在最后面;降序排列时,Null 值被排列在最前面。

(4) 用 IS NULL 运算符判断表列中的空值。

例如,查询没有奖金的教师信息,列出其姓名和职称,输入下面的语句:

```
SELECT tname, title FROM teacher
```

```
WHERE bonus is NULL;
```

4. 注释

在一个程序中使用注释可以增加语句的可读性和程序的可维护性。在 SQL 语句中可以使用单行注释和跨行注释。

（1）单行注释。

用两个连字符--,后面跟着注释内容表示单行注释。例如：

```
SELECT tname 教师名,sal 工资        --教师名是 tname 列的别名,工资是 sal 列的别名
FROM teacher
WHERE DEPTNO=50 and sal>2800
ORDER BY 2 DESC
--ORDER BY 子句中的 2 表示按照 SELECT 列表中定义的第 2 个列名 sal 的值排序
```

（2）跨行注释。

SQL 使用一对符号：/＊和＊/表示跨（多）行注释。如果程序中需要注释的内容在一行内写不下,可以用符号/＊和＊/把需要注释的内容括起来。

例如：

```
/＊This is a program ……………
…………… ＊/
```

5. 运算符

在 SQL 语句中允许使用的运算符有：

算术运算符：＋,－,＊,/

逻辑运算符：AND,OR,NOT

比较符：＝,!＝,＞,＜,＞＝,＜＝

集合运算符：[NOT] IN,ANY,ALL

判断列值是否在指定的范围内：[NOT] BETWEEN…AND…

模糊匹配符：[NOT] LIKE

测试空值：IS [NOT] NULL

字符串拼接符：‖

6. SQL 的语句不区分大小写,但插入的值区分大小写

例如：

```
INSERT into student (sno,sname,sex)
    values (991100, 'BLAKE', '男');
```

3.1.3　实例

本章讨论的大部分实例基于下面的关系模式：

```
Dep(dno,dname, tel,director)                      --系关系模式
Student(sno, sname, sex, birth, dno)              --学生关系模式
Course(cno, cname, credit)                        --课程关系模式
Sc(sno, cno, grade)                               --成绩关系模式
Teacher(tno, tname, title, hiredate, sal, bonus, mgr, deptno)   --教师关系模式
```

Teaching(tno, cno, evaluate)　　　　　　　　　　　　　　--授课关系模式

3.2　数据定义语言

数据定义语言(Data Definition Language,DDL)用于定义和建立各种数据库对象。在 Oracle 数据库中,数据定义语言可用来定义下列的数据库对象:关系表(table)、视图 (view)、索引(index)、聚集(cluster)、存储过程(procedure)、存储函数(function)、触发器 (trigger)、数据库链路(database link)、对象表(object table)等。

3.2.1　关系表的创建与维护

表是关系数据库中最基本的对象,用数据定义语句定义和创建。每张表有一个名字,通常称为表名或关系名。Oracle 数据库限定表名必须以字母开头,最多不超过 30 个字符。一张表可以由一列或多列组成,列名以字母开头,最多不超过 30 个字符。

1. 建表语句(CREATE TABLE)

建表语句的语法为:

```
CREATE    TABLE  表名
(  [关系完整性约束,],
   列名 1  数据类型   [列完整性约束],
   列名 2  数据类型   [列完整性约束],
    ⋮   )
   [存储子句]
    ⋮
```

例如,建立关系表 dep(系)的语句为:

```
CREATE  TABLE  dep
(dno number(2),
 dname varchar2(30),
 tel  char(8),
 director number(4))              --存储系主任的工作证号
```

建立关系表 student 的语句为:

```
CREATE  TABLE  student
(sno number(6) constraint PK_sno PRIMARY KEY,      --sno 列是主码,约束名为 PK_sno
sname char(6),
sex char(2) CONSTRAINT CHECK_sex
CHECK(sex IN ('男', '女')),           --限制 sex 的值只能取值"男",或"女"
birth date   default sysdate,        --birth 列的默认值为系统当前日期
dno number(2) constraint fK_dno REFERENCES DEP(DNO)   --dno 列上定义了引用完整性约束
```

注:语句中的 sysdate 是一个日期函数,它返回系统现在时刻的日期值。当输入一条记录时,如果此列没有提供具体值,系统就使用默认值。

上面建立关系表 student 的语句中实现了下列完整性约束:

（1）sno 是主码。

（2）sex 属性的取值只能为"男"或"女"。

（3）出生年月的默认值为 sysdate（系统当前日期）。

（4）外来码 dno 的值必须在被引用的原关系对应的列值中存在。

2. 修改表的定义（ALTER TABLE）

修改表的语句格式为：

```
ALTER TABLE 表名
ADD     (列说明)   增加新的列定义
MODIFY  (列说明)   修改表中已有列的定义
DROP    (列说明)   删除表中指定列的定义
```

例 3.1　在 dep 表中增加新列 dmgr，使用语句：

```
ALTER  TABLE  dep
  ADD(dmgr  CHAR(8));
```

例 3.2　修改 dep 表的结构，将 dname 列的最大长度扩展到 40 个字符，使用语句：

```
ALTER TABLE dep
MODIFY(dname  VARCHAR2(40));
```

例 3.3　从 dep 表中删除列 dmgr，使用语句：

```
ALTER TABLE dep
DROP (dmgr);
```

例 3.4　在关系表 dep 上增加主码约束，使用语句：

```
ALTER TABLE dep
ADD CONSTRAINT pk_dno PRIMARY KEY (dno);
```

3. 删除表对象（DROP TABLE）

当一些表不再需要时，可以将它们删除。

删除表的语句格式为：

```
DROP ·TABLE  表名
```

例如：

```
DROP TABLE dep;
```

该语句将 dep 表（包括它里面的数据）从数据库中删除。

3.2.2　视图的定义与维护

视图是用一个查询定义的、由基表导出的表。视图像一个窗口，通过这个窗口用户可以查看或操作由视图定义的指定表中的信息。

1. 建立视图的语法

```
CREATE VIEW 视图名 [((列名 1,列名 2,…)]
AS  子查询
```

例如,建立 50 系学生信息的视图,使用下面的命令:

```
CREATE VIEW   student50
  AS   SELECT * FROM student
  WHERE   dno=50
  ORDER BY birth;                    --视图中的数据按出生日期升序排列
```

2. 删除视图的语法

```
DROP VIEW 视图名
```

例如,删除名为 student1 的视图,使用命令:

```
DROP VIEW student1;
```

3.3　数据更新

3.3.1　INSERT 语句

插入数据操作 INSERT 语句可将一条记录或查询结果插入指定的关系(表)中。
语句格式为:

```
INSERT   INTO 表名[(列名 1,列名 2,…)]
  VALUES (表达式 1,表达式 2,…);
```

INSERT 语句在插入一条记录到数据库中时,将表达式的值作为对应属性(表列)的值
插入。插入的值除了数值型的数据以外,包括日期型在内的其他数据要用单引号括起来,空
值用 null 表示,下面举例说明插入数据语句的用法。

例 3.5　插入一条完整的学生数据到学生表中,语句如下:

```
INSERT INTO student
  VALUES(980001, '张冬梅', '女', '15-7 月-1987', 10);
```

如果在插入语句的 VALUES 子句中没有提供表全部列的列值,那么在表名的后面要
说明插入语句将包含哪些列名,例如:

```
INSERT INTO student (sno, sname, sex, birth)
VALUES(990001, '王小朋', '男', '01-12 月-1988');
```

INSERT 语句中的日期值要用单引号括起来,在中文操作环境下,日期值用格式"01-
12 月-1988",西文环境用格式"01-DEC-1988"为日期列提供值。

若暂时不输入出生日期,可以用下面的语句插入数据,例如:

```
INSERT INTO student
VALUES(980001, '张冬梅', '女', null, 10);
```

由于插入数据时,学生张冬梅的出生日期尚不清楚需要确认,可先用关系模式定义的默
认值 sysdate(系统当前日期)插入此学生的出生日期,例如:

```
INSERT INTO student (sno,sname,sex,dno)
VALUES(980003, '张冬梅', '女', 10);
```

将一个查询结果插入指定表 teacher1 中,可以用下面的语句,例如:

```
Insert   into teacher1  Select * from teacher;        --teacher1 表必须存在
```

把 teacher 表中的数据,复制到 teacher2 表中,使用语句:

```
create table teacher2  as select * from teacher;      --系统会先建表,然后插入数据
```

3.3.2   UPDATE 语句

UPDATE 语句对表中已有的数据进行修改及更新操作。

语句格式为:

```
UPDATE 表名
SET 列名 1=表达式 1,列名 2=表达式 2,…
WHERE 条件;
```

其中,SET 子句定义需要修改值的列名和修改以后列的取值,WHERE 子句指定更新操作满足的条件,下面的例子说明 UPDATE 语句的用法:

例 3.6   将课程"数据结构"的学分改为 4 学分:

```
UPDATE course
SET credit=4
WHERE cname='数据结构';
```

如果语句中省略了 WHERE 子句,则修改指定表中全部的记录。

例 3.7   在原有工资基础上为全体教师涨 10% 的工资:

```
UPDATE   teacher
SET sal=sal * 1.1;
```

这条语句将教师表中所有行 sal 列的值更新为"sal×1.1"。

3.3.3   DELETE 语句

语句格式为:

```
DELETE   FROM 表名 WHERE 条件;
```

DELETE 语句删除指定表中满足条件的记录。如果不指定条件,该语句将删除指定表中所有的记录,下面的例子说明 DELETE 语句的用法:

例 3.8   删除课程名为"化学试验"且学分为 1 学分的课程信息:

```
Delete from course
Where cname='化学试验' and credit=1;
```

例 3.9   删除课程表中的全部记录,即将该表清空,语句如下:

```
DELETE  FROM  course;
```

3.4 数据查询

SQL 对数据库的检索操作是通过 SELECT 语句实现的,本节讨论 SELECT 语句的功能及用法。

查询语句的一般格式为:

```
SELECT [DISTINCT|ALL] { * |[列表达式],[列表达式],…}
FROM {[表名|视图名], [表名|视图名], …}
[WHERE 条件]
[START  WITH 条件  CONNECT  BY 条件]
[GROUP BY 表达式[,表达式] …[HAVING 条件]
[UNION|UNION ALL |INTERSECT|MINUS]SELECT 命令
[ORDER BY{表达式|位置} [ASC|DESC] [, {表达式|位置[ASC|DESC]}]…]
```

3.4.1 SELECT 及其子句的用法

1. SELECT FROM 子句

这是最基本的查询表达式,即从指定的表中查找出全部的记录。

例 3.10 查询全部学生的信息:

```
SELECT * FROM  student;
```

这条语句查询学生表中所有的数据(行和列)。语句中的 * 表示查询结果将包含全部列,这条语句还使用了 SELECT 语句的默认选项(ALL 带下划线为默认项),表示查询结果选择表中所有的行。

在查询语句中如果指定 DISTINCT 项,则可以过滤重复的记录,即相同的记录只输出一条,DISTINCT 项的用法如下:

例 3.11 查询现有教师职称的种类:

```
SELECT  DISTINCT  title  FROM  Teacher;
```

2. 选择操作——WHERE 子句

当从关系表中查询满足条件的记录时,可以用 WHERE 子句,WHERE 子句的用法如下:

例 3.12 查询 10 系男同学的信息:

```
SELECT * FROM  student
WHERE  sex='男'  AND dno=10;
```

例 3.13 列出所有男同学的学号、姓名和所在系号:

```
SELECT sno,sname,dno FROM student
WHERE sex='男';
```

例 3.14 查询 1998、1999 两年招聘的教授的名单（输出姓名和聘用日期）：

```
SELECT tname,hiredate
FROM teacher
WHERE  title='教授'  and  hiredate  BETWEEN '01-1月-98' AND '31-12月-99';
```

下面这个例子说明 WHERE 条件表达式中字符串匹配的用法：

例 3.15 查询姓刘的同学的信息：

```
SELECT *
FROM student
WHERE sname LIKE '刘%';
```

LIKE 用于判断指定列如 sname 的值是否与指定的串相符。LIKE 支持两个匹配符：

① %表示匹配任意个字符或字符串。

② _表示匹配任意一个字符。

例 3.16 查询第一个字符任意，第 2 个字符为 M 的教师信息：

```
select * from teacher
where tname like '_M%';
```

用中文名称或一个列名的同义词表示结果集的列标题，可以通过在 SELECT 语句的属性名后指定一个别名来实现。例如：

```
SELECT  sno  学号, sname  姓名, dno  系号
FROM student
WHERE sex='男';
```

SQL 允许在 SELECT 语句中，用表达式来替代列名，以满足对查询结果的输出要求。如在 teacher 表中，sal 表示教师的月工资属性，如果想查询每名教师的年工资，且在工资后面注明单位是人民币"元"，可以使用下面的语句：

```
SELECT  tname  姓名, sal * 12  年收入,  '元'  RMB
FROM  teacher;
```

3. 排序查询结果——ORDER BY 子句

例 3.17 查询课号为"c01"的课程成绩，并按成绩由高到低的顺序输出（输出含学号和成绩）：

```
SELECT sno,grade
FROM sc
WHERE cno='c01' AND grade IS NOT NULL
ORDER BY grade DESC;
```

注意：ORDER BY 子句中指定的排序列必须要出现在查询结果中。排序输出的隐含顺序是升序（ASC），如果按指定列的值降序输出，需在列名后指定 DESC。

例 3.18 查询教师姓名及年收入，查询结果按年收入升序排列：

```
SELECT tname,sal * 12
```

```
FROM teacher
ORDER BY 2;
```

SQL 支持用 SELECT 子句中输出项的顺序号排序，这对于有些列名不好指定的情况尤为适用。

4. 聚合函数与 GROUP BY 子句

聚合函数可以对一个关系中的指定列求值（做统计），返回一个统计值。例如求职工的平均年龄，求职工的工资总额等。如果将关系的行分组进行统计时需要使用 GROUP BY 子句。SQL 提供的聚合函数有：

SUM——对某列的值求和。

AVG——求某列值的平均值。

MIN——求某列值的最小值。

MAX——求某列值的最大值。

COUNT——统计某列值的个数（计数）。

下面讨论聚合函数的用法：

例 3.19　统计教师的工资总额：

```
SELECT SUM(sal) FROM teacher;
```

例 3.20　求教师的最高工资、最低工资和平均工资：

```
SELECT MAX(sal),MIN(sal),AVG(sal)
FROM teacher;
```

如果要查询某系，如计算机系教师的最高工资、最低工资和平均工资，就需要使用 GROUP BY 子句。

例 3.21：

```
SELECT dname, MAX(sal),MIN(sal),AVG(sal)
FROM teacher,dep
WHERE dep.dno=teacher.deptno
GROUP BY dname;
```

例 3.22　求女同学的总数：

```
SELECT COUNT(*) FROM student
WHERE sex='女';
```

在该例中，"*"号表示统计指定表中的行数。因是统计人数，只要统计出满足条件的行的数目即可。

例 3.23　查询本学期正在选修的课程数：

```
SELECT COUNT(DISTINCT cno)
FROM sc
WHERE grade IS NULL;
```

一门课程可能被多名同学选修，选择出的课程号会有大量重复值，在统计之前使用

DISTINCT 去掉这些重复值。选课关系表中成绩为空,表示本学期正在修,但还没有拿到成绩的课程。

如果希望得到"计算机系"的同学选修的课程数,就需要用 GROUP BY 子句。

例 3.24:

```
SELECT dname,COUNT(DISTINCT cno)
FROM sc,student,dep
WHERE dep.dno=student.dno and student.sno=sc.sno and grade IS NULL and dname=
'计算机系'
Group by dname;
```

如果希望列出选课的课程数超过 300 的系名,就需要在 GROUP BY 子句中加上 HAVING 子句。

例 3.25:

```
SELECT dname,COUNT(DISTINCT cno)
FROM sc,student,dep
WHERE dep.dno=student.dno and student.sno=sc.sno and grade IS NULL
Group by dname;
HAVING COUNT(DISTINCT cno)>300;
```

查询语句中用 HAVING 子句过滤,以输出满足条件的组。分组子句中可以指定多个用于分组的属性(列)。当 GROUP BY 子句中指定了多个列时,先取第一列,按照列值相同原则分组,每组再取第二列,继续按照列值相同原则分组,统计是对最小的组进行的。

5. 树结构查询——START WITH CONNECT BY 子句

在现实生活中有很多事物是按树型结构组织的,如一个企业中部门之间的从属关系、人员之间的上下级关系等。在关系数据库中,这种树结构的信息是可以存储和检索的。例如,在教师表中,把一个教师的直接领导的编号存放在这个教师记录的 MGR 列中,这个教师与其直接领导之间的关系就存储在教师表中了。

二维表虽然容易理解,但直接查询表的数据很难直观地看出这种树形层次结构,而有时又需要通过这种结构来观察数据。目前有些数据库系统(如 Oracle)就提供树形结构查询的功能。下面介绍 Oracle 系统提供的用于树结构查询的两个子句 CONNECT BY 和 START WITH 子句的功能和用法。

在树结构的查询中,CONNECT BY 子句用于指定父子结点关系,CONNECT BY 子句的格式为:

```
CONNECT BY PRIOR 条件表达式
```

在树结构的查询中,START WITH 子句用于指定树查询的起始结点(根结点的位置),其语法格式为:

```
START WITH   条件表达式
```

例 3.26 查询教师上下级的关系:

```
select Level, tno,tname
```

```
from Teacher
connect by prior tno=mgr
start with mgr is null;
```

查询结果如下：

```
    LEVEL       TNO TNAME
--------- ----- --------------
        1      1111 WANG
        2      7561 LIU
        3      7788 PING
        4      7369 WEN
        3      7902 NEW
        3      8888 Jason
        2      7698 ZHOU
        3      7499 TING
```

这个查询语句中使用了 LEVEL 列，这是系统定义的一个伪列，用来输出树结构查询获取到的当前记录在树结构中所在的层次位置（层号）。层号是根据结点与根结点的距离确定的，根结点的层号为 1，其下属结点的层号为 2，以此类推。

CONNECT BY 子句中 tno＝mgr 表示：如果一个记录的 tno 属性值等于另一个记录的 mgr 属性值，那么前一个记录是"父"结点，后一个记录为"子"结点。

PRIOR 项指定输出顺序，如例中 PRIOR 放在父结点前（等号左边）则表示按自顶向下顺序，先输出父结点记录。如果 PRIOR 放在子结点前（放在等号右边 mgr 之前）则表示按照自底向上顺序，先输出子结点。

START WITH 子句确定树根记录的位置（树查询的起始点），例 3.26 中指定查询的起始点为整个树的根结点。

用树结构表示上面的查询结果如图 3.1 所示。

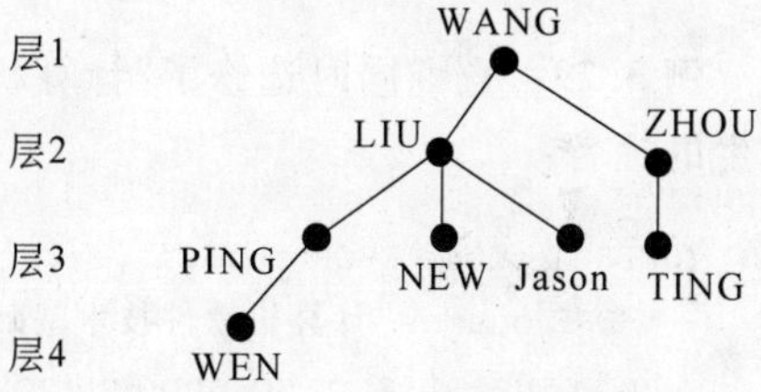

例 3.27 列出教师 WEN 各级领导的姓名：

图 3.1 按照自顶向下顺序的查询结果

```
select Level,tno,tname
from teacher
connect by tno=prior mgr
start with tname='WEN';
```

查询结果如下：

```
    LEVEL     EMPNO ENAME
--------- -------- --------------
        1      7369 WEN
        2      7788 PING
        3      7561 LIU
        4      1111 WANG
```

这个查询使用了自底向上的输出顺序。先找到职工 WEN，从这个结点开始，找到其父结点,然后由父结点找到父结点的父结点,直到根结点。

3.4.2　集合操作——UNION、INTERSECT、MINUS 子句

SQL 支持下列集合操作:

UNION (并运算∪)
INTERSECT (交运算∩)
MINUS (差运算—)

它们可作用于查询的结果关系上,其中:

并操作(UNION)将两个查询结果的行合并起来构成并操作的结果集。若存在同时属于两个查询结果的行,则只取其中的一行。

交操作(INTERSECT)将同属于两个查询结果的行检索出来构成交操作的结果集。

差操作(MINUS)从一个查询结果的行中去掉又属于另一个查询结果的行。

下面举例说明集合操作的用法。

例 3.28　查询讲授课程"计算机软件技术基础"或讲授"数据库技术及应用"课程的教师的姓名:

```
(SELECT tname FROM teacher,teaching, course
 WHERE cname='计算机软件技术基础'
  and teacher.tno=teaching.tno and teaching.cno=course.cno)
 UNION
(SELECT tname FROM teacher,teaching, course
 WHERE cname='数据库技术及应用'
  and teacher.tno=teaching.tno and teaching.cno=course.cno);
```

例 3.29　查询同时选修了"计算机软件技术基础"和"数据库技术及应用"两门课程的学生的姓名:

```
(SELECT sname FROM student,sc,course
  WHERE cname='计算机软件技术基础'
  And student.sno=sc.sno and sc.cno=course.cno)
INTERSECT
(SELECT sname FROM student,sc,course
  WHERE cname='数据库技术及应用'
  And student.sno=sc.sno and sc.cno=course.cno);
```

例 3.30　查询选修了课程"英语阅读"但没有选修"英语口语"的学生的学号:

```
(SELECT sno FROM  sc, course
 WHERE cname='英语阅读' and sc.cno=course.cno)
 MINUS
(SELECT sno FROM  sc, course
 WHERE cname='英语口语' and sc.cno=course.cno);
```

3.4.3　连接查询——JOIN 操作

连接查询指查询需要的数据取自多张表中。如果一个查询结果涉及多张表中的数据时

需要用连接操作。本节结合一些实例讨论连接操作的几种方法。

1. 自然连接

自然连接把多张表中对应列（公共列）值相等的行连接起来，组成跨表的逻辑记录。例 3.31 说明自然连接的用法。

例 3.31　查询物理系和数学系教师的姓名与职称信息：

```
SELECT tname,title
FROM dep,teacher
WHERE  dep.dno=teacher.deptno and dname in ('物理系','数学系');
```

尽管查询结果在 teacher 表中，但查询条件在 dep 表中，通过两张表的自然连接才能获取到满足条件的记录。语句中的"dep. dno＝ teacher. deptno"是两张表进行连接的条件，必须要给出。

例 3.32　列出选修了"英语阅读"并且成绩大于 80 分的学生姓名及成绩：

```
SELECT sname,grade
FROM student,sc,course
WHERE cname='英语阅读' and grade>80 and course.cno=sc.cno
     And sc.sno=student.sno;
```

这是一个三张表自然连接的例子，查询语句的 WHERE 子句中除了查询条件"cname＝'英语阅读' and grade＞80"外还要给出三张表连接的条件。

例 3.33　按性别把各系选修"英语阅读"课程中最高成绩大于 85 分的系号列出来，输出结果含系号、性别、最高成绩。

```
SELECT dno,sex,MAX(grade)
FROM student,sc,course
WHERE student.sno=sc.sno and sc.cno=course.cno and cname='英语阅读'
GROUP BY dno,sex
Having MAX(grade) >85;
```

从 student、sc、course 跨表的逻辑记录中选出满足条件的记录，然后先按系号（dno）分组，在一个系中再按性别（sex）分组，求出最高成绩，从中选出最高成绩大于 85 分的组到结果集中。

2. 外连接

外连接的用法如下所示。

例 3.34　列出至今未被学生选修过的课程信息（列出课程号、课程名及学分）：

```
SELECT cno,cname,credit
FROM course,sc
WHERE course.cno=sc.cno(+) and sc.cno is null;
```

符号（＋）是外连接符。外连接指在两张表自然连接的结果集中，加上了 course 表中有值，而 sc 表为空，即 sc. cno 为空的行。这样在外连接的结果集中选择满足条件 sc. cno is null 的行，就是需要的结果。

例 3.35　查询不属于任何系的学生信息：

```
select dep.dno,dname,sname from dep,student
where dep.dno(+)=student.dno and dep.dno is null;
```

查询结果为：

```
DNO  DNAME      SNAME
-------  --------  --------
                   李伟
                   丁一
```

从上面的两个实例可知,外连接符(+)的位置不同,其语义不同,查询的结果也不同。

3. 等值自连接

许多时候,在一个查询语句中,需要同时考虑一个关系的两个或更多个元组。例如,需要查询教师 WEN 的直接领导的信息(输出该领导的工作证号和姓名)。根据教师关系模式可知每个教师直接领导的工作证号被存放在这个教师的 mgr 属性中,如果只知道某教师的姓名,不知道这个教师领导的工作证号是无法得到这个教师领导的信息的,但如果对 teacher 表做一个自连接操作,利用表别名的概念来区分参与自连接的不同表对象,这个问题就容易解决了。

例 3.36 查询教师 WEN 直接领导的信息:

```
SELECT t2.tno,t2.tname
FROM teacher t1, teacher t2
WHERE t1.tname='WEN' AND t1.mgr=t2.tno;
```

4. 不等值自连接

不等值自连接指参与自连接的关系其连接的属性不等值。

例 3.37 列出比 PING 工资高的教师的姓名、工资和职称:

```
Select x.tname, x.sal, x. title, y.tname, y.sal, y. title
From teacher x, teacher y
Where x.sal>y.sal And y.tname='PING';
```

本例利用比较运算符>建立自连接的条件:x. sal>y. sal。

3.4.4 嵌套查询(子查询)

1. 嵌套查询的概念及用法

如果一个 select 命令的 where 子句中又嵌套了另一个查询,则被嵌套的那个查询语句(内层的 select…from…where…)被称为子查询,或子查询块,而外层的查询被称为父查询或主查询。

例 3.38 查询生物系的教授名单,列出姓名和职称:

```
SELECT  tname, title
  FROM teacher
  WHERE title='教授' and dno=
    (SELECT dno FROM dep WHERE dname='生物系');
```

先由子查询(内层查询)的求解得到生物系的系号,然后,由外层查询得到生物系的教授信息。这个例子中父子查询的匹配条件使用了 dno＝"子查询的解"。

例 3.39　查询高等数学成绩大于 85 分的女学生的名单:

```
SELECT sname
FROM student
WHERE sex='女' AND  sno  IN
            ( SELECT sno  FROM sc
             WHERE grade>85 AND cno IN
                     (  SELECT cno  FROM course
                       WHERE cname='高等数学'));
```

这个例子中父子查询的条件使用了 T IN R 的形式,T 为元组变量(列名),如 sno 或 cno,R 为与 T 具有相同域的查询结果集。其语义为:

T IN R: T 值等于 R 中的某一个元组时为真。

类似的条件判定式还有:

T NOT IN R: T 值不等于 R 中的任何一个元组时为真。

T>ALL R: T 值大于 R 中的每一个元组时为真。

T>ANY R: T 值至少大于 R 中的一个元组时为真。

2. 相关子查询的用法

前面讨论的查询有这样一个特点,即父子查询条件的建立与外层的父查询没有关系,仅需要子查询的结果。下面讨论的查询,其父子匹配条件的建立不仅需要子查询的结果,还与父查询有一定的关系,通常把与父查询有依赖关系的子查询称为相关子查询。

例 3.40　查询教龄在 5 年以下、其工资大于本系平均工资的教师,查询结果含系名、教师姓名、教龄、工资:

```
select dname, tname,sal, round((sysdate-hiredate)/365) teaching_age
  from dep d, teacher t
  where  d.dno=t.deptno
    and  sal>(select avg(sal)  from teacher
                    where deptno=d.dno)
       and round((sysdate-hiredate)/365)<5;
```

这个查询要求满足两个条件:

(1) 教龄小于 5 年,使用了表达式 round((sysdate-hiredate)/365),即调用了 Oracle 的系统函数 sysdate,得到系统当前的日期,然后两个日期相减得到工作天数除以 365 天,调用 round 函数取整,即得教龄值。

(2) 工资大于本系平均工资。这个问题的求解就用到了相关子查询。在该例中,子查询要将当前教师所在系的平均工资返回给父查询,这意味着,父查询每检索到一个元组,都要为子查询提供一个 deptno 的具体值,子查询根据这个值计算这个教师所在系的平均工资,计算的结果又为父查询设置了求解的条件。

由于子查询的查询条件与父查询的一些属性有关,相关子查询的求解是在父子查询间反复求值的。

例 3.41   查询从未被选修过的课程名及其学分：

```
SELECT cname,credit
FROM course
WHERE NOT EXISTS (SELECT * FROM sc
                 WHERE cno=course.cno);
```

此例中,父子查询的匹配条件中使用了谓词 EXISTS,其格式为：

EXISTS R：当子查询的结果集 R 不空时,主查询的 WHERE 子句为真。

NOT EXISTS R：当子查询的结果集 R 为空时,主查询的 WHERE 子句为真。

在执行此语句时,主查询每获取一条课程记录就会把当前记录的课程号带入子查询对子查询求解一次,为真当前记录放入结果集,处理下一条记录,否则直接处理下一条记录。

3. 子查询的应用

嵌套查询求解,因把一个复杂的问题分解成多个简单的问题求解而受欢迎。这种求解方法常被用于下列场合。

（1）用于复杂问题的求解场合,子查询为父查询建立和设置求解的条件。例如,列出各系生日最小的,其"数据库技术与应用"课程成绩大于 85 分的学生名单,查询结果中包含：系名、学生姓名、出生日期。

```
Select dname, sname, birth
  From dep, student, sc, course
  Where dep.dno=student.dno and sc.sno=student.sno
   and sc.cno=course.cno and sc.grade>85 and
     cname='数据库技术与应用'and (dep.dno,birth) in
       (Select dep.dno,max(birth) from sc, student, course, dep
        Where sc.sno=student.sno and sc.cno=course.cno and student.dno=dep.dno
        and Sc.grade>85 and cname='数据库技术与应用'
          Group by dep.dno);
```

这个例子中父查询的条件是"(dep. dno,birth) in…",由子查询返回的对应列（2 列）的结果集建立。

（2）在不同的数据库之间复制数据。

例 3.42   将远程数据库中 Teacher 表的结构和数据一起复制到本地数据库：

```
create table Teacher
as select * from Teacher@L2
```

例 3.43   从远程数据库的 Teacher 表中仅复制数据到本地数据库的 Teacher 表中：

Insert into Teacher
Select * from Teacher@L2

（3）在同一个数据库的不同用户之间复制数据。

例 3.44   复制 student1 的 Teacher 表到当前用户（必须有 SELECT 特权）下：

```
create table Teacher as select * from student1.Teacher;
```

例 3.45 仅复制 student1 用户 Teacher 表中的数据：

```
Insert into teacher
Select * from student1.teacher;
```

（4）为 update、delete 命令建立和设置条件。

例 3.46 为从未被选修的课程减 1 学分：

```
update course
set credit=credit-1
where cno not in (select cno from sc);
```

例 3.47 删除选修"化学试验"且课程学分为 1 学分的成绩信息。

```
Delete from sc
Where cno in (select sc.cno from sc,course where sc.cno=course.cno and cname=
'化学试验' and credit=1);
```

3.5 过程语言

SQL 以命令方式工作，在对数据库操作的整个过程中，不需要对操作步骤进行描述，只需在命令语言中告诉系统需要什么数据和数据满足的条件，数据库管理系统就会根据命令从数据库中检索出满足条件的数据。操作过程简单、灵活，语言容易学习也容易使用。然而由于 SQL 面向关系（元组集合）操作，其操作的结果也是一个集合。这使得无法对其结果集进行进一步处理。而在许多时候人们需要对操作的结果做进一步的分析及处理。

例如，一个部门要为职工涨工资，如果每个人员涨 10% 的工资，用 SQL 很好解决，写一条 update 语句就可以了。但在现实生活中由于各种因素，可能只给一部分人员涨工资，如给工作满两年的销售人员涨 10% 的工资，给工作满 3 年的会计师涨 15% 的工资，给工作满 4 年的系统分析员涨 20% 的工资，类似这样的问题用一个 SQL 难以完成，而在实际应用中这类问题大量存在。

PLSQL 是 Oracle 公司开发的一种面向过程的程序设计语言，是对标准 SQL 的扩充，即在 SQL 非过程化命令语言的基础上引入了变量和赋值语句，引入了循环、分支等面向过程的语句，把 SQL 的数据操纵功能与过程语言的数据处理能力结合起来，使 SQL 处理数据更加灵活、实用和高效。

PLSQL 是 Oracle 的核心编程语言，被广泛地应用在多个方面：Oracle 的后台技术，如用来创建数据库级的存储过程、存储函数、触发器；被应用于 Oracle 的可视化编程技术，如 Developer 2000 开发工具中；PLSQL 也被应用于 Oracle 的 Internet 数据库应用开发中。本节讨论 PLSQL 的特点、结构和基本应用。

3.5.1 PLSQL 的特点

PLSQL 是一个可移植的、高性能的事务处理语言，它具有下列特点：

1. 方便的数据存取

PLSQL 通过变量从数据库获取数据，也通过变量存储数据到数据库。它能够定义与数据库表列兼容的数据类型,使程序能够适应数据库结构的变化。

2. 灵活的数据处理

PLSQL 支持 SQL 中全部的 DML 语句,提供光标机制方便地控制数据的处理,支持事务控制语句,支持 SQL 的函数及运算符。

3. 改善性能

在命令方式中,Oracle 一次只处理一个 SQL,每一个 SQL 都会产生对 Oracle 的一次调用,尤其在网络环境中系统开销较大。而在 PLSQL 中,一次发送一个完整的 PLSQL 程序块到 Oracle 服务器,明显地减少了应用与 Oracle 之间通信的次数。在应用中使用 PLSQL 块和子程序可减少应用对 Oracle 的调用,改善系统性能。

4. 可移植性

用 PLSQL 编写的程序可移植到 Oracle 运行的任何 OS 平台上,即 PLSQL 程序可在 Oracle 支持的任何平台运行。

3.5.2 PLSQL 的基本结构

PLSQL 程序的基本结构是块(BLOCK)。一个 PLSQL 块的结构如图 3.2 所示。

一个完整的 PLSQL 块由三部分组成:说明部分、可执行部分和例外处理部分,其中说明部分和例外处理部分是可选的。

```
DECLARE
 说明部分
BEGIN
 可执行部分
EXCEPTION
 例外处理部分
END
```

图 3.2 PLSQL 程序块结构

(1) 说明部分,说明程序中用到的标识符,包括变量、光标、例外等。标识符必须由字母开始,后面可跟着任何字符序列,包括字母、数字、下划线、♯号。一个标识符不超过 30 个字符。

(2) 可执行部分,包括所有的可执行语句。例如,各种 INSERT、DELETE、UPDATE、SELECT 语句,各类合法的赋值语句、条件语句、循环语句。

(3) 例外处理部分,通常指程序对错误的处理。例外是一般程序设计语言提供的一种功能,用来增加程序的健壮性和容错性。一个容错性强的程序常常有较强的应对程序中可能出现的各种错误的处理能力。Oracle 的例外需要在说明部分先给出说明,一旦一个事先说明的例外(错误)在程序执行的过程中出现,系统会停止 PLSQL 块的正常执行,把控制转移到相应的例外处理部分处理。

PLSQL 的语法规定,每个 PLSQL 块中的语句,无论是说明节中的语句,可执行段中的语句,还是例外处理部分的语句,每一条语句要以分号结束。下面这段程序说明 PLSQL 块的基本结构及语句的表达方式。

```
DECLARE
  v_job    emp.job%TYPE;
  v_sal    emp.sal%TYPE;
  No_data    EXCEPTION;
  CURSOR c1  SELECT DISTINCT job FROM emp ORDER BY job;
BEGIN
  OPEN c1;
```

```
     FETCT c1 INTO v_job,v_sal;
     IF c1%NOTFOUND THEN RAISE no_data;
     END IF;
       ⋮
EXCEPTION
     WHEN no_data   THEN INSERT INTO emp VALUES ('fetch 语句没有获得数据或数据已经处理完毕');
     END;
     /
```

每个 PLSQL 块由 DECLARE 关键字开始,由斜杆"/"结束。所有的可执行语句被封装在 BEGIN…END 中,可执行语句中的例外处理部分,由 EXCEPTION 关键字来标识。

3.5.3　PLSQL 基础

如前所述,每一个 PLSQL 程序的基本结构是块,每一个完整的 PLSQL 块由三部分组成:说明部分、可执行部分和例外处理部分。本节讨论 PLSQL 基本语法规范。

1. 数据类型

PLSQL 支持的数据类型有下列几类:

(1) 标准数据类型

PLSQL 支持的标准数据类型有:

① 数值型(NUMBER):可以存储整数数字值或实数值(最大存储 38 位数字)。

② 定长字符型(CHAR):可以存储指定长度的字符。

③ 变长字符型(VARCHAR2):就是必须指定一个最大的长度(字符位数),表列实际的字符数目依赖于实际输入的位数。

④ 日期型(DATE):用于存储日期和时间信息。

⑤ 布尔型(BOOLEAN):这种类型的变量中可以存储 TRUE(真)或 FALSE(假)的值。

⑥ 二进制类型(BINARY_INTEGER):存储范围为 $-2147483647 \sim +2147483647$。

(2) 引用类型

引用类型可以引用一个变量、Oracle 数据库的一个表列或表中的一条记录。

(3) 自定义数据类型

Oracle8 以后的版本支持变长数据,嵌套表,封装成员变量和成员方法的对象类。

2. 变量说明

一个完整的 PLSQL 程序由关键字 declare 开始,它标识 PLSQL 块的说明部分。说明部分由若干说明语句组成,这些说明语句用来声明本程序块中所使用的 PLSQL 对象,如变量、光标、例外等。

(1) 标准的数据类型说明,例如:

```
Declare
Birth         DATE;
acct_id       VARCHAR2(5):='AP001';
Pi            CONSTANT REAL: = 3.14159;
```

其中 Pi 为常量,由保留字 CONSTANT 标志,常量必须赋值。

（2）引用类型说明

引用类型变量用来引用数据库表列或表中的一条记录,如引用已经说明过的变量 sum：

```
t_sum sum%TYPE;
```

此例说明变量 t_sum 与变量 sum 具有相同的数据类型。

又如,引用数据库表列 ename 的类型：

```
v_ename emp.ename%TYPE;
```

这条语句说明变量 v_ename 与数据库表 emp 的列 ename 具有相同的数据类型。

又如,引用表中的一条记录：

```
d_rec dep%ROWTYPE;
```

这条语句说明 d_rec 引用 dep 表中的一条记录。

（3）说明记录类型

下面这条语句定义了 sturectype 记录类型,每一字段有唯一的名字和指定的数据类型：

```
DECLARE
 TYPE sturectype IS RECORD
    (sno NUMBER(6);
    sname student.sname%TYPE;
    sex student.sex%TYPE);
```

（4）光标说明与例外说明

光标说明语句示范：

```
DECLARE
CURSOR c1 IS SELECT DISTINCT job FROM emp ORDER BY job;
```

这条语句申明一个名为 c1 的光标,这个光标与一个指定的查询语句相关联。

例外说明语句示范：

```
DECLARE
No_data  EXCEPTION;
```

用 EXCEPTION 类型说明一个例外。

有关光标说明、例外说明的用法详见可执行语句部分。

例 3.48　按教师的职称涨工资,教授涨 1000 元,副教授涨 800 元其他人员涨 400 元。

```
Declare
cursor c1 is select tno, title from teacher;
ptno teacher.tno%type;
ptitle teacher.title%type;
begin
open c1;
loop
```

```
fetch c1 into ptno,ptitle;
exit when c1%notfound;                  --当没有取到数据或数据处理完退出循环
if  ptitle='教授' then
update teacher  set sal=sal+1000 where tno=ptno;
  elsif  ptitle='副教授'  then
update teacher  set sal=sal+800 where tno=ptno;
else  update teacher set sal=sal+400 where tno=ptno;        --注意修改当前行
end if;
end loop;
commit;
end;
/
```

由这个完整的程序实例可知,在 PLSQL 程序中,每一条语句,不论是说明语句还是可执行语句,都是以分号结束的。

这个程序中使用了两个引用变量,它们被用来存放数据库中的数据。如例 3.48 将某教师的编号和职称从数据库读到指定的 PLSQL 变量 ptno 和 ptitle 中进行相应的处理。我们希望这两个变量的类型(包括长度)的定义与相应的数据库表列定义一致。为了这种一致性,系统提供了引用类型变量。

使用引用变量的好处,一是保证变量类型与数据库中定义的列的类型保持一致性,即使忘记了表中列的定义也没有关系;二是由于某种需要,改变数据库列定义时,PLSQL 程序中定义的变量不必修改,PLSQL 在运行时会自动确定引用变量的数据类型。

3. 执行语句

BEGIN 关键字标识一个 PLSQL 块的可执行部分。该部分是 PLSQL 程序块的主体,它包括了程序的主要处理逻辑。执行部分由程序中的可执行语句组成。

PLSQL 程序中的语句书写比较自由,一行可以写几个语句(以分号隔开),一条语句也可分多行书写,但不能将关键字、分界符或直接量跨行。

在 PLSQL 中所允许的 SQL 语句是 SQL 的子集,它不包含数据定义和数据控制语句,其语法为:

SQL 语句::={CLOSE 语句|COMMIT 语句|DELETE 语句|FETCH 语句|INSERT 语句|LOCK TABLE 语句|
OPEN 语句|ROLLBACK 语句|SAVEPOINT 语句|SELECT 语句|SET TRANSACTION 语句|UPDATE 语句}

基本 SQL 语句的使用方法前面已有介绍,这里不再叙述。

同其他高级语言语法类似,程序执行部分由顺序执行语句、分支语句及循环语句等组成,下面简单介绍这些语句的功能及用法。

(1) 顺序执行语句

① 赋值语句

赋值语句格式如下:

对象名:=PLSOL 表达式;

其中对象名可为变量名、记录名等。此语句将 PLSQL 表达式的值赋给指定的对象。

PLSQL 表达式由操作数和操作符构成。操作数可为变量、常量、直接量或函数调用。

下面是赋值语句的具体用法：

例如，将一个确定的值赋给记录型变量的分量 emp_rec.ename：

```
emp_rec.ename:='张伟';                     --等号左边加冒号表示赋值
```

例如，将等号右边表达式的值赋给变量 v_sal：

```
v_sal:=s_sal*12+nvl(bonus,0);
```

其中 nvl 为一函数：当第一个参数 bonus 有值时，函数返回第一个参数 bonus 的值，当第一个参数 bonus 为空值时，函数返回第二个参数 0 值。

例如，把一个查询结果赋给一个变量，使用语句：

```
SELECT  sname  INTO  stu_name
FROM student
WHERE sno='200870';
```

② 把变量的值插入到指定的关系表中，使用语句：

```
INSERT  INTO  DEP
VALUES (my_deptno, my_name, my_tel, my_director_no);
```

注意，这些变量要与对应的数据库表列的定义一致。

③ COMMIT 语句

结束当前事务，使当前事务对数据库的修改永久化。

(2) 分支语句

分支语句用来控制程序的流程，即根据指定的条件选择执行预定义的语句序列。PLSQL 支持下列形式的分支结构：

① IF-THEN

语法格式为：

```
IF 条件 THEN
   语句;
END IF;
```

IF-THEN 是最基本的条件判断或分支语句。其语义为：如果条件为真，则执行语句（THEN 后面的语句）。如果条件为假或 null，则什么也不做。

下面是把销售人员 WENDY 的奖金增加 500 元的语句示范。

```
IF job='销售员'  THEN
    UPDATE emp SET bonus=bonus+500 WHERE ename='WENDY';
END IF;
```

② IF-THEN-ELSE

语法格式为：

```
IF 条件 THEN  语句 1;
ELSE    语句 2;
END IF;
```

这是一个二选一的条件选择语句。如果条件为真,就执行语句 1,否则执行语句 2。

③ IF-THEN-ELSIF

语法格式为:

```
IF  条件 1   THEN
  语句 1;
ELSIF  条件 2  THEN
  语句 2;
  ELSE
  语句 3;
END IF;
```

如果第一个条件为假或 null,ELSIF 子句测试另一个条件。一个 IF 语句可以有任意数目的 ELSIF 子句,最后的 ELSE 子句是可选的。这是一个多选一的条件选择执行语句,只要满足其中的一个条件,其他条件全会被判定为假而直接跳过。

IF-THEN-ELSIF 语句的用法示范如下:

```
if  ptitle='教授' then
update teacher  set sal=sal+1000 where tno=ptno;
elsif  ptitle='副教授'  then
update teacher  set sal=sal+800 where tno=ptno;
else  update teacher set sal=sal+400 where tno=ptno;
end if;
```

④ CASE 语句

语法格式为:

```
CASE  表达式
  WHEN  测试项 1  THEN 语句 1;
  WHEN  测试项 2  THEN 语句 2;
  …
ELSE  语句 n;
END CASE;
```

CASE 语句根据表达式的值,在 WHEN 子句的测试项中判断选择与表达式的值相匹配的值,即如果表达式的值与测试项 1 相匹配就执行语句 1,与测试项 2 相匹配就执行语句 2,否则执行语句 n。

CASE 语句的用法示范如下:

```
CASE V_CNAME
WHEN  '软件技术基础'  THEN  sum_num1:=sum_num1+1;
WHEN  '数据结构'      THEN   sum_num2:=sum_num2+1;
END CASE;
```

Oracle 9i 以后的 PLSQL 中引入了 CASE 逻辑判断结构体。使用 CASE 语句可以简化多层 IF 语句的逻辑,使得程序有更好的可读性。

(3) 循环语句

PLSQL 程序支持下列格式的循环语句:

① WHILE 循环

```
WHILE   循环条件
LOOP
    循环体
END LOOP;
```

当循环条件为真时,执行环境体,否则退出循环。

还有一个 EXIT 语句,可用于退出循环体。它有两种形式:无条件的 EXIT 和有条件的 EXIT。其语法格式为:

```
EXIT [WHEN 条件];
```

如果有条件选项,当条件为真时退出循环,为假时执行 EXIT 的下一个语句。

② FOR 循环

```
FOR 循环变量   IN   循环范围
LOOP
    循环体
END  LOOP
```

FOR 循环语句用法示范如下:

```
FOR  i  IN  1..10
LOOP
    ...
END LOOP;
```

For 循环首先初始化循环变量(将循环初值取到循环变量中),然后执行循环体,执行 end loop 语句的时候循环变量加 1 与终值比较,当循环变量的值大于终值的时候退出循环体,否则继续执行循环体,直到大于终值结束循环。

③ 光标 FOR 循环

```
FOR  C1_REC  IN  C1
LOOP
语句序列;
END  LOOP;
```

光标循环的语法形式类似于 FOR 循环,被用来依次处理光标对应的 SELECT 语句获取的行数。该循环隐含打开光标,从光标区中取值到循环变量,每取一行,执行循环体一次,当光标区中所有行都读完后,结束循环,关闭光标。

光标循环与 FOR 循环不同的是,光标循环的循环变量是记录类型的,循环的范围是光标返回的行数。

4. 光标

(1) 说明和定义光标(或游标)

光标是一个命名的 SQL 工作区,通常存储下列内容:

① 查询语句返回的记录。

② 查询语句处理的记录数目。

③ 指向共享池中已经解释的查询语句。

因为一个 SELECT 语句的查询结果可能是多行,Oracle 利用光标工作区来存放由 SQL 语句返回的多行数据。

一个光标对应一个 SELECT 语句。在 PLSQL 程序的说明节(Declare)中可为一个返回多行的 SQL 语句定义光标。说明光标的语法如下:

```
CURSOR  光标名  [(参数名  数据类型[,参数名 数据类型]…)]
    IS  SELECT  语句;
```

用 CURSOR 保留字定义一个光标,其名字是以字母开始的一个有意义的名字。用户可以定义两种类型的光标:不带参数的光标和带参数的光标。下面通过一些实例来说明如何定义光标。

例如:

```
CURSOR c1 IS SELECT  DISTINCT  job
    FROM emp ORDER BY JOB;
```

这个语句说明了一个名为 c1 的光标,用来存放查询返回的多个工种(job 列的值)。

又如:

```
CURSOR  c2(jobc VARCHAR2) IS
    SELECT  ename, sal FROM emp
    WHERE  job=jobc;
```

这个语句定义了一个名为 c2 的带参数的光标,参数名为 jobc,其数据类型为 varchar2 (注意,参数的类型不需要指定长度)。

又如:

```
CURSOR  c3(dno  number) IS
    SELECT sal FROM  teacher
    WHERE  deptno=dno;
```

这个语句定义了一个名为 c3 的带参数的光标,参数名为 dno,其数据类型是 number。

(2) 光标处理语句

① OPEN(打开光标语句)

语句格式为:

```
OPEN 光标名(参数值);
```

例如:

```
open  c1;                    --打开光标 c1
```

declare 节说明的光标,在 begin…end 可执行语句节中用 open 语句打开。每当执行 open c1 语句时,系统首先执行光标 c1 所指的那条 SELECT 语句,然后把查询语句的结果存放在光标 c1 中,并把记录指针指向 c1 中的第一条记录。

又如带参数光标的用法:

```
Open c2('CLERK');
```

对于带参数的光标,在执行 open 语句时系统首先把实参值"CLERK"传给虚参 jobc,然后执行光标 c2 所指的 SELECT 语句,并把查询结果放在 c2 中,记录指针指向 c2 中的第一条记录。

② FETCH 语句

语句格式为:

```
FETCH   光标名 INTO 变量 1,变量 1,…,变量 n;
```

FETCH 语句把光标区中当前记录的内容赋值给一个或多个变量。

例如,把 c1 中的当前记录赋值给变量 v_job,使用下面的语句:

```
FETCH   c1 INTO v_job;
```

③ CLOSE(关闭光标)

语句格式为:

```
CLOSE   光标名;
```

例如:

```
CLOSE c1;
```

CLOSE 语句关闭光标,释放光标工作区资源。当光标区中的语句处理完以后用 CLOSE 语句关闭光标,关闭的光标可以用 OPEN 再次打开。

(3) 光标属性

Oracle 用光标工作区把查询返回的多条记录暂时存储起来由 PLSQL 程序依次处理这些数据。PLSQL 支持两种类型光标:显式光标和隐式光标。

① 隐式光标

Oracle 为命令方式的 SQL 语句隐式地定义一个光标,光标名就叫 SQL。利用隐式光标 SQL,用户可获得刚刚执行完的一条 DML 语句的某些统计结果或状态信息。如 SQL％ROWCOUNT 属性可返回一条 UPDATE 语句修改的行数,一条 DELETE 语句删除的行数,以及一条 SELECT 语句处理的行数。

SQL％FOUND 属性返回一个逻辑值真或假。如果最后一条 SQL 语句至少处理了一行记录,则该属性返回真,否则为假。

② 显式光标

显式光标主要用于 PLSQL 程序中,用来存储一条 SELECT 语句返回的多行数据,在使用前需要在说明节先说明光标才能使用。

显式光标的光标属性以光标名命名,例如:

c1％ROWCOUNT:返回光标 c1 从打开之后到目前为止 FETCH 语句已获取的行数。

在刚打开光标时,该值为 0。

c1%FOUND:反映最后一次 FETCH 语句执行的状态,如果获取到数据,则 c1%FOUND 为 TRUE;否则为 FALSE。当执行打开光标操作,但未执行 FETCH 语句时,此值为 NULL。

c1%NOTFOUND:与%FOUND 作用相反,指 FETCH 语句没有取到数据时,其值为 TRUE,否则为 FALSE。

c1%ISOPEN:如果光标 c1 是打开的,其值为 TRUE,否则为 FALSE。

5. 例外处理

PLSQL 程序块的说明部分中可以定义例外。例外指当已命名(预定义)的错误或异常出现时,系统停止 PLSQL 块的正常执行,把控制转移到相应的例外处理程序段处理例外。

例外是程序设计语言提供的一种功能,用来增加程序的健壮性和容错性。与大部分高级语言一样,PLSQL 程序支持两种例外:系统定义的例外和用户自定义的例外。

(1) 系统预定义的例外。

Oracle 为程序中常见的错误定义了一些例外,当某个预定义的例外条件出现时,系统会自动触发例外。每个 Oracle 例外由其错误编号和处理例外的例外名字组成。下面列出 Oracle 预定义的常见的例外名及产生例外的原因:

① Too_many_rows(错误号:ORA-01422)。

如果一个 SELECT INTO 语句返回多于一行的数据,Oracle 系统将产生这个例外。

② No_Data_Found(错误号:ORA-01403)。

如果一个 SELECT INTO 语句没有检索到数据,将产生这个例外。

③ Zero_Divide(ORA-01476)。

如果一个数字被 0 值除了,将产生这个例外。

④ Value_error(错误号:ORA-6502)。

当出现一个算术运算错误或数据类型转换错误或截断错误或数据超过定义的长度时,将产生这个例外。

⑤ Timeout_on_resource(错误号:ORA-00051)。

当 Oracle 在等待资源时出现超时时,则产生这个例外。

⑥ Rowtype_mismatch(错误号:ORA-06504)。

如果光标变量与 PLSQL 变量类型不兼容时,将产生这个例外。

⑦ Invalid_number(错误号:ORA-01722)。

转换一个数字时出错,则产生这个例外。

⑧ Program_error(错误号:ORA-06501)。

PLSQL 程序出现内部错误时,则产生这个例外。

⑨ Cursor_already_open(错误号:ORA-06511)。

试图打开一个已经打开的光标时,则产生这个例外。

⑩ Invalid_cursor(错误号:ORA-01001)。

非法的光标操作。例如,试图关闭一个没有打开的光标。

系统例外不需要定义,当程序出现了相应的异常情况时,系统会自动触发执行例外并把相关的错误信息返回给应用程序。

（2）自定义例外。

当用户想把程序执行中的某些情况作为例外处理时，可以自定义例外。下面是例外的定义和用法示范。

```
DECLARE
ex1 EXCEPTION;                    --定义 ex1 为例外类型
```

然后，在程序执行的某个位置用 RAISE 语句产生例外，例如：

```
BEGIN
  IF  I>0  THEN
     ...
  ELSE
     RAISE ex1;                  --该语句引起一个名为 ex1 的例外
  END IF;
  ...
```

无论是系统预定义的例外，还是用户自定义的例外，只要例外出现，程序将控制转移到例外处理部分。

例外处理部分的结构类似于一个 case 语句，其结构如下：

```
EXCEPTION
WHEN  例外名 1  THEN
    例外名 1 的处理
WHTN  例外名 2  THEN
    例外名 2 的处理
...
WHEN  OTHERS
    其他例外的处理
END
```

下面是一个完整的 PLSQL 应用实例，其需求如下：

用 PLSQL 编写一个程序，实现按系号分段（6000 以上、（6000,3000）、3000 元以下）统计各工资段的教师人数，以及各系的工资总额（工资总额中不包括奖金）。

```
declare
cursor c1 is select distinct deptno from teacher order by deptno;
cursor c2 is select deptno, sal from teacher order by deptno;
t_num1 number;
t_num2 number;
t_num3 number;
sum_sal  number;
v_deptno teacher.deptno%type;
v_sal   teacher.sal%type;
Begin
open c2;
```

```
fetch c2 into v_deptno,v_sal;
for r1 in c1
loop
  t_num1:=0;
  t_num2:=0;
  t_num3:=0;
  sum_sal:=0;
while r1.deptno =v_deptno
  loop
  sum_sal:=sum_sal+v_sal;
  if v_sal<3000 then t_num1:=t_num1+1;
  elsif v_sal<=6000 and v_sal>=3000
     then t_num2:=t_num2+1;
  else t_num3:=t_num3+1;
  end if;
  fetch c2 into v_deptno,v_sal;
  EXIT  WHEN c2%notfound;
end loop;
insert into msg1 values(r1.deptno,t_num1,t_num2,t_num3,sum_sal);
end loop;
commit;
end;
/
```

这个程序示范了对光标的操作 open、fetch 语句的用法，while 循环语句、光标 for 循环语句以及 if 语句的用法。注：运行程序前需要建立 msg1 表存放程序运行结果。

3.5.4　存储过程

用 PLSQL 可以建立存储过程。存储过程被称为有名的 PLSQL 块，存储在数据库中可以供授权的数据库用户调用。Oracle 的存储过程非常类似于高级语言中的库函数。具有 create procedure 权限的用户可以在自己的用户下建立存储过程。

1. 定义存储过程

建立存储过程的语法如下：

```
CREATE [OR REPLACE] PROCEDURE 过程名(参数列表)
IS
PLSQL 子程序体;
```

选项 OR REPLACE 用于识别将要建立的存储过程是否已经存在，如果存在就用新的过程替换已经存在的那个过程。在建立存储过程时，如果没有 OR REPLACE 选项，则不能重新建立一个存储过程，必须先删除已经存在的，然后重新建立。

参数列表标识存储过程的形式参数，参数的类型为：

IN：允许把参数值传送到子程序体，在子程序中，IN 参数类似一个常量，不能对它赋值。

OUT：允许从存储子程序返回值给调用者，但实参必须是一个变量。

IN OUT：允许把参数值传入存储子程序，也允许从子程序传出修改的参数值给调用者。

IS 标识子程序的说明部分。

PLSQL 的子程序体由 BEGIN END 标识。

定义存储过程的实例如下：

例 3.49 为指定的教师在原工资的基础上涨 10％的工资：

```
create or replace PROCEDURE raise_salary(teacher_id in number)   IS
        current_salary   teacher.sal%type;
        salary_missing   exception;
BEGIN
  SELECT sal into current_salary   FROM teacher WHERE tno=teacher_id;
   IF current_salary IS NULL THEN
        RAISE salary_missing;
    ELSE    UPDATE teacher SET sal=sal * 1.1
             WHERE tno=teacher_id;
        dbms_output.put_line('before raise salary is:'||current_salary);
   End if;
   EXCEPTION
    WHEN no_data_found THEN INSERT INTO teacher_audit
        VALUES (teacher_id , 'no such id');
    WHEN salary_missing THEN
        INSERT INTO teacher_audit
        VALUES (teacher_id , 'salary is null');
END;
/
```

程序中调用了 Oracle 提供的输出过程 dbms_output.put_line 显示少量的信息。

2. 调用存储过程

例 3.50 存储过程的调用可使用命令，例如：

```
begin
raise_salary(7934);                    --通过存储过程名调用
end;
/
```

或

```
Exec   raise_salary(7934);
```

3.5.5 存储函数

用 PLSQL 也可以建立存储函数。存储函数也是命名的 PLSQL 块，存储在数据库中可以供授权的数据库用户调用。存储函数和存储过程的结构类似，但函数必须有一个 RETURN 子句，用于返回函数值。建立存储函数需要有系统特权 create procedure。

1. 定义存储函数

建立存储函数的语法如下：

```
CREATE [OR REPLACE] FUNCTION 函数名 (参数列表)
 RETURN   函数值类型
IS
PLSQL 子程序体；
```

存储函数的定义及用法如下。

例 3.51 查询某教师的收入：

```
Create or replace function query1(teacher_id in number)
return number
is
sum_sal    number:=0;                --工资总额
v_bonus    number:=0;                --奖金值
begin
select sal, bonus into sum_sal,v_bonus from Teacher
where tno=teacher_id;
sum_sal:=sum_sal+nvl(v_comm,0);
return(sum_sal);
end;
/
```

2. 调用存储函数

例 3.52 调用存储函数：

```
declare
v_sal number;
begin
v_sal:=query1(7934);
dbms_output.put_line('salary is:'||v_sal);
end;
/
```

3.5.6 触发器

数据库触发器是一个与表相关联的、被存储的 PLSQL 程序。每当一个特定的数据操作语句(Insert,update,delete)在指定的表上发出时,Oracle 自动地执行触发器中定义的语句序列。在数据库中建立触发器必须要有 CREATE TRIGGER 的系统特权。

1. 定义触发器对象

定义触发器的语法如下：

```
CREATE   [or REPLACE] TRIGGER   触发器名
   {BEFORE | AFTER}
   {DELETE | INSERT | UPDATE [OF 列名]}
   ON   表名
   [FOR EACH ROW [WHEN(条件) ] ]
```

　　　　PLSQL 块

其中：BEFORE 或 AFTER 子句定义触发器被激活的时间。BEFORE 指对关系表操作之前激活触发器；AFTER 指对关系表正常操作之后激活触发器。

DELETE 或 INSERT 或 UPDATE 指激活触发器的语句或事件。

FOR EACH ROW［WHEN(条件)］子句用于定义行级触发器，行级触发器中可以用WHEN 子句定义行触发的条件。

Oracle 数据库支持两种类型的触发器：语句级触发器和行级触发器。建立触发器时指定 FOR EACH ROW 选项，指建立的是行级触发器，没有该选项默认为语句级触发器。

语句级触发器指在指定的操作语句操作之前或之后执行一次，不管这条语句影响了多少行。

行级触发器指触发语句作用的每一条记录都被触发执行。Oracle 为行级触发器提供了两个伪记录变量 old 和 new，被用来在用户程序中识别值的状态。表 3.3 概括了触发语句与伪记录变量的当前值。

表 3.3　触发语句与伪记录变量的值

触发语句	:old	:new
Insert	所有字段都是空(null)	存放将要插入的数据
Update	存放更新以前该行的值	存放更新后的值
delete	存放删除以前该行的值	所有字段都是空(null)

触发器的定义及用法如下。

例 3.53　保证 Teacher 表中 sal 的更新值不低于原值：

```
create or replace trigger check_sal
before update of sal on Teacher
for each row
begin
if (:new.sal <=  :old.sal) then    raise_application_error
(-20501,'this value erorr'||to_char(:new.sal));
end if;
end;
/
```

如果在这个实例的行级触发器选项 for each row 上再加上一个条件 when(old. deptno＝50)，则触发器只检查 50 系教师工资的更新值，其他系不做检查。

2. 测试触发器

根据触发器 check_sal 的定义，每当用户提交一个 update 语句修改 sal 的值之前，系统会自动激活触发器检查修改的值是否满足条件。下面提交的语句因为满足条件，修改操作正常完成。

```
SQL>update Teacher set sal=3500 where tname='WEN';
已更新 1 行
```

如果再提交一次同样的更新操作，例如：

```
SQL>update Teacher set sal=3500 where tname='WEN'
```

将会看到下面的信息：

```
ERROR 位于第 1 行：
ORA-20501: this value erorr3500
ORA-06512: 在"STU209.CHECK_SAL", line 2
ORA-04088: 触发器 'STU209.CHECK_SAL' 执行过程中出错
```

因为更新的值不大于原有的值，触发器给出错误信息，拒绝这个操作。

需要时读者也可以在触发器体的 PLSQL 块中使用谓词来判断当前的操作是什么，根据当前的操作确定下面执行的操作。这些谓词有：

INSERTING：触发事件或语句是 INSERT 时为真。

UPDATING 或 UPDATING('列名')：触发事件或语句是 UPDATE 时为真。

DELETING：触发事件或语句是 DELETE 时为真。

3. 触发器的应用场合

Oracle 的触发器主要被用于下列场合：

(1) 数据确认。

(2) 实施复杂的安全性检查。

(3) 维护数据的一致性。

(4) 做审计，跟踪表上所做的数据操作。

(5) 在分布式环境中实现和维护跨结点表数据的同步刷新。

3.6　Oracle 数据库操作环境简介

3.6.1　注册及退出 Oracle

操作 Oracle 数据库需要启动 Oracle 客户端的支持工具 SQLPlus。在安装了 SQLPlus 和 Net8 的客户机上，通过 Windows 的"开始"菜单在 Oracle 的程序中找到 SQLPlus，单击它即可看到如图 3.3 所示的注册界面。

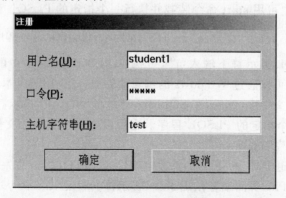

图 3.3　Oracle 的注册界面

使用者输入正确的用户名(如 student1)、口令及主机字符串即可注册到 Oracle 的 SQLPlus 操作界面,如图 3.4 所示。

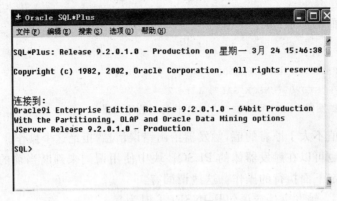

图 3.4　SQLPlus 界面

3.6.2　SQL 命令的编辑及执行

SQLPlus 在内存开辟了相应的缓冲区用于编辑和执行用户输入的内容。SQLPlus 环境可以编辑和执行标准的 SQL 命令和 PLSQL 程序,例如:

```
SQL>Select * from student;
```

SQL 缓冲区的内容一直被保留至下一条 SQL 命令的输入,因此用户可以对当前缓冲区的内容进行编辑或重新执行,编辑或修改命令的方法是在 SQL 响应符"SQL>"下输入命令"ed"或"edit",即可看到如图 3.5 所示的编辑窗口,在文本编辑窗口中可以编辑或修改已经在缓冲区中的一条 SQL 命令。

图 3.5　SQL 编辑窗口

执行 SQL 命令的方法如下:

(1) 直接拷贝文本文件中的内容到 SQL 缓冲区,然后用 run 命令查看 SQL 执行的结果或用"/"查看 SQL 或 PLSQL 程序执行的结果。

(2) 用"get 文件名.sql"把指定文件中的内容装载到 SQL 缓冲区,然后用 run 命令或"/"查看执行结果。也可用 start 命令装载并执行一个指定的 PLSQL 程序,例如:

```
SQL>start  stu1.sql            --文件名后缀必须是.sql 程序
```

由上可知,在 SQL 提示符下输入"/",可执行 PLSQL 缓冲区中的一段程序。PLSQL 程序的输入和编辑也可以通过 Windows 的编辑器完成,即先用记事本编辑好一个程序以后把它保存到一个.sql 文件中,然后,在 SQLPlus 环境的"SQL>"提示符下,输入"start 文件名.sql"命令,执行一个指定的 PLSQL 程序。也可以把一个非.sql 文件中的程序语句拷贝到 SQL 缓存区,用"/"执行。

为了避免在异常退出时丢失所做的修改,建议在退出 SQLPlus 前先输入"Commit"(提交)命令,然后,关闭 SQLPlus 界面或者在"SQL>"提示符下输入"exit"命令退出 SQLPlus,例如:

```
SQL>EXIT
```

3.6.3 Oracle 数据库的安装

Oracle 公司发布的产品有两种：数据库服务器软件包和客户端产品。数据库服务器软件包中通常包括数据库服务器端（Server）模块和客户端（Client）模块两者，而 Client 产品仅含客户端模块。图 3.6 所示的界面是 Oracle9i Client for Windows 2000 Server/Windows 2000 Professional 安装界面。运行此产品的 SETUP. EXE 安装模块，可看到这个初始安装菜单。数据库服务器端模块的安装类似，按照菜单提示安装即可。

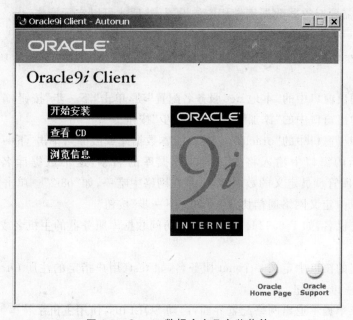

图 3.6 Oracle 数据库产品安装菜单

单击图 3.6 中的"开始安装"条目，可见到客户端安装模块，如图 3.7 所示。

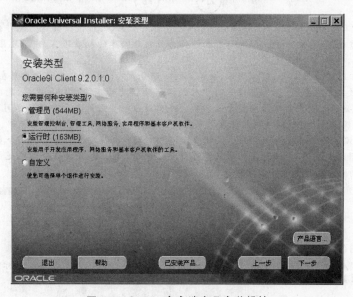

图 3.7 Oracle 客户端产品安装模块

选择图 3.7 中的"运行时"生成客户端操作环境,并根据系统提示完成需要产品的安装。

3.6.4 Oracle 操作环境的设置

Oracle 数据库是一个分布式的关系数据库系统,这个系统支持用户通过一条 SQL 语句或一个程序对 Internet 中的多个 Oracle 数据库进行操作。有关分布数据库的内容详见后面的相关章节。本节主要讨论 Oracle 主机字符串的设置。

当网络中的多台主机系统安装并创建了数据库,用户对这些数据库进行远程注册或分布处理的时候,需要对这些数据库做相应的设置,然后才可以实际操作。

配置 Oracle 网络服务名(主机字符串)的步骤如下(Windows 2000/XP/Windows 98):

在 Windows 的"开始"菜单中选择 Oracle9i一>net configuration assistant,按照下面的步骤完成设置:

(1) 选择弹出窗口中的"本地 net 服务名配置"项,单击"下一步"按钮。

(2) 选择弹出窗口中的"添加",单击"下一步"按钮。

(3) 选择弹出窗口中的"oracle8i 或更高版本数据库或服务",单击"下一步"按钮。

(4) 在弹出的窗口中输入将要访问的数据库的名字,这个数据库名必须是在安装 Oracle 时,数据库管理员定义的数据库名,且在网络中唯一,如"o8i2"。单击"下一步"按钮。

(5) 选择 tcp(定义网络通信协议),单击"下一步"按钮。

(6) 设置主机名,如 166.111.7.248(将要访问数据库服务器的主机名或 IP 地址),单击"下一步"按钮。

(7) 在弹出的窗口中定义一个 net 服务名,如 test(用户指定的注册 Oracle 用的主机字符串),单击"下一步"按钮。

(8) 根据菜单提示退出网络配置界面,启动 SQLPlus,使用主机字符串 test 就可以注册到网络中的 o8i2 数据库中了。

小 结

　　SQL 是一种非过程化语言,具有很多优点,如它面向集合操作、对数据提供自动导航、具有完备的理论基础、操作方便、容易使用、查错容易,因此被作为关系数据库的标准语言,广泛地应用于关系数据库的操作环境中。

　　标准的 SQL 包括数据定义、数据操纵、数据控制三部分内容。数据定义语言用来在数据库中创建关系表、视图等数据库对象;数据操纵语言用于对数据库数据进行查询、插入、更新、删除操作;数据控制语言提供对数据库数据操作权限的授予及回收。本章结合一些用例主要介绍了 SQL 的数据定义功能和数据操纵功能,SQL 的数据控制功能在第 7 章结合数据库管理与维护的内容介绍。

　　PLSQL 是 SQL 面向过程的一种程序设计语言,因在 SQL 中引入了变量、赋值、分支、循环等面向过程的语句,较好地解决了对 SQL 查询结果集进行逐条分析、处理的问题而受到广泛的关注和欢迎,目前已经成为 Oracle 数据库的核心编程语言。

习 题

1. 简述视图的概念,并说明视图与表的不同。

2. 什么是光标? 在 PLSQL 程序中一定要定义光标吗? 什么情况下需要定义光标?

3. 已知关系模式:

```
supplier(sno,sname,city,tel,credit)      --供应商(供应商编号,供应商名称,城市,电话,信誉)
project(pjno,pjname,manager,charge)      --工程项目(项目号,项目名,负责人,经费)
part(ptno,ptname,batch_no)               --零件(零件号,名称,生产批号)
spp(sno,pjno,ptno,qty,time)              --供应(供应商编号,项目号,零件号,供应数量,供应时间)
```

(1) 根据关系模式的描述,在 Oracle 数据库中建立关系表:Supplier、project、part、spp。

(2) 根据下面的查询要求,用 insert 语句在建立的 4 张关系表中插入查询需要的数据。

(3) 使用 SQL 完成下列查询:

① 从 supplier 表中查询供应商的下列信息:sno,sname,city,credit,查询结果按供应商姓名升序输出。

② 列出项目负责人的名字,同名的负责人只列出一个。

③ 查询以 J 开头或以 L 结尾的项目名称。

④ 查询项目经费高于 500 万元的项目负责人的名字,查询结果包含项目负责人,项目名,项目经费,并降序列出项目经费。

⑤ 列出信誉为"优"的供应商名及所在城市。

⑥ 列出项目经费在 500~2000 万元之间的项目号和项目名。

⑦ 查询供应过零件编号为 P11 的供应商名称及所在城市和电话号码。

⑧ 列出 2008 年全年成交总额超过 1000 万元的供应商的号码。

⑨ 列出工程项目名为 LJ_CIMS 的工程项目,自 2007 年 1 月 1 日以来购买的零件清单。

⑩ 查询同时为工程项目名称"2008_1号"和"2008_2号"供应过零件的供应商号和供应商名称。

4. 建立一个视图,该视图中只包含"北京市","上海市"和"天津市"三个城市的供应商的信息。

5. 用 PLSQL 编写一个程序,按城市统计各城市供应零件总数量小于 2000、2000~8000,大于 8000 这三个数量段供应商的数目。

第 4 章　数据库设计

数据库设计是从工程和应用的角度提出的一个概念,其目标是在 DBMS 的支持下,为应用系统建立一个结构合理、使用方便,运行高效的数据支持系统。

本章介绍数据库设计涉及的 5 个阶段:需求分析、概念设计、逻辑设计、物理设计、实现,各阶段的任务、工作过程及采用的方法和步骤。

4.1　需求分析

4.1.1　需求分析任务

需求分析阶段的主要任务是分析待开发系统要做什么,完成什么功能。这个阶段的重点是观察、分析和理解现行系统的业务过程,发现存在于业务过程中的事实。通过对事实及原始数据的分析研究,把用户的各种需求不断揭示和挖掘出来,以明确应用系统的目标、功能、性能、数据范围和相关约束,在此基础上归纳出信息需求、处理需求及其他需求。

信息需求描述在数据库中将要存储什么数据,存储的数据具有哪些属性特征以及数据之间的关系。

处理需求说明和描述目标系统将完成哪些功能,包括支持应用系统全部功能的软件框架及结构,软件系统-子系统-模块-子模块之间的关系。

其他需求主要描述目标系统对性能的要求,包括响应时间,存储容量,系统的适应性、数据的安全性、一致性和可靠性等要求,以及对运行环境的要求,如操作系统、数据库管理系统、开发工具、通信接口等方面的要求。

这些需求将为最终获得用户满意的目标系统奠定良好的基础。

4.1.2　获取需求

分析设计一个数据库应用系统,首先要掌握有关这个系统各方面的事实和数据。如果已经有现行系统,则可以观察系统的运行操作,通过提问和其他方式,向较多的人进行广泛的调查。获取需求一般采用下列方法:

1. 面谈

通常,建模人员要走出去,深入到业务部门,与问题领域的专家和相关的业务人员面谈。面谈可采用座谈形式,由用户方的专家和业务人员介绍其业务流程和各流程之间的关系,包括期望信息系统解决的问题。

面谈是最有效地获取需求的一种方法,然而,也需要建模及相关人员在面谈前对所调研的问题有精心的准备,如把调研的问题按照重要程度分类列出,并给出编号,通过调研过程中有针对性的提问,理解企业业务流程及相关细节。

2. 实地观察

实地观察有利于建模人员对业务流程及其细节的理解。建模人员在观察用户操作的过程中,也要注意考察原有业务流程和操作过程的合理性,因为待开发的系统不是现行系统简单的模拟和复制,更多是通过需求调研发现和解决原有系统存在的问题,通过业务流程重组、优化等解决原有系统的问题,使现行系统快速、高效、准确地处理数据。

3. 查阅资料

通过查阅文献资料,深入了解组织与企业组织机构、规章制度、各职能部门之间交流的文档、图表、原始单据、报告及相关企业的有关信息。

4. 问卷调查

设计一些简洁、易理解、易填写、无歧义的调查表可以从更宽泛的用户中获取需要的信息。

5. 整理调研结果

建模人员要注意整理每次调研的结果,尤其是标注清楚目前还不够清晰或不够明确的问题,在与相关人员反复交流、沟通和确认的过程中,进一步明确问题、达成共识。

不管采用什么方法获取需求,收集的信息中应该包括待开发系统曾做了什么,为什么做、将来如何做,以及待开发系统存在的问题及期望改进的方面。

4.1.3　分析及描述需求

1. 需求分析

需求分析是整个软件项目的基础,这个阶段的工作做得越细致、详尽,目标系统的满意度越高。然而,需求分析工作又是一项艰巨而困难的工作,尤其是大型复杂信息系统涉及多学科人员的工作,系统完成的功能多,涉及的业务范围宽泛,有些业务活动还相互交叉,有时连用户也难以清楚、确切、全面地描述清楚其究竟需要什么。再加上需求的可变动性以及软件产品在功能、性能方面的不可见性,都会给软件项目的需求分析工作带来障碍。为了帮助建模人员充分理解、准确描述需求,人们常借用模型方法对应用系统建模,标识和描述需求。

模型是人们认识客观事物的一种方法,其本质是抽象,即只关心与研究与内容有关的因素而忽略无关的因素。借助模型直观及抽象的方法便于建模人员切入事物的主要方面,分析认识复杂的事物。

数据流图(Data Flow Diagram,DFD)方法、IDEF0 建模方法都是在 20 世纪 70 年代结构化分析方法的基础上发展起来的,其基本思想是抽象和分解。先对应用领域或问题域进行全面的分析,在此基础上进行分类抽象,从中抽象出目标系统将要完成或实现的主要功能,形成高层概括。然后,采用自顶向下逐步求精的方法对高层进行分解,直到每个问题或功能是具体的、可操作、可实施为止。这些结构化分析及建模工具因采用自顶向下逐层分解的方法分析及描述需求,使得建模人员容易从整体或宏观入手分析问题,如应用系统总目标、总功能、系统的总体结构,子系统及其之间的关系,不会在早期就陷入具体的问题细节,另外,这些结构化分析及建模工具大多采用图形化方法描述问题,模型直观简洁,被广泛用于需求分析阶段作为分析、描述系统功能的工具,也由于它们不涉及太多技术术语,容易理解而被作为建模人员与用户沟通、确认需求、达成共识的桥梁。

2. 标识与描述需求

需求描述的工作是在对目标系统进行全面调查、分析与理解的基础上进行的,这个阶段的主要任务是从项目整体的角度全面描述目标系统的功能性需求及非功能性需求。功能性需求描述目标系统将要完成的任务及解决的问题,一般通过数据流程图(DFD)进行全面描述。DFD将侧重描述目标系统将完成哪些功能(处理),完成每一项处理功能需要什么输入数据,输入数据从哪里来(数据提供者),完成此项功能需要的业务规则,包括经此功能处理加工产生的数据由谁使用(数据使用者)以及功能处理之间的关系。非功能性需求通常由需求说明书中的文档阐述,将全面描述和说明待建系统的目标、性能、安全性、可靠性等方面的要求,包括目标系统的运行环境,功能模型中描述的功能将做到什么程度,系统的响应时间,以及交付的目标系统的可用性、可操作性、可维护性、可移植性等方面的要求与约束、数据库及软件模块的测试指标及测试方法。

在标识和描述需求的过程中,建模人员可通过思考下列问题,来保证描述的需求是正确的、完整的和一致的:

(1) 是否没有任何遗漏,完整、全面地描述了需求,是否考虑了这个需求可能的变化?

(2) 是否正确地描述了需求? 这个需求在整个系统中是否存在歧义、冲突和不一致的情况?

(3) 是否描述的每一条需求是用户需要的,也是可实现、可操作的?

需求分析阶段的成果主要由功能模型和需求说明书组成,它们是需求分析完成的标志,也为数据库应用系统后续阶段的工作提供了依据和蓝图。

4.1.4 需求审核与确认

审核与确认需求的工作由项目负责人聘请的专家、分析人员、相关人员及用户组成,他们将根据功能模型和需求说明中对目标系统功能、性能、操作流程、操作环境、系统的可操作性和可维护性等方面的说明,检查需求描述和说明中不包含任何不一致和含糊的内容,确认需求分析的结果是合理的、正确的,是满足用户要求的。

4.1.5 功能建模方法

DFD(Data Flow Diagram)建模方法因模型对象概念简单、不涉及太多技术术语、容易理解和使用,自20世纪70年代推出至今一直被广泛地应用在各类软件及数据库应用项目的需求分析及功能建模中。

1. 模型对象

DFD方法涉及以下4种模型对象(元素):

(1) 数据流(Data Flow)。

数据流描述数据的流动,在DFD中数据流用一条标有名字的箭头表示,数据流上标注的内容可以是信息说明或数据项,通过DFD数据流上标注的信息和箭头方向,可以识别一条信息从哪里来到哪里去。

(2) 处理(process)。

处理描述对输入数据进行的加工和变换,在DFD中处理用矩形框表示。指向处理的数据流为该处理的输入数据或完成处理涉及的业务规则,离开处理的数据流为该处理的输出数据。

(3) 数据存储。

表示用数据库形式(或文件形式)存储的数据,对其进行的存取分别以指向或离开数据存储的箭头表示。

（4）外部项。

外部项标识和描述数据的提供者或使用者（数据来源或数据去向），可以是某个人员、组织或其他系统，它处于当前系统范围之外，所以又称它为外部项，其图形符号用矩形框或平行四边形表示。

DFD 方法 4 种模型对象对应的图形符号如图 4.1 所示。

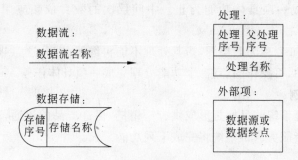

图 4.1　DFD 方法的基本图形符号

2. 建立系统的功能模型

用 DFD 方法建模的依据是应用系统的业务流程。根据企业与组织各业务流程完成的任务和功能，先从中归纳抽象出系统的主要功能和业务活动，即应用系统顶层的数据流图，然后自顶向下逐层分解，直到每项功能活动都是具体的、可操作的为止。DFD 结构如图 4.2 所示。

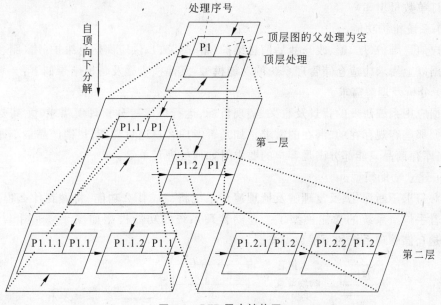

图 4.2　DFD 层次结构图

顶层 DFD 是对企业与组织主要业务功能的抽象，也表示企业的使命、目标系统涉及的信息范围及与外部的关系。顶层图由一个功能处理框表示，左边的箭头及其信息描述需要的输入、上箭头及其信息描述完成此功能需要的控制信息或业务规则，右箭头及其信息描述系统的输出,下箭头及其信息描述系统的实现机制,如软件及硬件的配置等。在实际应用中,很多 DFD 中只用左箭头描述输入,即把控制信息合并到输入中,软、硬件环境支持信息不反映在数据流图中,在需求说明书中给出完整描述。

第一层 DFD 也称为中间层,其处理是由顶层图分解出来的,它们描述顶层图的功能具体由哪些处理支持。如果分解出来的这一层 DFD 中的处理功能已经是具体的、可操作的,则分解工作结束。否则说明分解出来的处理功能仍比较抽象,需要继续分解下去,直到一个处理模块完成一项具体功能为止。中间层次的数目依赖应用系统的规模和复杂程度。

最下面的一层 DFD 称为底层图,指其处理不能再继续分解,这意味着这层图中描述的所有处理都是具体的、可操作的,且一个功能处理完成一项具体任务。

3. 功能建模实例

已知某仓储管理系统的目标是形成供、产、销链,促进产品的流通,减少库存,为社会各类人员提供及时供货服务。该系统将完成下列功能需求:

(1) 客户管理。

输入客户号系统自动显示客户的姓名及订单,包括已经配送完成的货物;如果指定客户的信息不存在(说明是新客户),系统提示客户输入个人信息后,方可进入仓储管理系统。

(2) 仓库管理。

提供商品信息的查询,如能够按照商品编号、商品名称、生产日期、供应商查询下列信息:商品类别编号、类别名称、商品名称、生产日期、单价、库存量、供应商名等;商品入库功能(指购进物品,填写采购单或入库单);商品出库功能 (指客户购买了某商品,填写订单并且按照订单数量出库)。

(3) 系统维护功能。

客户信息维护(增、删、改);商品信息维护(增、删、改);供应商信息维护(增、删、改)。

根据以上需求构造仓储管理系统的功能模型,其建模步骤及建模结果如下:

(1) 分析及理解需求。

根据应用系统研发的背景及意义、实现目标、运行环境等分析理解需求,尤其要注意发现和挖掘那些客观存在的、潜在的需求。如是否考虑客户退货功能;热销产品最小库存量的界定;当库存商品只能部分满足客户的要求时如何处理订单等。

(2) 建立功能模型。

在对需求不断深化、反复理解及梳理清楚系统将完成什么功能、将做到什么程度之后,就可以着手构造系统的功能模型了。仓储管理系统的功能模型如图 4.3~图 4.5 所示。图 4.3 是仓储管理系统的顶层数据流图。

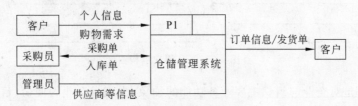

图 4.3 顶层数据流图

根据需求和顶层数据流图的内容分解出该系统的第二层数据流图,如图 4.4 所示。

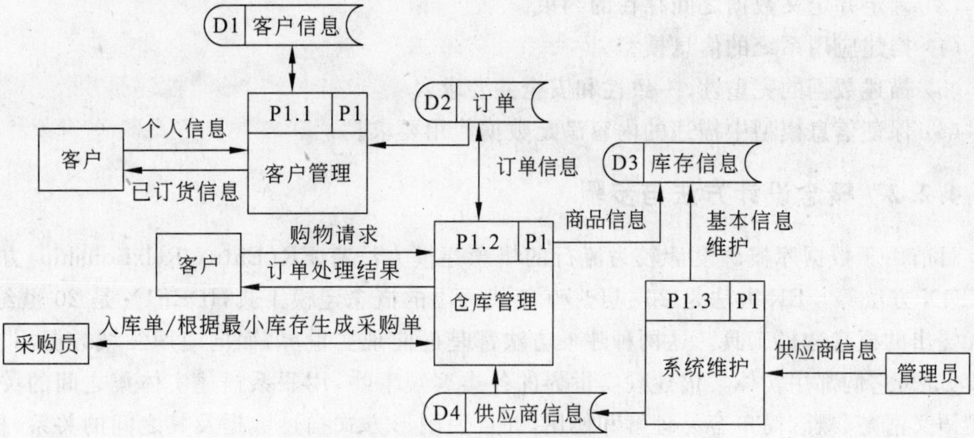

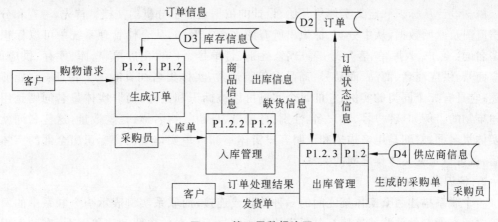

图 4.4　第二层数据流图

由于第二层数据流图中的仓库管理相对复杂一些,本例对仓库管理模块进行了进一步的分解,仓库管理模块的分解结果(第三层数据流图)如图 4.5 所示。

图 4.5　第三层数据流图

4.2　数据库概念设计

4.2.1　概念设计任务

数据流图描述和刻画了应用系统将要完成的全部功能。数据库概念设计是面向应用域中的数据需求的,其目标是对应用领域中涉及的全部数据进行综合组织,统一管理,建立应用系统的信息模型,为后续的数据库设计工作打下基础。概念设计以应用系统的功能模型与需求说明书,以及前期调研的相关材料为依据,分析捕获,重点描述应用系统的数据需求,包括数据的安全性、正确性、一致性、可靠性,数据的响应时间等方面的需求。数据库概念设计主要定义和描述下列信息:

(1)描述应用系统覆盖的数据范围。

（2）描述数据的属性特征及数据之间的关系。

（3）确定并定义数据之间存在的约束。

（4）构建应用系统的信息模型。

（5）描述数据的完整性、一致性和安全性要求。

（6）保证信息模型中描述的内容满足数据使用要求。

4.2.2 概念设计方法与步骤

目前用于数据库概念设计较为流行的概念建模方法有 ER（Entity-Relationship）方法、IDEF1X 方法等。ER 方法是 20 世纪 70 年代提出的概念建模工具，IDEF1X 是 20 世纪 80 年代提出的概念建模工具。这两种建模方法都是面向现实世界，面向应用领域数据需求的建模方法，它们都用实体集描述现实世界的各类客观事物，用联系描述实体集之间的关系。模型语义清楚、概念简单容易理解和使用，并且用图形方式描述数据及其之间的关系，构建的模型直观易懂，又便于数据库设计者和用户交流，同时这种模型因容易转换成数据库逻辑设计阶段需要的数据结构而备受欢迎。

本节结合仓储管理系统讨论用 ER 方法进行概念设计的过程及步骤。

1. 标识及定义实体集

概念设计从标识和定义实体集开始，设计的依据是需求分析的文档。首先，考查和分析数据流图及原始数据，从中分类、标识出所有的名词。例如，从仓储管理系统中可以标识出很多名词：客户、入库单、客户号、客户名、性别、订单号、订单、出库单、仓库、库存、供应商、供应商号、供应商名、商品、商品号、商品名等。通常，实体集名词具有三大特征：它能够被描述；它具有 n 个同类的实例；它的每个实例可以被标识和区分，而非实体集名词则是用于描述事物的。例如，客户号、客户名、性别、订单号、订购货物名称、订购数量，这些名词就不是实体集名词，它们是用来描述和说明客户实体集和订单实体集的。标识出全部的实体集之后，就可以定义实体集之间的关系了。

2. 标识及定义联系

一个联系描述两个实体集之间的一种关联或连接，而联系实例表示一个联系中的两个实例之间有意义的关联或连接。分析实体集实例之间存在的关联和连接关系，有助于识别和确定实体集之间的关系。

标识实体集之间关系的简单方法是建立联系矩阵，联系矩阵由一个二维数组表示。把前阶段定义的实体集沿水平轴和垂直轴两个方向列出，依次分析两个实体集之间可能的联系。如果两个实体集之间存在联系，则在它们的交叉点上写上 x，不存在联系则用 null 标注。

仓储管理系统的联系矩阵如图 4.6 所示。

	供应商	商品	客户
供应商	null	x	null
商品	x	null	x
客户	null	x	null

图 4.6 仓储管理系统实体集/联系矩阵

接下来确定实体集之间联系的基数。可利用联系矩阵从两个方向考查,先看联系一端的实体集,假设这个实体集的一个实例存在,分析相对于这个实体集来说,联系另一端即第 2 个实体集存在多少确定的实例,然后调换进行,重复这一分析工作。

例如,确定"供应商"和"商品"之间联系基数的方法是,先从联系的一端"供应商"开始分析,一个供应商可以供应一种或多种商品,然后从另一个方向"商品"分析,一种商品可以由一个或多个供应商供应。因为在联系的每一端都有基数 1 或 n,这说明供应商和商品之间联系的基数是多对多用 $m:n$ 表示。

在确定联系基数的基础上,就可以逐一命名联系了。一般用动词或动词短语来命名一个联系,联系名的命名可遵循从父到子(从上到下)或从左到右规则,根据联系两端的实体集在 ER 图中的位置,为联系定义一个有意义、简明且没有歧义的名字。

3. 确定属性

确认和命名实体集的属性,包括主属性和非主属性。从需求分析收集的原材料清单及各种单据中选择、确认和命名每个实体集的属性。

4. 构造 ER 模型

在完成对实体集和联系的基本标识和定义之后,建模人员就可以着手构造 ER 模型了。假设本系统涉及的供应商其信誉都很好,本系统不考虑产品质量问题,数据库中不记录入库信息及出库信息及相关的质量跟踪信息。按照 ER 建模规范,构造简化的仓储管理系统 ER 模型如图 4.7 所示(图中标有下划线的属性为实体集的码属性)。

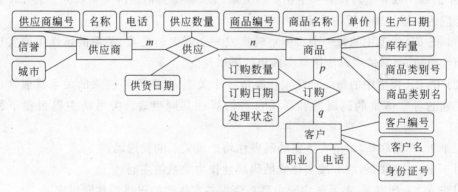

图 4.7　仓储管理系统的 ER 模型

5. 确认和优化信息模型

根据应用系统的规模和复杂程度优化数据模型,包括归并各子系统的 ER 模型,检查消除重复信息,消除重复命名的联系等。

4.3　数据库逻辑设计

数据库逻辑设计的任务是把概念设计得到的信息模型(ER 模型)设计成具体的数据库管理系统支持的数据模型。这个阶段将按计算机系统的观点组织和存储数据,包括定义和描述数据库的全局逻辑结构、数据之间的关系、数据的完整性及安全性要求等。其目标是得到实际的数据库管理系统可处理的数据库模式,且数据结构合理,模式包含的信息满足数据处理要求。

4.3.1 初始模式设计

根据所选定的数据库管理系统支持的数据模型,将 ER 模型转换成初始的关系模式。

1. 转换规则

ER 模型(信息世界)、关系模型(数学概念)与关系数据库(机器世界)术语之间的对应关系如图 4.8 所示。

ER 模型	关系模型	关系数据库
实体集	关系	表或关系表
实体集实例	元组	记录或表行
联系	关系	表
属性	元组分量	表列
属性值	元组分量值	列值

图 4.8 信息世界、数学概念与机器世界术语对应关系

由图 4.8 可知,只要将 ER 模型中的每个实体集转换成一个对应的关系(表),同时把 ER 图中的每个联系也转换成一个相应的关系(表)将得到初始的关系模式。将 ER 模型转换成相应的关系其转换规则及步骤如下:

(1) 把 ER 模型中的每一个实体集转换成一个同名的关系,关系的属性由原实体集的全部属性组成,关系的主码使用原实体集的码属性。

(2) 把 ER 模型中的每一个联系转换成一个关系,从联系转换来的关系其属性由与该联系相连的各实体集的码属性和联系自身的属性共同组成。关系的主码根据下列情况确定:

对于 $1:1$ 的联系,每个实体集的码属性均是该关系的候选码。

对于 $1:n$ 的联系,取 n 端实体集的码属性作为关系的主码。

对于 $m:n$ 的联系,关系的主码由联系两端各实体集的码属性共同组成。

(3) 合并具有相同码的关系。

2. 转换实例

下面结合图 4.7 仓储管理系统的 ER 模型,讨论转换规则的用法及步骤。

(1) 标识 ER 模型中的联系。

由图 4.7 可知仓储管理系统共涉及两个联系:"供应"联系和"订购"联系。

(2) 依次转换与每个联系相关联的实体集及联系。

"供应"联系的转换过程为:

已知在"供应"联系中有两个实体集:"供应商"和"商品",其联系的基数是 $m:n$,根据转换规则得到下列关系:

供应商(<u>供应商编号</u>,名称,电话,信誉,城市)

　　注,根据规则 1,实体集转换成同名的关系,有下划线的属性是主码属性

商品 (<u>商品编号</u>,商品名称,单价,生产日期,库存量,商品类别号,商品类别名)

　　　注,根据规则 1,实体集转换成同名的关系

供应 (<u>供应商编号</u>,<u>商品编号</u>,供应数量,供货日期)

　　　注,根据规则 2,"供应"联系也转换成一个同名的关系,关系的主码由联系两端各实体集的码属
　　　　性共同组成

"订购"联系的转换过程为:

已知"订购"联系中有两个实体集:"商品"和"客户",其联系的基数是 $m:n$,根据转换
规则得到下列关系:

商品 (已经从"供应"联系中得到)

客户 (<u>客户编号</u>,客户名,职业,电话,身份证号)

　　　注,根据规则 1,实体集转换成同名的关系

订购 (<u>商品编号</u>,<u>客户编号</u>,订购数量,订购日期,订单处理状态)

　　　注,根据规则 2,"订购"联系也转换成一个同名的关系

　　(3) 归并和整理转换结果,因为这个实例中不存在 $1:n$ 的联系,不需要归并(合并),如
果存在 $1:n$ 的联系,则要注意使用转换规则 3,合并具有相同码的关系,即把由 $1:n$ 的联
系转换得到的关系与由这个联系的 n 端的实体集转换得到的关系合并。

　　经转换以后得到仓储管理系统的初始关系模式为:

供应商 (<u>供应商编号</u>,名称,电话,信誉,城市)

商品 (<u>商品编号</u>,商品名称,单价,生产日期,库存量,商品类别号,商品类别名)

客户 (<u>客户编号</u>,客户名,职业,电话,身份证号)

供应 (<u>供应商编号</u>,<u>商品编号</u>,供应数量,供货日期)

订购 (<u>客户编号</u>,<u>商品编号</u>,订购数量,订购日期,订单处理状态)

　　然后,根据选定数据库管理系统对数据库对象的命名约束,进一步确认各对象的名称。
在数据库管理系统允许的范围内,使用有意义的、语义清楚、容易识别和便于操作的英文名
字来命名数据库对象。例如,客户关系表命名为 Client 或 Customer,供应商关系表用
Provider,商品关系表用 Goods,每个关系的属性名也用语义清楚,且容易识别和操作的名
字,如仓储管理系统的关系模式为:

```
Provider(ProviderID,PName,Tel,Credit, City)
Goods(GoodsID,GoodsName,Price,ProducionDate,SumStorage, GoodsClassID,
        GoodsClassName)
Client(ClientID,CName,Professional,Tel,IdentityCard)
Supply(ProviderID,GoodsID,Quantity,SupplyDate)
Order(ClientID,GoodsID,OrdQTY,OrderDate, OrderStatus)
```

4.3.2　模式优化

　　数据库应用系统的分析、设计是一项复杂的系统工程,在系统分析及数据库设计的过程
中会因建模及设计人员其设计经验、直觉、对需求理解等方面的差异,使得同一应用问题,不
同的设计者得出不同的概念数据模型,由概念数据模型(ER 图)转换生成的关系模式,其结
果不唯一。大量的实践证明,不合理的关系模式存在许多问题,如数据冗余及由数据冗余引

起的插入操作异常,删除操作异常及更新数据等方面问题。还需要用关系数据库设计理论对初始的关系模式进行评价,判断每个关系模式属性组成的合理性,通过优化关系模式及数据库结构来提高系统的性能。下面简要介绍数据库工程应用中常依据的优化步骤、原则与方法。

1. 确定数据依赖

根据需求说明书定义的功能需求、数据处理要求及各业务活动要求满足的业务规则,按其语义列出每个关系模式属性间的数据依赖,然后,逐个考察每一个关系模式,根据该关系模式属性之间存在的函数依赖,确定并标注该关系模式属于第几范式。对于不满足 3NF 的关系模式,利用分解原则从中分离出不合理的属性,使其满足更高一级范式的条件。尽管 3NF 的关系仍然存在一定程度的更新异常,但它产生的数据操作异常与数据库的性能比较起来是可以忽略的,在工程应用中考虑到数据库的性能,当关系模式达到 3NF 的条件时就不再继续分解。

2. 分解模式

在工程应用中一般认为不满足 3NF 的关系模式存在数据冗余,并且范式的级别越低数据冗余越严重,产生的各种数据操作问题越多,对系统性能的影响也越大。消除数据冗余,提高范式级别的基本方法是进行模式分解,即从指定的关系模式中分离出不合理的属性,尤其是那些属于不同对象类的属性。然而,为了保持数据的一致性,模式分解不是随意的,在进行模式分解时要满足一定的要求,使分解后的关系模式与原来的关系模式等价。可以用下面的分解特性判断经分解后的关系模式是否与原关系模式等价。

(1) 分解具有无损连接性。

设 P 为 $R_1(u_1)$,$R_2(u_2)$,$\cdots$,$R_n(u_n)$ 是关系模式 $R(U,F)$ 的一个分解,若对于 R 的任一满足 F 的关系 r,都有:

$$r = \prod_{R_1}(r) * \prod_{R_2}(r) * \cdots * \prod_{R_n}(r)$$

则称分解 P 是满足函数依赖集 F 的无损连接分解或无损分解,换句话说,就是分解后的关系能够恢复成原来的关系。

(2) 分解保持函数依赖。

设关系模式 $R(U,F)$,Z 是 U 的一个子集,则 Z 所涉及的 F 中所有函数依赖为 F 在 Z 上的投影,用 $\prod_Z(F)$ 表示,有 $\prod_Z(F) = \{X \rightarrow Y | (X \rightarrow Y) \in F^+ \text{ 且 } XY \subseteq Z\}$。

设 $R(U,F)$ 的一个分解 $P = \{R_1(u_1), R_2(u_2), \cdots, R_n(u_n)\}$,若 F 等价于

$$\prod_{R_1}(F) \cup \prod_{R_2}(F) \cup \cdots \cup \prod_{R_n}(F)$$

则称分解 P 保持函数依赖性。

无损连接性和保持函数依赖性是用于衡量一个模式分解是否导致原有模式中部分信息丢失的两个标准。当一个关系模式被分解后,会有下面的几种结果:

① 分解具有无损连接性,但不保持函数依赖性。

② 分解既具有无损连接性,又保持函数依赖性。

③ 分解不具有无损连接性,但保持函数依赖性。

④ 分解既不具有无损连接性,又不具有保持函数依赖性。

不同的分解方法会得到不同性质的分解结果。显然,既具有无损连接性,又保持函数依

赖性的分解是比较理想的分解结果。

3. 归并模式

归并模式也称为去规范化处理。分解关系的目的是为了减少数据冗余,避免由数据冗余产生的异常操作。然而,规范化会把一个关系模式分解为多个关系模式,而查询时可能需要对这些关系进行连接操作,过多的连接操作又会给数据库的查询带来负面的影响。有些工程应用场合,考虑到系统性能,可进一步从查询的角度考察,把那些连接操作频繁、查询频率高且更新操作少的关系归并起来,通过减少相关表的连接操作,改善系统性能。

4. 优化属性

从数据处理的角度进一步检查每个属性设计的合理性,对于频繁进行精确匹配的属性,例如,课程名、姓名、系名等设计成变长(Varchar)数据类型,因为定长(char)类型当属性值不足其定义的长度时系统会用空格填充,影响其查询的结果。"出生日期"等属性应设计成日期(date)数据类型,便于计算。尽量拆分应用程序需要分析的项,方便使用。

5. 确认命名

对于大型复杂数据库的设计,尤其是分子系统分小组完成的设计,要逐一审查命名是否有冲突或歧义。保证数据库中的模式名、属性名命名合理、语义清楚、使用方便。

6. 确认设计

根据需求说明书及数据处理要求进一步检查、核实全部应用程序需要处理、操作的内容都已经包含在全局数据库关系模式中了,以保证逻辑设计满足使用要求。

4.3.3　完整性设计

完整性指数据完整性,定义关系及其属性满足的条件。包括 Oracle 在内的很多商用数据库管理系统支持:主码完整性约束、指定列值非空完整性约束、列值唯一完整性约束、check(检查列值满足指定的条件)完整性约束以及引用完整性约束这 5 种基于申明的约束。数据库设计及建模人员可根据企业及组织业务活动的特点及其业务规则,按照具体数据库管理系统支持的语法格式,为关系模式及其属性定义合适的约束。

如果有特殊需要,如某些关系表需要实现复杂的约束功能,可以通过设计触发器实现。

4.3.4　安全模式设计

为了保证数据库的安全性,防止非法使用。数据库设计及建模人员可根据数据库应用系统的使用特点,选定的数据库管理系统支持的安全控制特征,为数据库的合法使用者建立用户名,设置密码,并授予合适的系统特权。根据使用要求为数据库中的关系表授予相应的对象特权。需要时也可以建立一些角色,通过角色、系统特权、对象特权的管理维护数据库的安全性。

4.3.5　外模式设计

对于关系数据库,外模式由视图的集合组成。因每个视图是用一个查询定义的、由基表导出的表,在数据库中只存放视图的定义并不存放视图对应的数据而被称为虚表。数据库设计及建模人员可根据实际需要为一些用户定义视图,使得这些使用者通过外模式访问数据库。

4.4 数据库物理设计

数据库物理设计的任务是充分利用数据库管理系统所采用的数据操作算法、查询优化处理方法的特点,综合数据的各类使用要求,权衡各种利弊,为逻辑数据模型及其支持的应用选取一个合适的存储结构和存取方法。尽管关系数据库的物理设计相对要简单一些,但是也需要统一规划,合理布局。本节简单介绍物理设计的主要内容。

4.4.1 确定数据的存储结构

数据库中的数据是以文件形式存储在外存(如磁盘)上的,每个文件逻辑上由一组记录序列组成,物理上由一个或多个页(数据块)组成。逻辑记录与物理页面间的映射在很多大中型数据库系统中是由数据库管理系统和操作系统共同管理的。

组织文件中记录方法的不同就形成了不同的文件结构或存储结构。最简单的文件结构是无序文件也称堆文件,目前市场上流行的数据库系统大部分支持多种文件结构,如堆文件(Heap file)、顺序文件(Sequential File)、聚集文件(Clustering File)、索引文件(Indexing File)和散列文件(Hashing File)。不同的存储结构采用不同存取方法,在对记录的定位查找、插入和删除操作时的效率也差别很大。

数据库的逻辑设计仅确定了数据库的逻辑结构(模式),这种结构与数据库的物理存储无关。在数据库的物理设计阶段为模式确定合理、有效的物理组织及存储方式,不仅可以提高数据的查找速度,也将提高数据库的综合性能。

有关数据库的物理组织及存储技术,详见相关章节。

4.4.2 确定分布策略

在分布式数据库应用环境中,数据库的物理设计还将考虑如何有效地把数据分布存储到网络中的多个物理结点中,为多结点查询及多结点更新数据提供较好的查询效率和性能。

4.4.3 定义及维护索引

1. 定义索引对象

认真分析数据查询需求,如果应用系统很多时候会按某列查询,例如,按照客户姓名查询这个客户订单信息及已经处理的订单等信息,在客户表的 CName 列定义索引将会更快地检索出需要的信息。定义索引的语法如下:

```
CREATE [CLUSTER] INDEX 索引名
  ON 表名 (列名 1,列名 2,…);
```

例 4.1 在订单表的 CName 列定义索引:

```
CREATE INDEX  client_i_cname
  on  client(cname);
```

该命令提交后,Oracle 系统将自动生成并维护一个 B^+ 树索引数据结构。

Oracle 支持下列三种类型的索引结构:

（1）B$^+$树索引（自动为关系表上定义的主码约束和唯一完整性约束建立并维护 B$^+$ 树结构）。

（2）哈希（hash）索引。

（3）位图索引。

位图索引多被用于 Oracle 的数据仓库环境中。

2．删除索引

删除一个索引的语法为：

```
DROP INDEX 索引名;
```

例 4.2　删除订单表 cname 列定义的索引名 client_i_cname：

```
DROP INDEX client_i_cname;
```

4.4.4　定义及维护聚集

聚集是一种数据库对象，这种对象把具有相同键值（公共列值）的行物理上存放在一起以提高相关表查询的速度。如查询一个系教师的信息（输出：部门名，平均工资），查询数学系教师授课评价信息（输出：教师名，课程名，授课评价）。这类应用的特点是查询需要的信息存储在多张表中，如果为此类频繁进行相关（连接）操作的表建立一个聚集，把多张表中的数据物理上存放在一起，将能够大大地改善系统的性能。在 Oracle 数据库中建立聚集的步骤及实例如下：

1．建立聚集对象

建立聚集的语法为：

```
CREATE CLUSTER 聚集名 (聚集键名 类型);
[TABLESPACE 表空间名]
[STORAGE (申请存储空间定义语句)];
```

例 4.3　定义一个聚集对象，其名为 clu1，聚集键（码）为 dno：

```
CREATE CLUSTER clu1(dno number(2));
```

2．定义聚集表

例 4.4　把关系表 dep 建立在聚集 clu1 中：

```
CREATE TABLE dep
(dno number(2) primary key,
check(dno between 10 and 80),
dname varchar2(30) unique,
tel   char(8),
director number(4))
cluster clu1(dno);
```

例 4.5　把关系表 teacher 建立在聚集 clu1 中：

```
CREATE TABLE  teacher (
```

```
tno number(4) primary key,
tname varchar2(10) not null,
title varchar2(10),
hiredate date default sysdate,
sal number(4),
bonus number(4),
mgr number(4),
dno number(2) references dep(dno) on delete cascade)
cluster clu1(dno);
```

3. 建立聚集索引

例 4.6　为聚集 clu1 建立一个索引,其名为 clu1_idx:

```
CREATE INDEX  clu1_idx  on  cluster clu1;
```

4. 删除聚集

删除聚集的语法为:

```
DROP CLUSTER 聚集名;
```

例 4.7　删除名为 clu1 的聚集:

```
DROP CLUSTER clu1;
```

4.5　实现与维护

　　数据库实现与维护的工作通常分为两个阶段进行。第一阶段的工作重点是建库,其主要任务是根据数据库逻辑设计和物理设计的结果,在计算机系统上建立实际的数据库,建库内容主要包括:

1. 定义数据库结构

　　用数据定义语言(DDL)依次定义每个关系表的结构,获得数据库的概念模式及总体框架结构。

2. 装入数据、测试及评价数据库的性能

　　装入测试数据对数据的正确性、完整性、一致性及安全性进行测试,在对数据库性能进行初步测试及改进的基础上,依次装入或导入数据。如果导入的数据来源不同,还需要对数据进行一定的筛选、转换及相应的前期处理以后把数据装入数据库。对于需要人工录入的纸介数据,可通过可视化的图形用户界面由相关的人员逐行录入到数据库中。

　　对于数据量大的中、大型系统,数据装载非常耗时费力,一般不需要等待所有的数据都入库后才开始试运行,而只需先装载少量的数据,直到试运行的结果符合设计要求后,再批量装入全部数据。

3. 试运行

　　试运行阶段的主要任务是对系统的功能及性能进行全面测试和评价,找出系统的不足,加以完善。

　　首先是功能测试。功能测试的工作从单个程序模块的调试及测试开始,逐个提交程序

对数据库进行操作,判断执行结果是否满足设计要求。在模块测试的基础上进行集成调试及测试,评价目标系统是否满足使用要求。

在功能测试的基础上对目标系统的性能进行综合测试。性能测试的工作包括数据库响应时间的测试、应用程序的容错性、可移植性等。

经过试运行阶段程序模块的纠错和关系模式及数据库的优化工作后,数据库系统就可以真正投入运行了,这标志着应用系统的开发工作基本结束,数据库应用系统进入运行维护阶段。

为了保证数据库系统正确、有效、安全、可靠地运行,数据库管理员需要做好下列工作:

1. 收集需求

注意聆听和收集业务部门对目标系统的建议及意见。这些建议和意见有些可能是目标系统原来在设计和实现方面不够完善,在实际的运行中逐步显露出来的问题,还有一些是由于机构调整,业务变更对目标系统提出的新需求,数据库管理员对于这些需求要予以重视,视具体情况对目标系统进行改进和完善。对于个别需求变动较大,经过改进不能达到使用要求或性能的应用程序,可考虑重新设计关系模式和相应的应用程序。

2. 定期后备数据

为了保证数据库可靠地运行,数据库管理员需根据系统实际运行的情况制定合理的转储计划,定期对数据库和日志文件进行备份,保证在数据库出现故障时能够快速把数据库恢复到正常状态。

3. 维护数据库的安全性

数据库管理员可根据用户使用数据库的情况,调整安全模式,对用户的权限进行管理。对于安全性要求较高的应用系统,还可以启用审计功能对用户的口令及操作进行跟踪,必要时还可通过行政手段制定管理规范,维护数据库的安全性。

4. 监控数据库运行

经常监控数据库系统的运行,观察分析数据库的动态变化情况,及时发现及解决各种问题,必要时可通过数据库的重组和重构,如调整磁盘分区和存储空间,重新安排数据的存储,整理回收碎块来解决性能方面的问题。

4.6　关系数据库设计理论

关系数据库设计理论利用一个关系内部属性之间的依赖关系,判断一个关系模式属性组成的合理性,以此评价和鉴别一个关系表性能的优劣。其主要基础是函数依赖理论和规范化理论,是数据库逻辑设计的指南。

4.6.1　基本概念

1. 函数依赖

设 R(U) 为一关系模式,X、Y 为属性全集 U 的子集,若对于 R(U) 的任意一个可能的关系 r,r 中不可能存在两个元组在 X 上的属性值相等,而在 Y 上的属性值不等,则称"X 函数决定 Y",或称"Y 函数依赖于 X",记做: $X \rightarrow Y$。

根据函数依赖的定义,分析仓储管理系统的客户关系模式:

```
Client(ClientID,CName,Professional,Tel,IdentityCard)
```

可知给定一个客户编号,就可以唯一确定一个客户姓名,客户关系模式中存在函数依赖:

```
ClientID→CName
```

根据这个关系模式,数据之间存在的依赖关系还可以列出下述函数依赖,如 ClientID → Professional、ClientID → Tel、ClientID → IdentityCard、IdentityCard → ClientID 等。

分析和考察上面列出的函数依赖,可知这里讨论的函数关系与数学上的函数关系是不同的,这里讨论的函数关系是一种语义范畴的概念,不能计算。它表达了现实世界中数据项之间存在的语义关联,其语义由客观事物的属性特征以及相关的业务规则决定,并且通过分类、抽象、归纳、分析得出的结果。

2. 完全与部分函数依赖

对于关系模式 $R(U)$,如果 $X{\rightarrow}Y$ 成立,并且对 X 的任何真子集 X'都有 $X'{\nrightarrow}Y$,则称 Y 对 X 是完全函数依赖,记做:

$$X \xrightarrow{\ f\ } Y$$

若 $X{\rightarrow}Y$,但 Y 不完全函数依赖于 X,则称 Y 对 X 是部分函数依赖,记做:

$$X \xrightarrow{\ p\ } Y$$

换句话说,部分函数依赖指在属性 X 中至少存在着一个真子集 X',有

$$X' \rightarrow Y$$

设仓储管理系统的 Client1 客户关系模式为:

```
Client1(ClientID,CName,Professional,Tel,IdentityCard,GoodsID,GoodsName,
ProducionDate,OrdQTY,GoodsClassID,GoodsClassName)
```

根据数据之间的依赖:一名客户可以购买多种商品,一种商品可以由多名客户购买,可知在关系 Client1 中存在函数依赖:

```
(ClientID,GoodsID)→OrdQTY
(ClientID,GoodsID)→CName
ClientID→CName
```

即客户编号,商品编号能够唯一确定购买数量,购买数量属性完全函数依赖于客户编号和商品编号。然而,由 ClientID→CName 可知,从 Client1 关系中任取一个客户编号 ClientID 值都有一个确定的客户名 CName 与之对应。客户名 CName 对属性组客户编号和商品编号(ClientID,GoodsID)是部分函数依赖,表示为:

```
(ClientID,GoodsID) ──p──→ Cname
```

3. 传递函数依赖

若关系模式 $R(U)$ 中,有 $X \rightarrow Y$,$(Y \notin X)$,$Y \nrightarrow X$,$Y \rightarrow Z$,则称 Z 对 X 传递函数依赖。

根据传递函数依赖的定义考察关系模式 Client1,可知其中存在传递函数依赖:

```
(ClientID,GoodsID)→GoodsClassID, GoodsClassID→GoodsClassName
```

即商品类别名 GoodsClassName 传递依赖于属性组(ClientID,GoodsID)。

4. 平凡函数依赖

若 X→Y,但 Y 属于 X(Y∈X),则称 X→Y 是平凡函数依赖,即仅当其右边的属性集是左边属性集的子集时,为平凡函数依赖。例如:

```
(ClientID,GoodsID)→GoodsID
```

5. 非平凡函数依赖

仅当其右边属性集中至少有一个属性不属于左边的集合时,为非平凡函数依赖。例如:

```
(ClientID,GoodsID)→GoodsID,ProducionDate
```

6. 完全非平凡函数依赖

仅当其右边集合中的属性都不在左边的集合中时,为完全非平凡函数依赖。例如:

```
(ClientID,GoodsID)→ProducionDate
```

7. 码或主码

在关系模式 R(U)中,K 为 R 的属性或属性组,若满足:

$K \xrightarrow{f} A_1 \cdot A_2 \cdot \cdots \cdot A_n$,则 K 为关系模式 R 的候选码。包含在候选码中的属性称为主属性,而不含在候选码中的属性称为非主属性。

根据码的定义,在客户关系 Client1 中有:

$$(ClientID,GoodsID) \xrightarrow{f} CName \cdot Professional \cdot Tel \cdot IdentityCard \cdot GoodsName \cdot$$
$$ProducionDate \cdot OrdQTY \cdot GoodsClassID \cdot GoodsClassName$$

在客户关系 Client1 中还有:

$$(IdentityCard,GoodsID) \xrightarrow{f} CName \cdot Professional \cdot Tel \cdot ClientID \cdot GoodsName \cdot$$
$$ProducionDate \cdot OrdQTY \cdot GoodsClassID \cdot GoodsClassName$$

因为 Client1 中有两个候选码,分别是(ClientID,GoodsID)和(IdentityCard,GoodsID),可以选择其中一个,如(ClientID,GoodsID)作为关系 Client1 的主码(或码)。

值得注意的是,关系的码属性除了必须完全函数决定关系中所有其他属性外,还必须满足最小性规则,即在关系模式 R(U)中,不存在一个 K 的真子集,能够函数决定 R 的其他属性。

8. 函数依赖推理规则

对于关系模式的函数依赖,有一套推理规则,称为 Armstrong 公理。利用该推理规则,由一组已知函数依赖可推导出关系模式的其他函数依赖。

设 U 为关系模式 R 上的属性全集,F 为 U 上的一组函数依赖,对于关系模式 R(U,F),有下列推理规则:

（1）自反律。

若 $Y\subseteq X\subseteq U$，则 $X\rightarrow Y$ 成立。

（2）增广律。

若 $X\rightarrow Y$，且 $Z\subseteq U$，则 $XZ\rightarrow YZ$ 成立。

（3）传递律。

若 $X\rightarrow Y,Y\rightarrow Z$，则 $X\rightarrow Z$ 成立。

（4）合并规则。

若 $X\rightarrow Y,X\rightarrow Z$ 成立，则 $X\rightarrow YZ$ 也成立。

（5）分解规则。

若 $X\rightarrow Y$ 和 $Z\subseteq Y$ 成立，则 $X\rightarrow Z$ 也成立。

（6）伪传递规则。

若 $X\rightarrow Y,YW\rightarrow Z$，则 $XW\rightarrow Z$。

从合并规则和分解规则可得到一个重要的结论：

如果 $A_1\cdots A_n$ 是关系模式 R 的属性集，那么 $X\rightarrow A_1\cdots A_n$ 成立的充分必要条件是 $X\rightarrow A_i$ 成立，$i=1,2,\cdots,n$。

实际上，根据已有的函数依赖 F，利用推理规则导出其全部的函数依赖是比较困难的而且是低效的，为了方便地判断某属性（或属性组）能够函数决定哪些属性，可利用属性集闭包的概念断定。

9. 属性集闭包

设 F 是属性集 U 上的函数依赖集，X 为 U 的一个子集。那么对于 F，属性集 X 关于 F 的闭包（用 X^+ 表示）为：

$$X^+=\{A\mid X\rightarrow A \text{ 能够由 F 根据 Armstrong 公理导出}\}$$

由属性集闭包的定义可知，若知函数依赖 $X\rightarrow Y$ 是否成立，只要计算 X 关于函数依赖集 F 的闭包，若 Y 是 X 闭包中的一个元素，则 $X\rightarrow Y$ 成立。

下面是根据一个给定属性 X，计算 X^+ 的算法，其迭代步骤如下：

（1）选 X 作为闭包 X^+ 的初值 $X^{(0)}$。

（2）由 $X^{(i)}$ 计算 $X^{(i+1)}$ 时，它是由 $X^{(i)}$ 并上属性集合 A 所组成，其中 A 满足下列条件：$Y\subseteq X^{(i)}$，且 F 中存在函数依赖 $Y\rightarrow Z$，而 $A\subseteq Z$。

因为 U 是有穷的，所以上述过程经过有限步后，会达到 $X^{(i)}=X^{(i+1)}$，此时 $X^{(i)}$ 为所求的 X^+。

可用此计算 X^+ 的算法来确定关系模式 R(U,F) 的码。

例 4.8 已知关系模式 R，其属性集为（A，B，C，D，E，F），满足函数依赖

F={A→B, B→D, A→F, CD→E}

给出 R 的码：

设关系的码为 AC，根据上面的算法设 $X^{(0)}=AC$，计算 $X^{(1)}$：

（1）在 F 中找其左边是 A 或 C 或 AC 组合的函数依赖，有：

A→B, A→F, 所以 $X^{(1)}=AC\bigcup BF=ABCF$

（2）计算 X$^{(2)}$：

在 F 中找左边是 ABCF 组合的函数依赖，有：B→D

所以 X$^{(2)}$＝ABCF∪D＝ABCDF

（3）计算 X$^{(3)}$：

在 F 中找左边是 ABCDF 组合的函数依赖，有：CD→E

所以 X$^{(3)}$＝ABCDF∪E＝ABCDEF

因为(AC)$^+$＝ABCDEF（为 R 的属性全集），根据码的定义，AC 是关系的码。

4.6.2　规范化设计方法

关系数据库之父 Edgar Frank Codd 在 1971 年至 1972 年系统地提出了第一范式（1NF）、第二范式（2NF）和第三范式（3NF）的概念。1974 年，Codd 和 Boyce 共同提出 BCNF 范式，作为第三范式的改进，以后又有人提出了 4NF 和 5NF。这些范式作为评价一个关系模式优劣的标准，被广泛地应用在关系数据库的逻辑设计中。

规范化设计指将一个低级别的关系模式按照范式满足的条件进行分解达到更高级别范式的过程。

下面介绍范式的概念以及规范化设计方法。

1. 第一范式（First Normal Form，1NF）

设有关系模式 R(U,F)，U 为 R 的属性全集，F 为属性集 U 上的函数依赖集。如果 R 的每一个属性值都是不可分的原子项，则此关系模式为第一范式。

第一范式对关系增加了一个约束，即关系中元组对应的每个属性都只能取一个值。第一范式是对关系模式的基本要求，不满足第一范式的数据库就不是关系数据库。

根据 1NF 的定义，分析关系模式：

```
Client1(ClientID,CName,Professional,Tel,IdentityCard,GoodsID,GoodsName,
ProducionDate,OrdQTY,GoodsClassID,GoodsClassName)
```

可知 Client1 是第一范式。

2. 第二范式（Second Normal Form，2NF）

若关系模式 R 是 1NF，且每个非主属性完全函数依赖于码，则称 R 为第二范式。也就是说，在 2NF 的关系中，不存在非主属性对码的部分函数依赖。

因为 Client1 关系中存在函数依赖：

```
(ClientID,GoodsID)→CName
ClientID→CName
```

由 2NF 的定义可知，Client1 不是第二范式的关系。

当关系 R 是 1NF 而不是 2NF 时，仍存在下列问题：

（1）数据冗余。如某客户购买了多种商品，他的基本信息：客户号、姓名、职业、电话、身份证号会重复存储多次，买的商品越多，其重复存储越严重。而且这种冗余还可能引起修改异常，例如姓名变了，重复出现的内容都得修改，否则会出现同一个客户姓名不一致的情况。

（2）插入异常。当客户没有购物时，因 Client1 关系的主码是（ClientID，GoodsID），而 GoodsID 为空，该客户的基本信息由于商品编号为空，违反了主码约束（唯一、不空规则）不能被插入到 Client1 中。

（3）删除异常。当某客户退了其购买的全部商品时，由于码不能空，所有有关这个客户的信息将丢失。

要消除上述问题，需要分解 Client1，使其满足更高级别范式的要求，即关系的规范化。

经分析可知，Client1 中有下列函数依赖：

（1）对主码的完全函数依赖有：

(ClientID,GoodsID)→OrdQTY

（2）对主码的部分函数依赖有：

(ClientID,GoodsID)$\xrightarrow{\;P\;}$CName • Professional • Tel • IdentityCard

(ClientID,GoodsID)$\xrightarrow{\;P\;}$GoodsName • ProducionDate • GoodsClassID • GoodsClassName

将它们分别组成下面的关系：

Client_order(ClientID,GoodsID,OrdQTY)
Client(ClientID,Cname,Professional,Tel,IdentityCard)
Goods(GoodsID,GoodsName,ProducionDate,GoodsClassID,GoodsClassName)

由定义可知，这三个关系满足 2NF。

第二范式实际上对关系增加了一个约束，就是关系中的每一个属性必须完全依赖于主码。换句话说，就是在第一范式的基础上，消除非主属性对主码的部分函数依赖可达到 2NF。

3. 第三范式（Third Normal Form，3NF）

若关系模式 R 为第一范式，且不存在非主属性对主码的传递函数依赖，则称 R 为第三范式。

因为在关系模式 Goods 中可以找到下列传递函数依赖：

GoodsID→GoodsClassID, GoodsClassID→GoodsClassName

所以商品 Goods 不是第三范式，不是 3NF 的关系，仍存在多种操作问题。例如，仓储系统购进 150 种服装，其商品类别号 GoodsClassID 和商品类别名 GoodsClassName 就会分别重复存储 150 次。同样，这个货场如果购进 1000 种食品，其 GoodsClassID 和 GoodsClassName 会分别重复存储 1000 次。由数据冗余引起的插入、修改、删除数据的异常操作依然存在。需要对关系做进一步分解，以消除传递函数依赖。

将商品关系 Goods 中对主码的直接数据依赖和传递数据依赖分别列出：

（1）直接数据依赖有：

GoodsID→GoodsName • ProducionDate • GoodsClassID

（2）传递数据依赖有：

GoodsClassID→GoodsClassName

将它们分别组成关系：

```
Goods(GoodsID,GoodsName,ProducionDate,GoodsClassID)
GoodsClass(GoodsClassID,GoodsClassName)
```

将原商品 Goods 关系模式分解为商品和商品类别两个关系，分解后的关系都满足 3NF。

第三范式是在第二范式的基础上对关系又增加了一个约束，就是关系中的每一个非主属性必须只依赖于主码。换句话说，就是在第二范式的基础上，消除非主属性对主码的传递函数依赖可达到 3NF。

4. 改进的第三范式（Boyce-Codd Normal Form，BCNF）

如果关系模式 R 是 1NF，且每个属性（包括主属性）既不存在部分也不存在传递函数依赖于候选码，则称 R 是 BCNF 范式。

换句话说，当且仅当一条记录（关系元组），每个非平凡函数依赖的决定方（左部）都是候选码。

设有关系模式 Shoping_Goods(ClientID,GoodsID,ProviderID)。

数据间存在约束：一个供应商只提供一种商品，而每种商品有多个供应商供应。供应商和商品之间存在下面的函数依赖：

```
ProviderID→GoodsID
```

由于客户在选购商品的时候就选择了这个商品的供应商，且一名客户可以购买多种商品，每一种商品可以由多名客户购买，由此可知，Shoping_Goods 关系中还存在函数依赖：

```
(ClientID,GoodsID)→ProviderID
```

分析关系 Shoping_Goods 会发现这个关系有两个候选码：

```
(ClientID,GoodsID)
```

和

```
(ClientID,ProviderID)
```

因为在这个关系中存在主属性 GoodsID 对候选码 ClientID·ProviderID 的部分函数依赖，根据 BCNF 的定义，关系 Shoping_Goods 不是 BCNF 范式。

分解为 BCNF 的关系为：

```
Shoping_Goods1(ClientID,GoodsID)
Shoping_Goods2(GoodsID,ProviderID)
```

5. 多值依赖与 4NF

（1）多值依赖（Multivalued Dependency）：表示关系中属性（例如 A，B，C）之间的依赖。对于 A 的每个值，都存在一个 B 或者 C 的值的集合，而且 B 和 C 的值是相互独立的。记为：

```
A->>B、A->>C
```

设有关系模式：

```
Client_Goods_Supply(ClientID,GoodsID,ProviderID)
```

数据之间存在约束：

一个供应商可以供应多种商品；

一种商品可以有多个供应商供应；

一名顾客可以选购多个供应商供应的商品。

这个关系模式的属性之间有如下特点：

① 属性 GoodsID 和 ClientID 之间存在着依赖关系，属性 GoodsID 和 ProviderID 之间也存在着依赖关系，但都不是函数依赖。因 GoodsID 确定以后就有一组 ClientID 与之相对应，同样地，当 GoodsID 确定之后，也有一组供应商与之对应。所以两个都是多值依赖关系，即：

```
GoodsID→→ClientID
GoodsID→→ProviderID
```

② 属性 ClientID 和 ProviderID 之间的关系，是由 GoodsID 间接联系起来的。

③ 试图把两个或多个多对多的联系放在同一个关系中，也会产生一定程度的数据冗余。

(2) 第四范式（Forth Normal Form，4NF）。

如果关系模式 $R \in 1NF$，对于 R 的每个非平凡的多值依赖 $X \twoheadrightarrow Y (Y \notin X)$，X 含有候选码，则 R 是第四范式（$R \in 4NF$）。

换句话说，从 BCNF 范式的关系中消除主码内的独立依赖集可达 4NF。

分析关系 Client_Goods_Supply，可知这个关系的候选码是（ClientID，GoodsID，ProviderID），它属于 BCNF。但是存在两个多值依赖：

```
GoodsID→→ClientID
GoodsID→→ProviderID
```

都是非平凡多值依赖，且其决定因素不含码，而只是码的一部分，所以 Client_Goods_Supply 不满足 4NF。消除其主码内的独立依赖集（多值依赖）可得到满足 4NF 的两个关系如下：

```
Client_Goods_Supply1(GoodsID,ClientID)
Client_Goods_Supply2(GoodsID,ProviderID)
```

把一个关系分解成 4NF 可以防止关系中出现非平凡多值依赖以及由于非平凡多值依赖带来的数据冗余，因此 4NF 是一种比 BCNF 更强的范式。从一个 BCNF 规范化到 4NF，需要消除关系中的非平凡多值依赖（或独立依赖集）。

6. 连接依赖与 5NF

(1) 连接依赖（Join Dependencies）。

设 R 是一个关系模式，R 的属性子集为 R_1、R_2、R_3、R_4、R_5、R_6、R_7…，当且仅当 R 的每个合法值都等于 R_1、R_2、R_3、R_4、R_5、R_6、R_7…的投影连接时，称 R 满足连接依赖。

(2) 第五范式（Fifth Normal Form，5NF）。

设 R 是一个满足第五范式的关系模式，当且仅当 R 的每一个非平凡连接依赖都被 R 的候选码所蕴含。

换句话说,就是从 4NF 中消除非候选码所蕴含的连接依赖为 5NF。

范式定义了一个关系模式满足的条件,范式的级别越高,关系模式满足的条件越多,也说明关系模式规范化的程度越高。然而,数据库规范化的程度越高,其关系表的数量就越多,这又会增加表之间连接运算的代价。尤其是当参与连接的多个表中数据量都很大时,系统的开销会很大。在工程应用中,关系模式的规范化工作一般仅做到 3NF。大量的实践也证实,一个关系分解到 3NF 时,关系中不合理的属性基本消除,数据库有较好的性能。

在有些应用中,为了提高系统的整体性能,设计者也会把一些连接操作频繁、但更新操作不多的多张关系表合并成一张关系表,即关系模式去规范化。究竟是否需要合并频繁进行连接操作的关系表,要视具体情况,且同时要考虑维护数据一致性的代价。

本章介绍了数据库设计的 5 个阶段:需求分析、概念设计、逻辑设计、物理设计、实现,以及各阶段的工作内容和具体做法。需求分析阶段的主要任务是对现行系统进行调查分析,在对需求充分理解的基础上,用功能建模方法构造和描述待建系统的目标、功能、性能、数据范围和相关约束,为数据库设计其他阶段的工作奠定基础;概念设计的任务是理解和获取应用领域中的数据需求,用数据建模工具,分类抽象、归纳分析出应用系统的数据模型,并描述数据的使用要求,包括数据的安全性与完整性要求;逻辑设计的目标是得到实际的数据库管理系统可处理的数据库模式,且数据结构合理,数据之间不存在不合理的数据依赖关系;物理设计的目标是为模式确定合理、有效的物理组织及存储方式,以提高数据库的存取速度及综合性能;实现阶段的任务是根据数据库逻辑设计和物理设计的结果,在计算机系统上建立实际的数据库,对系统的功能及性能进行全面测试和评价,找出设计的不足,加以完善,以保证数据库系统正确、有效、安全、可靠地运行。

1. 简述数据库设计的概念与步骤。

2. 简述下列概念:

函数依赖、完全函数依赖、传递函数依赖、平凡与非平凡函数依赖、属性集闭包、候选码、主属性、多值函数依赖、1NF、2NF、3NF、BCNF、4NF、5NF。

3. 如何获取需求? 获取需求一般采用哪些方法?

4. 结构化分析及建模方法有哪些优点?

5. 简述 DFD 建模方法与 ER 建模方法的不同。

6. 简述需求分析的目标与步骤。

7. 简述数据库概念设计的目标与步骤。

8. 什么是索引? 什么情况下需要在表上建立索引?

9. 什么是试运行? 试运行阶段的主要任务是什么?

10. 为什么要对关系模式进行规范化? 没有规范化的关系模式会存在什么问题?

11. 设某工程项目管理系统有下列需求:

(1) 该系统涉及的信息有:工程人员、工程项目、供应商、零件,其中工程人员信息有:人员编号、姓名、性别、特长、聘用日期;工程项目信息有:项目号、项目名称、开工时间、完成时间、经费、负责人;供应商信息有:供应商号、供应商名、信誉、所在城市、电话;零件信息有:零件号、零件名称、单价、生产日期。

以上数据之间存在下列约束:

一个工程项目有多名工程人员参加,一名工程人员可参加多个工程项目;

一个供应商为多个工程项目供应零件;每个零件由多个供应商提供用于多个工程项目;每个工程项目使用多个供应商供应的零件。

（2）该系统有下列查询要求：

① 查询某供应商所在城市、电话及信誉。

② 查询为某工程项目供应零件的供应商信息。

③ 查询为某工程项目供应某种零件的供应商信息、供应零件的时间和数量。

④ 查询某工程人员的直接领导的信息。

请根据以上需求设计这个应用系统的概念模型，设计结果用 ER 图表示，并把 ER 模型转换成满足 3NF 的关系模式。

12. 某图书销售系统将涉及下列信息：出版社信息、图书信息、图书作者、客户信息。数据之间存在下列约束：

一个出版社可以出版多本图书，一本图书只能由一个出版社出版；

一本图书可以由多个客户购买，每个客户可以购买多本图书；

一名作者可以撰写多本图书，每本图书仅有一位第一作者，且系统只登记第一作者的信息；

这个数据库至少支持下列的查询要求：

① 能够查询出版社的名称、电话、所在城市、总负责人。

② 能够查询图书的书号、图书名、出版时间、出版社的信息。

③ 能够查询第一作者姓名、性别、职业、曾经撰写的图书、出版时间及出版社的信息。

④ 能够查询客户的姓名、性别、联系方式、职业、兴趣、所购图书名、购书时间及购书数量。

请根据以上需求设计图书销售系统的概念模型，设计结果用 ER 图表示，并把 ER 模型转换成满足 3NF 的关系模式。

第 5 章　数据库存储技术

　　数据库中的数据是以文件形式存储在计算机的存储介质（磁盘）上的，当文件存储在磁盘上时，组织文件中记录的方法与物理存储结构的差异对数据库的查询、更新操作及性能会产生很大的影响。

　　本章首先介绍磁盘的基本构造，然后逐步深入到数据库文件的结构、页结构，以及文件中数据记录的组织与结构等，最后详细介绍数据库的索引技术以及对查询类型的支持。

5.1　物理存储介质

5.1.1　三级存储体系

　　Smith 等人在 1982 年对高速缓冲存储器，即 CACHE 做出了详细的描述和分析。而关于磁盘技术的详细讨论，是由 Harker 和 Freedman 分别在 1981 年和 1983 年做出的。Ammon 等人在 1985 年讨论了高速大容量自动光盘机系统。

　　计算机的三级存储体系结构如图 5.1 所示。

　　需要说明的是，在图 5.1 中，从下到上存储介质的成本越来越高，但速度也越来越快；而从上到下存储介质的容量越来越大，而且存储的易失性也越来越不容易。在这里，存储的易失性是指当存储介质处于不加电状态时，已经存储在介质上的内容是否容易丢失。除了磁带是顺序存取介质以外，其他所有的介质都是随机存取介质。一般来说，第三级存储介质多用于脱机（off-line）的情况，而第一级和第二极存储介质多用于联机（on-line）的情况。

5.1.2　磁盘

1. 基本术语

如图 5.2 所示，现在把有关磁盘的基本术语介绍如下。

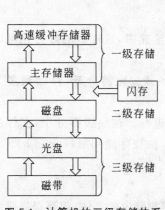

图 5.1　计算机的三级存储体系

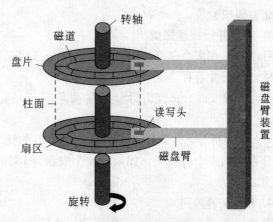

图 5.2　磁盘结构

(1) 磁道：盘片的表面被逻辑地划分为磁道。

(2) 扇区：磁道又被逻辑地划分为扇区，扇区是从磁盘读出和写入信息的最小单位，通常大小为 512B。

2. 磁盘质量的度量标准

磁盘质量的主要度量标准是：

(1) 磁盘的容量。

(2) 磁盘的存取时间：即从发出读写请求到数据开始传输之间的时间。一般来说：存取时间＝寻道时间＋旋转等待时间。

(3) 数据传输率：是指从磁盘获得数据或者向磁盘存储数据的速率。

(4) 磁盘的可靠性。

3. 磁盘的块存取

磁盘的 I/O 请求指定了要存取的磁盘地址，这个地址是以块号的形式提供的。块是一个盘片的一条磁道内几个连续的扇区构成的序列。这里的块也称物理块，一般简称块。数据在磁盘和主存储器之间以块为单位传输，文件系统管理器的底层将块地址转换成硬件层的柱面号、盘面号和扇区号。

5.1.3 RAID

1. RAID 的目的

由于经济的原因，RAID 在当初是 Redundant Arrays of Inexpensive Disks 的缩写，中文称为"廉价磁盘冗余阵列"。现在为了更高的可靠性和更高的数据传输率，RAID 已经变成了 Redundant Arrays of Independent Disks 的缩写，中文称为"独立磁盘冗余阵列"。使用 RAID 的目的主要是为了解决磁盘的性能（数据传输率）和可靠性问题。

2. 通过冗余提高可靠性

引入冗余是解决可靠性问题的有效方法，即存储一些通常情况下不需要的额外信息，但这些信息可在磁盘发生故障时用于重建丢失的信息。实现冗余最简单（但最昂贵）的方法是复制每一个磁盘，这种技术称为磁盘镜像或影像。对于磁盘镜像来说，一个逻辑上的磁盘由两个物理磁盘组成，并且每一个写操作都要在两个磁盘上执行。实现冗余的第二种方法就是存储奇偶校验位。

3. 通过并行提高性能

可以通过在多个磁盘上对数据进行拆分来提高数据传输速率，这样做的好处是可以对多个磁盘进行并行存取。

(1) 比特级拆分：数据拆分的最简单形式是将每个字节按比特分开，存储到多个磁盘上。

(2) 块级拆分：拆分并不一定非要在字节的比特级上进行。在块级拆分中，文件的块被拆分存储到多个磁盘上。如果有 n 个磁盘，则文件的第 i 块被存储到第 $(i \bmod n)+1$ 个磁盘上。

4. RAID 的级别

要想提高磁盘的可靠性，可以采用磁盘镜像和存储奇偶校验位的方法；而要提高磁盘的性能，可以采用拆分的方法。这样，镜像、拆分和奇偶校验就构成了 RAID 的不同级别，如

图 5.3 所示。

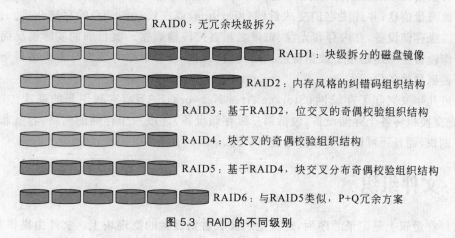

图 5.3　RAID 的不同级别

需要说明的是,图 5.3 中的所有情况都存储了总量为 4 个磁盘的数据,其中浅色圆柱表示存储的数据,深色圆柱表示数据的第二个拷贝,其他圆柱表示存储的纠错信息,即奇偶校验。

由于 RAID2 和 RAID4 被 RAID3 和 RAID5 所包容,所以一般只需要在 RAID0、RAID1、RAID3、RAID5 和 RAID6 之间做出选择即可:

(1) RAID0:用于可以容忍数据丢失的高性能应用中。

(2) RAID1:广泛用于存储类似数据库系统日志文件的应用中,因为它提供了最好的写性能,同时又保证可靠性。

(3) RAID3:用于存储大量数据,并提供高的数据传输率。

(4) RAID5:用于存储大量数据,且随机读的效率更高。大多数数据库系统都属于这种情况。

(5) RAID6:提供比 RAID5 更高的可靠性,但很多 RAID 实现不支持 RAID6。

以前 RAID 对硬件的要求比较高,只有 SCSI 接口的 RAID 卡,现在市场上已经出现了许多针对 IDE 接口硬盘的 RAID 卡,价钱也不是很高,读者可以买来感觉一下 RAID 的优点。

5.1.4　第三级存储

当前,硬盘的容量越来越大,速度越来越快,但还是赶不上数据量的增长速度。磁带是相对便宜的存储设备,并能存储非常大容量的数据。它们用于归档存储是一个好的选择,即当需要长时间保留数据而又不经常访问这些数据时,使用磁带归档这些数据。Quantum DLT4000 机是典型的磁带设备,每盘磁带能存储 20GB 的数据,并通过压缩形式存储两倍的数据量。磁带在 128 个磁带道上记录数据,磁带道可以被认为是相邻字节的线性序列。磁带还支持非压缩数据的 1.5MB/s 的匀速传输率(对压缩数据典型的是 3.0MB/s)。单个 DLT4000 磁带机能用于访问以堆栈型配置的 7 盘磁带,最大的压缩数据容量达 280GB。由于数据量的急剧膨胀,现在还有一部分人在研究如何将磁带作为联机的三级存储设备的问题。

光盘和磁带主要用于备份数据和归档数据,因此它们一般都是离线(off-line)的存储介质。随着数据的不断膨胀,数据越来越多,我们称之为海量信息。于是就想到用光盘塔和磁带库存储海量信息,并且使它们变成近线(near-line)或在线(on-line)的存储介质。也就是说跨过二级存储设备,在内存和光盘、磁带之间直接传输数据。就目前的实际情况而言,第三级存储设备主要还是用于数据备份。用光盘和磁带备份数据时要充分考虑备份策略,同时还要做到异地备份。

最近几年又兴起了存域网(Storage Area Network,SAN),它利用光的高速传输的特点,用光交换机将各个存储设备(包括第三级存储设备)连成一个存储的网络,容量非常大,速度特别快,而且还可以非常容易地进行扩充。

5.2 文件组织

文件在逻辑上是记录的序列,这些记录被映射到磁盘的物理块上。文件由操作系统作为一种基本的数据结构提供,假定作为基础的文件系统是存在的。将数据库映射到文件的方法有两种:

(1) 定长记录法:使用多个文件,每个文件只存储同样长度的记录。

(2) 变长记录法:使用一个文件,使之能够容纳不同长度的记录。

在数据库管理系统(DBMS)中,为什么要研究文件组织呢?对一个 DBMS 来说,首先要搞清楚下面三个问题:

(1) DBMS 中的一个数据库(DB)是由几个操作系统文件构成的?

(2) 在每个文件中记录是如何存储的?即采用定长记录的结构还是采用变长记录的结构?

(3) 在每个文件中记录的逻辑顺序是如何组织的?或者说记录是按什么样的顺序存放的?

5.2.1 定长记录

1. 定长记录文件的问题

首先考虑由有关 student 记录组成的一个文件。该文件中的记录定义如下:

```
type student=record
              student_number: char(10);
              student_name: char(8);
              department_name: char(22);
          end
```

假设每个字符占一个字节,那么一个 student 记录占 40 个字节。存储 student 记录的简单办法就是用文件的前 40 个字节存储第一个记录,接着的 40 个字节存储第二个记录,以此类推,如图 5.4 所示。

这种文件结构的主要问题是:

(1) 删除一条记录比较困难,要么填充被删空间,要么标记被删记录。

(2) 除非块的大小恰好是 40 的倍数,否则记录会跨块存储,如果要恰好访问跨块存储的记录,那么系统将会花费较长的时间,因为它要涉及两次磁盘 I/O。

记录0	s000001	冯蔼妍	计算机系
记录1	s000002	陈国国	计算机系
记录2	s000003	陈国国	计算机系
记录3	s000004	邓婉玲	数学系
记录4	s000005	王小丽	数学系
记录5	s000006	陈舒艺	电子系
记录6	s000007	王小丽	电子系
记录7	s000008	曾卫锋	电子系
记录8	s000009	王小丽	英语系

图 5.4　存储 student 记录的文件

2. 定长记录文件的维护

定长记录文件的维护主要是指如何处理文件中记录的删除与插入，可以采用的策略有以下几种：

（1）删除一条记录时，顺序移动其后的所有记录；而插入一条记录则始终在文件的尾部进行。图 5.5 显示的是删除图 5.4 中的记录 2 之后的文件情况。

记录0	s000001	冯蔼妍	计算机系
记录1	s000002	陈国国	计算机系
记录3	s000004	邓婉玲	数学系
记录4	s000005	王小丽	数学系
记录5	s000006	陈舒艺	电子系
记录6	s000007	王小丽	电子系
记录7	s000008	曾卫锋	电子系
记录8	s000009	王小丽	英语系

图 5.5　删除记录 2 之后的文件一

（2）删除一条记录时，将文件的最后一条记录移动到被删记录的位置即可；而插入一条记录则始终在文件的尾部进行。图 5.6 显示的是删除图 5.4 中的记录 2 之后的文件情况。

记录0	s000001	冯蔼妍	计算机系
记录1	s000002	陈国国	计算机系
记录8	s000009	王小丽	英语系
记录3	s000004	邓婉玲	数学系
记录4	s000005	王小丽	数学系
记录5	s000006	陈舒艺	电子系
记录6	s000007	王小丽	电子系
记录7	s000008	曾卫锋	电子系

图 5.6　删除记录 2 之后的文件二

（3）删除一条记录时，并不着急移动记录，而是将其空间加入空闲记录列表；当要插入记录时，就使用空闲记录列表中的记录空间，如果没有空闲空间就插入到文件的尾部，图 5.7 显示了具有空闲记录列表的 student 记录文件。

需要说明的是，在图 5.7 中，引入了额外的结构：文件头及其指针列，文件头包含该文件的各种信息，指针列用于标记文件中的空闲记录。由于文件中有指针存在，因此在移动记录时就务必要小心，以免由于记录的移动而改变指针引起错误。

文件头				
记录0	s000001	冯蔼妍	计算机系	
记录1				
记录2	s000003	陈国国	计算机系	
记录3	s000004	邓婉玲	数学系	
记录4				
记录5	s000006	陈舒艺	电子系	
记录6				⊥
记录7	s000008	曾卫锋	电子系	
记录8	s000009	王小丽	英语系	

图 5.7　具有空闲记录列表的 student 记录文件

3. 定长记录的数据页结构

如果能够保证数据页上所有记录的长度都相同,记录槽就可以是统一的,并且可以在页内连续地安排记录槽。在任何时候,数据页中总有一些槽被记录占用而另一些槽却未被占用。当在数据页中插入一条记录时,必须找到一个空槽并把记录放入其中。因此,这里主要的问题是如何跟踪空槽以及如何定位数据页上所有的记录。可供选择的方法取决于如何处理记录的删除操作。

第一种可供选择的方法是在前 N 个槽中存放记录(这里 N 是数据页中的记录数)。无论什么时候记录被删除,都把数据页中最后一条记录移到删除后空出的槽里。这种格式可以通过简单的偏移量计算来定位数据页中第 i 个记录,并且所有的空槽都出现在数据页的尾部。然而,如果有外部引用指向被移动的记录,这种机制就不可运转了。

第二种可供选择的方法是通过使用一个位数组来处理删除操作,每个槽对应一位,用于跟踪空闲槽的信息。在数据页中定位记录需要扫描位数组,发现那些对应位为 1 的槽。当记录被删除时,其对应的位就被清为 0。按照上面的讨论,在数据页中存储定长记录有两种方法,如图 5.8 所示。

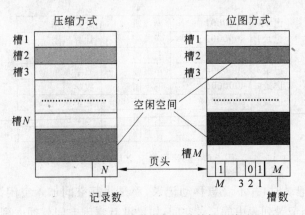

图 5.8　用于定长记录的两种数据页格式

值得注意的是,页里除了包含有关记录的信息外,还常常包括一些文件级的信息,如文件中下一页的 ID 等,图 5.8 中没有显示这部分信息。

5.2.2　变长记录

变长记录是由以下因素引起的：第一，多种记录类型在一个文件中存储；第二，记录类型允许一个或多个字段是变长的；第三，记录类型允许有可重复的字段。举例如下：

```
type course_list=record
     teacher_name: char(22);
     course_info: array[1..∞] of
         record course_name: char(30);
                 course_capacity: int; end end
```

变长记录在文件中的存储方法有以下几种：

1. 字节流表示法

变长记录在文件中的存储方法之一就是采用字节流表示法：即在每个记录的末尾都附加一个特殊的记录终止符号（⊥），或者是在每个记录的开头存储该记录的长度，这样就可以把每个记录作为一个连续的字节流来存储，如图 5.9 所示。

0	陈嘉仁	数据库系统概论	180	⊥				
1	周天华	算法与复杂性理论	120	组合数学	175	数据安全	105	⊥
2	向锋	微积分	195	⊥				
3	王梅	中级英语听力	50	美国文学		⊥		
4	马永生	数据库系统概论	180	⊥				
5	孙月	微电子学	88	⊥				

图 5.9　变长记录的字节流表示

对于图 5.9 来说，值得注意的有以下两点：

(1) 要想重新使用被删除记录曾经占用的空间十分困难，很容易导致磁盘碎片。

(2) 如果一个记录变长了，该记录就必须移动；如果一个记录变短了，就造成磁盘碎片。而移动记录的代价很高。

2. 分槽的页结构

分槽的页结构是基本字节流表示方法的一种改进形式，普遍用于物理块内部的记录组织，如图 5.10 所示，分槽的页结构由三部分组成。

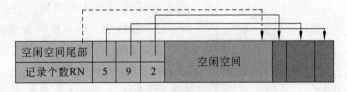

图 5.10　分槽的页结构

(1) 块头部分：块头部分记录了有关这一块的详细信息，包括块中记录个数、块中空闲空间的末尾地址以及描述块中每个记录的大小和位置的数组。

(2) 块尾部分：实际记录从块的尾部开始连续分配存储空间。

(3) 块中部分：块中空闲空间是连续的，处在块头数组的最后一个条目和块尾记录的第一个条目之间，用于为新插入的记录分配空间。

对于分槽的页结构,如何实现记录的插入和删除呢？通常可以采用以下维护策略：

(1) 删除一条记录：该记录所占用的空间被释放,同时块中在被删记录之前的记录都要移动。因此块头的相关部分都要进行修改,而空闲空间还是集中在块中间。

(2) 插入一条记录：在块中空闲空间的尾部给这条记录分配空间,同时修改块头的相关部分。

(3) 记录的增长和缩短：该条记录的末尾地址不变,而在此记录之前的记录都要移动,同时修改块头的相关部分。由于块的大小是有限制的,因此块内能存储的记录个数有限,这样移动记录的代价就不会太高。

其实在 SQL Server 2000 中,数据库的数据文件的存储结构就是分槽的页结构。在 SQL Server 2000 中,数据文件里每个数据页的大小是 8KB,其中页头的 96 个字节用于存储页的结构信息,而记录从 96 个字节之后开始存放。每个记录的第一个字节在页中的位置(相对于页的第一个字节)就是这条记录的偏移量,而记录则从页的尾部开始存放。也就是说,数据都存储在页的中间。同时页尾部的记录偏移量的存放顺序说明了该记录按某个搜索码存放的逻辑顺序。

3. 定长表示法

变长记录的定长表示法是用一个或多个定长记录来表示一个变长记录的方法。由于所采用的策略不同,变长记录的定长表示法又分为以下几种情况。

(1) 保留空间法：假设所有的变长记录都不会超过某个长度,就为每个记录都分配这样长度的空间,具体情况如图 5.11 所示。

0	陈嘉仁	数据库系统概论	180	⊥	⊥	⊥	⊥
1	周天华	算法与复杂性理论	120	组合数学	175	数据安全	105
2	向锋	微积分	195	⊥	⊥	⊥	⊥
3	王梅	中级英语听力	50	美国文学	⊥	⊥	⊥
4	马永生	数据库系统概论	180	⊥	⊥	⊥	⊥
5	孙月	微电子学	88	⊥	⊥	⊥	⊥

图 5.11　保留空间法示意图

对于保留空间法来说,值得注意的是：首先假设是不合理的,既然是变长记录,记录的长度就捉摸不定,如何估计出所有记录的最大长度呢？其次这样的做法浪费了大量的存储空间,在实际应用中不可取。

(2) 指针法：用一系列通过指针链接起来的定长记录来表示一个变长记录,如图 5.12 所示。

注意：变长记录的指针链接法与表示定长记录类似,在这里变长记录变成了一个链表,和保留空间法相比浪费的空间量较少,但引入了额外的结构,即指针列。

0	陈嘉仁	数据库系统概论	180	⊥
1	周天华	算法与复杂性理论	120	
		组合数学	175	
		数据安全	105	⊥
2	向锋	微积分	195	⊥
3	王梅	中级英语听力	50	
		美国文学		⊥
4	马永生	数据库系统概论	180	⊥
5	孙月	微电子学	88	⊥

图 5.12　指针法示意图

(3) 锚块-溢出块表示法：这是指针法的变形。在文件中使用两种不同类型的物理块：锚块和溢出块。其中锚块是包含链表中第一个记录的块；而溢出块是包含链表中除第一个记录以外的其他记录的块。具体情形如图 5.13 所示。

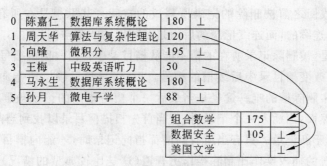

图 5.13　锚块-溢出块表示法示意图

在锚块-溢出块表示法中,文件里包含不同的块,而每个块中的记录都是定长的,所谓的变长记录被表示成将不同块中的记录用指针链接起来的一个链表。

4. 变长记录的数据页结构

如果记录是变长的,就不能把数据页划分成固定槽的集合。问题是当插入一个新记录时,需要找到大小合适的空槽。如果所使用的槽太大,将浪费空间,很明显也不可能使用比记录长度小的槽。因此,当插入记录时,必须为该记录分配大小合适的空间,而当记录被删除时,又必须移动记录来填充由删除操作产生的空洞,以确保数据页中所有的空闲空间是连续的。这样的话,在数据页中移动记录的能力就变得非常重要了。

对变长记录来说,最灵活的组织方式就是为每一页维护一个槽目录,每个槽都具有一个由"记录的偏移量"和"记录的长度"组成的＜记录的偏移量,记录的长度＞对。其中第一部分——记录的偏移量是指向记录的"指针",如图 5.14 所示。它表示从页中数据区的开始处到记录的开始处的字节偏移量。所谓的删除操作只是简单地将要被删除的记录的偏移量设为－1。这样记录就可以在数据页内移动,这是因为在移动记录的时候,由页 ID(即页号)和槽号(即在槽目录中的位置)组成的记录的 RowID(也简写为 RID)是不会改变的,而只是存储在槽目录中的记录的偏移量改变了。

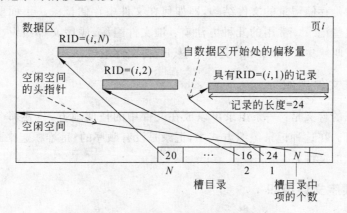

图 5.14　用于变长记录的数据页格式

由于数据页没有预先被格式化成槽,所以必须小心管理可用于新记录的空间。管理空闲空间的一种方法是维护一个指向空闲空间开始处的指针(即从数据区开始处到空闲空间开始处的字节偏移量)。当一个新记录太大而不能放在页尾的空闲空间时,就不得不在数据页内移动记录以收回之前被删除的记录所释放的空间。其思想是在所有记录被重新组织后,能确保它们是连续的,而连续记录的后面是可利用的空闲空间。

值得注意的是,被删除记录所在的槽不能从槽目录中移出。因为槽号用于标识记录,如果删除一个槽,将改变槽目录中后续槽的槽号,以至于导致后续槽所指向记录的 RID 跟着改变。从槽目录中删除槽的唯一途径是当最后一个槽所指向的记录被删除后,可以将最后一个槽删除掉。然而,当插入一个记录时,应当首先扫描槽目录以找到当前未指向任何记录的槽,并把该槽用于新记录。只有当所有的槽都指向记录时,才能向槽目录中增加新的槽。如果实际应用系统的插入操作比删除操作更普遍(这是比较典型的情况),那么槽目录中槽的个数将非常接近于数据页中实际的记录数。

如果需要频繁地移动记录,那么这种数据页格式也非常适用于定长记录。例如,当需要按照某种顺序维护记录时,变长记录的数据页组织方式就发挥作用了。事实上,当所有记录长度相同时,可以不必在每个记录的槽中存储这个公共长度信息,而只需要在系统目录里存储一次即可。

在某些特殊情况下(如 B$^+$ 树的内部页,请参阅本章有关 B 树和 B$^+$ 树的讨论),可以不必担心记录 RID 的变化。在这种情况下,槽目录可以在记录被删除后随之被压缩。这一策略能够保证槽目录中槽的个数与数据页中记录数相同。

上述变长记录的数据页格式就是分槽的页结构,它的最大特点就是在槽中只维护记录的偏移量。对于变长记录,记录的长度与记录的偏移量都一起存储在槽中;对于定长记录,槽中只需要存储记录的偏移量,而记录的长度可以存放在系统目录里。这种变化使得存储定长记录的数据页结构和存储变长记录的数据页结构完全相同,因此分槽的页结构是目前大多数商用数据库管理系统采用最多的数据页组织方式。

5.3 文件中记录的组织

前面讨论的是存储记录的文件结构,即如何在文件中存储记录。下面要讨论的是如何在文件中组织这些记录。常用的几种方法有:堆文件组织、顺序文件组织、散列文件组织、聚集文件组织或叫簇集(clustering)文件组织、B$^+$ 树文件组织。

5.3.1 堆文件组织

堆文件组织的含义是:一条记录可以放在文件中的任何地方,只要那个地方有空间存放这条记录即可。在这种记录组织方式中,记录是没有顺序的,是堆积起来的。通常一个关系就是一个单独的文件。

5.3.2 顺序文件组织

1. 什么是顺序文件

在顺序文件组织方式中,逻辑上记录是根据搜索码(搜索码是用于在文件中查找记录的属性或属性集,与码的概念完全不同)值的顺序存储的。为了快速地按搜索码获取记录,通过指针把记录链接起来,每个记录的指针都指向在搜索码顺序上的下一个记录。同时,为了减少顺序文件处理中物理块的访问次数,在物理上也按搜索码值的顺序存储记录,或尽可能地按照搜索码顺序物理存储。如图 5.15 所示就是一个顺序文件的组织形式,当文件中的记录在物理上也按照搜索码值的顺序存储的时候,记录的搜索码链表就显得有点多余了,但还必须要有,原因就是文件中的记录不是严格地按照搜索码值的顺序物理存储,而只是尽可能地按照搜索码顺序物理存储。

2. 顺序文件的利弊

顺序文件是在实际应用中用得最多的文件组织形式,原因就是顺序文件结构清晰,容易理解,而且对特定的查询能快速地处理。当然顺序文件组织也有它的问题,最大的问题就是在向顺序文件插入和删除记录后,首先要保证记录按搜索码顺序重新链接起来,但是要想维护记录的物理顺序则将十分困难。如果靠移动记录的方式来维护记录在物理上的顺序,则维护代价十分昂贵。可采用下面将要介绍的变通的方式进行处理。

3. 记录的删除与插入

受 5.2.2 节中变长记录的定长表示法中的锚块-溢出块方案的启发,可以在维护顺序文件的时候也引入溢出块的概念,以减少文件中记录的移动,具体结构如图 5.16 所示。

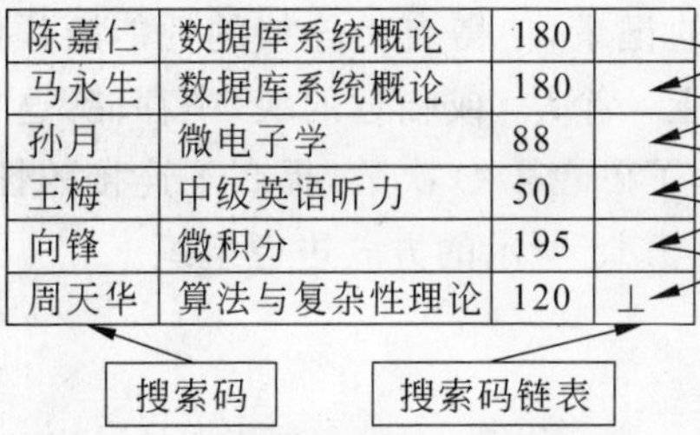

图 5.15　顺序文件组织

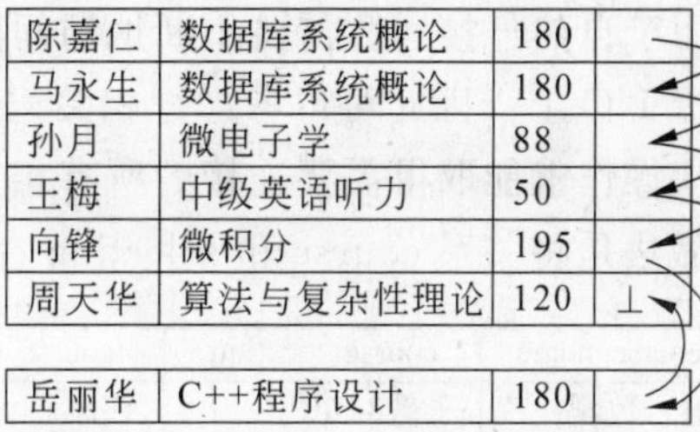

图 5.16　带有溢出块的顺序文件组织

在带有溢出块的顺序文件组织中用指针链表来管理删除记录之后留下来的空闲空间。而对于插入来说,首先要定位被插入的记录按搜索码排序时它前面的那条记录,如果这条记录所在的物理块中有空闲空间,就在这个块中插入该记录;否则,将记录插入到溢出块中。如果溢出块中的记录不多,则这种方式还有效,但是记录的搜索码顺序和物理顺序之间的一致性最终将完全丧失,这时对文件的顺序处理将明显变得效率低下,需要对文件进行重组,重新调整记录的物理顺序和相应的搜索码链表。对于文件重组,需要估计文件重组的代价,选择文件重组的时机。因为文件重组是很耗时的,因此一般选择在系统负载比较轻的时候进行文件重组。

5.3.3　散列文件组织

散列文件组织在 5.8 节里还会详细介绍,因此在这里只是简单地讲述散列文件组织的概念。在这种记录的组织方式中,对文件中每个记录的同一属性或属性集需要计算一个散列(Hash)函数。散列函数的结果确定了记录应该存储到文件的哪个物理块中,如图 5.17 所示。

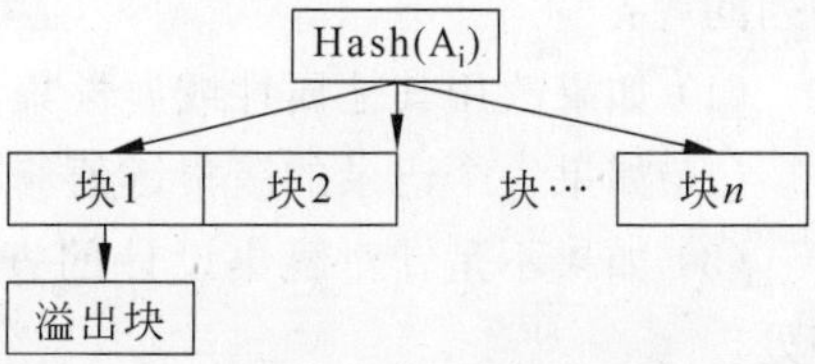

5.3.4　簇集文件组织

在很多小型的关系数据库系统中将各个关系存储在一个个独立的文件中,如 FoxBase、dBASE 等

图 5.17　散列函数决定记录所在的物理块

就是这样实现的。通常,文件中的记录都是定长的,文件结构简单,但是充分利用了作为操作系统一部分的文件系统的好处。而大型数据库系统在文件管理方面并不直接依赖于操作系统,操作系统只是分配给 DBMS 一个大的操作系统文件,所有的关系都存储在这个大文件中。而这个文件的管理完全是由 DBMS 负责的,因此 DBMS 就有一定的在物理层组织文件的灵活性,这就为下面簇集文件组织的实现提供了方便。

1. 问题的提出

假设有如图 5.18 所示的两个关系 course 和 selecting,对于它们的自然连接运算,用 SQL 表达如下:

```
select student_number, course_name, course_location
from course, selecting
where course.course_name=selecting.course_name
```

那么如何在文件中组织记录,才能提高上述自然连接的效率呢?

2. 问题的解决

由于自然连接运算需要不断地访问磁盘文件中的记录,使得自然连接的性能瓶颈出现在磁盘 I/O 上。因此可以考虑把相关记录放在磁盘上一个块(或临近的块)中存储,这样一次读块操作就能取得需要连接的所有相关记录,减少了磁盘 I/O 次数,提高了连接的性能。具体做法是将关系 course 和 selecting 在文件中按图 5.19 所示的方式进行组织。

course_name	course_location	course_capacity
组合数学	三教3200	175
微积分	一教104	195

student_number	course_name
s000002	组合数学
s000003	微积分
s000006	组合数学
s000009	组合数学

组合数学	三教3200	175	
组合数学	s000002		
组合数学	s000006		
组合数学	s000009		
微积分	一教104	195	
微积分	s000003		

簇集键

图 5.18 关系 course 和 selecting   图 5.19 簇集文件组织示例

从图中可以看出,簇集文件组织就是把有关的记录按簇集键值集中在一个物理块内或物理上相邻的区域内,以提高某些数据访问的速度。在这个例子中,簇集键就是自然连接的连接属性。一般来说,簇集键是用户用来集中存储记录所依据的某个属性或属性集。简单地说,簇集键是某个属性或属性集,根据它们的值来确定记录的集中存放。在实际的 DBMS 中,簇集的建立通过使用 create cluster 语句来完成。

3. 簇集文件的问题

虽然簇集文件组织能够为某些数据查询带来巨大的好处,但是簇集文件组织也还存在下列问题:

(1) 如果改用其他属性或属性集作为簇集键,将引起所有记录的移动。

(2) 如果一个记录的簇集键值修改了,则这个记录也要做相应的移动。

(3) 如果不是针对簇集设计的查询,而是按其他条件进行查询,则这种簇集没有一点好处。

4. 何时才考虑使用簇集

虽然簇集能够为某些查询带来巨大的好处,使得查询性能显著提高,但是在实际应用中还是要慎用簇集。只有在下列情况下,才可以考虑使用簇集:

(1) 通过簇集键进行访问或连接是该表的主要应用,与簇集键无关的其他访问很少,或是次要的。尤其当语句中包含与簇集键有关的 ORDER BY、GROUP BY、UNION、DISTINCT 等语法成分时,簇集格外有用,可以省去对结果的排序等工作。

(2) 对应每个簇集键值的平均记录数既不太少,也不太多。太少了则簇集的效益不明显,甚至浪费物理块的空间;太多了就要采用多个溢出块,同样对提高性能不利。

(3) 簇集键的值应相对稳定,以减少因修改簇集键值而引起的巨大的维护开销。

5.4　数据字典的存储

到目前为止讨论的都是关系(数据)本身的存储问题,实际上更重要的还有有关数据的数据——元数据的存储问题,如关系模式等。这类信息称为数据字典或系统目录,主要包括以下几大类:

(1) 有关关系的信息。
(2) 有关用户的信息。
(3) 有关关系的统计数据和描述数据的信息。
(4) 索引的信息。
(5) ……

5.4.1　关系的元数据

关系的元数据主要是指:
(1) 关系的名字。
(2) 每个关系的属性的名字。
(3) 属性的域和长度。
(4) 在数据库上定义的视图的名字和这些视图的定义。
(5) 完整性约束(例如码的约束等)。
(6) ……

5.4.2　用户的元数据

用户元数据主要包括:
(1) 授权用户的名字。
(2) 关于用户的账户信息。
(3) ……

5.4.3　统计数据和描述数据

统计数据和描述数据主要是指:
(1) 每个关系中记录的大小。

（2）每个关系中记录的总数。

（3）每个关系中记录所占用的存储空间，即物理块数。

（4）每个关系所使用的存储方法（如簇集与非簇集等）。

（5）……

5.4.4 索引的元数据

索引的元数据主要包括：

（1）索引的名字。

（2）被索引的关系的名字。

（3）在其上定义索引的属性。

（4）索引的类型。

（5）……

5.4.5 系统表

上述信息，即数据字典在关系数据库中用类似下面的、被称为系统表（System Tables）的关系来存放：

```
System_catalog_schema=(relation_name, number_of_attributes)
Attribute_schema= (attribute_name, relation_name, domain_type, position, length)
User_schema=(user_name, password, group)
Index_schema=(index_name, relation_name, index_type, index_attributes)
View_schema=(view_name, definition)
```

数据字典存储的是对数据的描述信息，而不是实际的用户数据。关系 DBMS 设计的一个巧妙之处在于数据字典的内容也保存在一系列关系中，称为系统表。把数据字典保存在关系中是非常有用的。例如，可以采用 DBMS 的查询语言，像查询一般的关系那样查询数据字典里的系统表。另外，所有用来实现和管理关系的技术都可以直接应用于数据字典。数据字典的选择和实现并不是唯一的，而是由 DBMS 的设计人员决定的。虽然不同数据库管理系统的数据字典模式设计差别很大，但都保存在一系列关系中，并且本质上描述了数据库中所有数据的信息。

5.5 数据库中的索引

5.5.1 基本的索引结构

索引最早是由 Bayer 和 McCreight 在 1972 年提出，而 Cormen 在 1990 年对索引的基本数据结构进行了详细的讨论。从整体结构上来看，基本的索引结构有以下两种：

（1）顺序索引：基于对值的一种排序，包括索引顺序文件和 B^+ 树索引文件等。

（2）散列：这种索引基于将值平均、随机地分布到若干存储桶中。一个值所属的存储桶由一个函数来决定，该函数称为散列函数（也叫哈希函数）。

那么，什么又是存储桶呢？一般来说，存储桶是由 1～32 个物理块构成的一种存储结构。结合索引文件组织,用于数据文件中数据单元的存储和传输。与物理块不同的是,存储桶只能包含整记录,即记录可以跨块存储但不能跨桶存储。

5.5.2　评价索引的标准

没有哪一种索引技术是最好的,每种索引技术都有自己适合的数据库应用。对索引技术的评价必须全面考虑以下因素:

(1) 访问类型:能有效支持的数据访问类型,包括根据指定的属性值进行查询,以及根据给定属性值的范围进行查询。

(2) 访问时间:访问一个或多个数据项所需要的时间。

(3) 插入时间:在文件中插入一个新数据项所需要的时间,包括找到插入该项的正确位置和修改索引结构所需要的时间。

(4) 删除时间:在文件中删除一个数据项所需要的时间,包括找到待删除项的正确位置和修改索引结构所需要的时间。

(5) 空间开销:索引结构所需要的额外存储空间。一般来说,索引是用空间代价来换取系统性能的提高。

请注意,索引在提高数据查询性能的同时,要影响数据插入、删除和更新的性能。因为在插入、删除和更新数据时会破坏索引结构,因此维护索引结构也要花费一定的时间。这就是为什么在建立数据库的初期一般先不建立索引,而等数据库比较稳定(插入和删除操作不太频繁)时才建立索引的原因。

5.6　顺序索引

顺序索引主要用于能迅速地按顺序或随机地访问文件中的记录。顺序索引的结构是按顺序存储搜索码的值,并将搜索码与包含该搜索码的记录关联起来。

一般来说,一个文件可以有多个索引,分别对应于不同的搜索码。如果包含记录的文件按照某个搜索码指定的顺序物理地存储,那么该搜索码对应的索引就称为主索引,也叫簇集索引。与此相反,搜索码顺序与文件中记录的物理顺序不同的那些索引称为辅助索引或非簇集索引。

当使用索引存取元组时,簇集的作用依赖于满足选择条件的元组的个数。对于一次只取回一个元组的选择来说(例如,在一个候选关键字上的等值选择),非簇集索引与簇集索引是一样的。随着所选择的元组个数的增加,非簇集索引的代价甚至比扫描整个关系的代价增长得还要快。顺序扫描关系每一个页只存取一次,而使用非簇集索引每一个页可能被存取多次。如果采用阻塞 I/O(blocked I/O),顺序扫描关系会比非簇集索引更好(当然,阻塞 I/O 也会加速使用簇集索引的存取)。

5.6.1　索引顺序文件

如果文件按照某个搜索码的顺序物理地存储,称这种在某个搜索码上有主索引的文件为索引顺序文件,如图 5.20 所示。

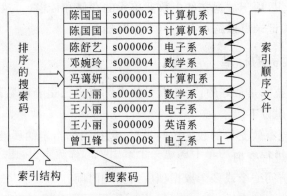

图 5.20　索引顺序文件的结构

1. 顺序索引的分类

顺序索引有两类：稠密索引和稀疏索引。

（1）稠密索引：对应文件中搜索码的每一个值都有一个索引记录（或索引项）。索引记录包括搜索码值和指向具有该搜索码值的第一个数据记录的指针，如图 5.21 所示。

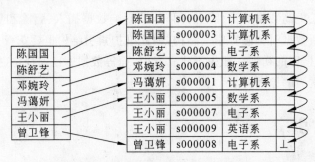

图 5.21　稠密索引

（2）稀疏索引：与稠密索引相反，稀疏索引只为搜索码的某些值建立索引记录。但和稠密索引一样，每个索引记录也包括搜索码值和指向具有该搜索码值的第一个数据记录的指针，如图 5.22 所示。

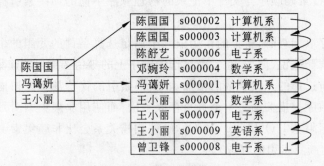

图 5.22　稀疏索引结构

与稠密索引的每一个搜索码都有一个索引记录不同，稀疏索引只为部分搜索码建立了索引项。如果根据搜索码查找数据文件中的记录，而这个搜索码恰恰没有在稀疏索引的索引记录中，那么如何利用该稀疏索引进行查询呢？这个问题请读者参考图 5.22，以查找名字为"陈舒艺"的记录为例,说明如何利用稀疏索引进行查询。

2. 顺序索引的比较与建立

除了上面讲到的稠密索引和稀疏索引的不同之处以外,利用稠密索引通常可以比稀疏索引能够更快地定位一个记录的位置;另外,与稠密索引相比,稀疏索引占用空间较小,插入和删除时维护的开销也小。

那么在实践当中如何正确地建立稀疏索引呢? 因为处理数据库查询的开销主要是由把数据块从磁盘上取到主存的时间来决定。一旦将数据块放入主存,扫描整个数据块的时间是可以忽略的。因此可以考虑为每个块建一个索引项的稀疏索引,使用这样的稀疏索引,可以定位包含所要查找记录的块。

5.6.2　多级索引

1. 问题的提出

假设一个文件有 100 000 条记录,而一个物理块能存储 10 个记录,这样就需要 10 000 个物理块;假设每个物理块有一个索引记录,这样该文件就需要 10 000 个索引记录;再假设一个物理块能够存储 100 个索引记录,那么该文件的稀疏索引就需要 100 个物理块。当上面的数字变得越来越大时,即使采用稀疏索引,索引本身有时也会变得非常庞大而难于有效处理。

第二,如果索引过大,在读索引时必须有一部分要放在磁盘上时,那么搜索一个索引项就必须多次读磁盘块。当然在索引上可以用二分法来定位索引项,假设索引占据了 b 个块,则最坏需要读 $\lceil \log_2(b) \rceil$ 次块。但遗憾的是二分法不能处理有溢出块的情况。

那么如何有效地对付这种庞大的索引呢?

2. 问题的解决

如果索引小到一次 I/O 就能够放在主存里,那么搜索一个索引项的时间就很短,可以忽略不计。因此,可以考虑在索引上再建立索引的方案。也就是说,像对待其他任何顺序文件那样来对待索引结构,即在主索引上再构造一个稀疏索引,形成一个具有内层索引和外层索引的多级索引结构,如图 5.23 所示。

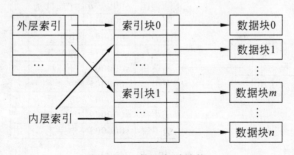

图 5.23　多级索引结构

可以像对待顺序文件那样来对待索引结构,因为在索引结构中也是将索引项,或者说是索引记录按照搜索码的逻辑顺序来存放。因此索引结构本身就是一个顺序文件,只不过是没有搜索码链表,因为在维护索引结构时一定要保证搜索码的这种逻辑顺序。

5.6.3 索引的更新

每当文件中有记录插入或删除时,相应的索引也需要更新,首先来看一看在文件中删除记录时,如何影响索引结构。

1. 删除记录

如图 5.24 所示的是稠密索引的情况。

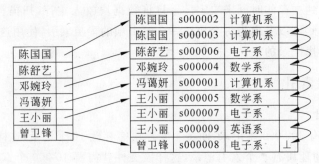

图 5.24　稠密索引

(1) 删除数据文件中的"邓婉玲"记录:由于数据文件中搜索码为"邓婉玲"的记录没有了,因此索引结构中搜索码为"邓婉玲"的索引项也应该删除。

(2) 删除数据文件中"王小丽"的 s000005 记录:由于数据文件中搜索码为"王小丽"的记录还有,因此索引结构中搜索码为"王小丽"的索引项不应该删除,只是把相应索引项的指针指向数据文件中搜索码为"王小丽"的 s000007 记录。

(3) 删除数据文件中"王小丽"的 s000009 记录:由于数据文件中搜索码为"王小丽"的记录还有,并且索引结构中搜索码为"王小丽"的索引项指针指向的记录还存在,因此索引结构中搜索码为"王小丽"的索引项不应该删除,而且索引项的指针也不改变,也就是说,索引结构无须任何变化。

如图 5.25 所示的是稀疏索引的情况。

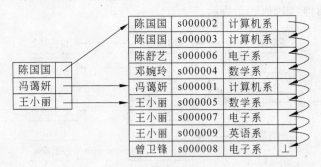

图 5.25　稀疏索引

(1) 删除数据文件中搜索码为"陈舒艺"的某一条记录:由于在索引结构中,根本就没有搜索码为"陈舒艺"的索引项,因此索引结构不需要做任何改动。

(2) 删除数据文件中搜索码为"陈国国"的所有记录:由于数据文件中搜索码为"陈国国"的记录没有了,而该搜索码又是索引结构的第一个索引项,因此需要将索引结构中搜索码为"陈国国"的索引项更新为搜索码为"陈舒艺",相应索引项的指针指向数据文件中搜索码为"陈舒艺"的第一条记录。

（3）删除数据文件中的"冯蔼妍"记录：由于数据文件中搜索码为"冯蔼妍"的记录没有了，因此索引结构中搜索码为"冯蔼妍"的索引项也应该删除。

（4）删除数据文件中"王小丽"的 s000005 记录：由于数据文件中搜索码为"王小丽"的记录还有，因此索引结构中搜索码为"王小丽"的索引项不应该删除，只是把相应索引项的指针指向数据文件中搜索码为"王小丽"的 s000007 记录。

（5）删除数据文件中"王小丽"的 s000007 记录：由于数据文件中搜索码为"王小丽"的记录还有，并且索引结构中搜索码为"王小丽"的索引项指针指向的记录还存在，因此索引结构中搜索码为"王小丽"的索引项不应该删除，而且该索引项的指针也不改变，也就是说，索引结构无须任何变化。

2．插入记录

（1）如果索引是稠密的，并且待插入记录的搜索码值不在索引中，就要把该搜索码值插入到索引中。

（2）如果索引是为每个块保存一个索引项的稀疏索引，只要没有新块产生，索引就无须做任何改动；在产生新块的情况下（不是指溢出块），新块中（按搜索码顺序的）第一个搜索码值将被插入到索引中。

3．多级索引

多级索引分为内层索引和外层索引，它的删除与插入同上面介绍的单级索引的情况类似：

（1）在插入和删除数据文件中的记录时，内层索引的更新同上。

（2）对外层索引而言，内层索引不过是一个包含记录的文件。该文件的改变（插入和删除）将引起外层索引按上述算法更新。

在文件中插入、删除和更新记录时，有时不会使索引结构发生变化，但是数据文件（索引顺序文件）的搜索码链表要发生变化。而有的情况下除了索引顺序文件的搜索码链表要改变以外，相应的索引结构也要发生变化。

5.6.4　辅助索引

在文件中，记录按主索引而不是辅助索引的搜索码顺序物理存储，因此，具有同一个辅助搜索码值的记录可能分布在文件的各个地方。所以，辅助索引必须包含指向每一记录的指针，如图 5.26 所示。

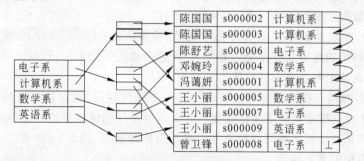

图 5.26　辅助索引的结构

如图 5.26 所示，辅助索引的结构和主索引是不同的。辅助索引的指针并不直接指向文件，而是每个指针指向一个包含文件指针的存储桶。存储桶中的每个指针都指向文件中的记录。

与主索引不同，辅助索引可以提高使用辅助搜索码查询记录的速度，但是辅助索引要大大增加数据库更新的开销。

5.7 B⁺树索引文件

从 5.6.3 节的内容可以看出，索引顺序文件有以下缺陷：

(1) 性能：索引顺序文件组织最大的缺点在于随着文件的增大，索引查找的性能和顺序扫描的性能都会下降。

(2) 文件重组：随着频繁地在数据文件中删除和插入记录，就会不断有溢出块出现，记录的物理顺序同主搜索码顺序的一致性就遭到破坏，这样就不得不重组文件。

但是有一些索引结构能在插入和删除操作很频繁的情况下保持其有效性，B^+ 树索引结构就是其中的一种。B^+ 树索引是大型关系数据库管理系统中使用最广泛的一种索引结构。

5.7.1 B⁺树索引结构

1. B⁺树索引的总体结构

(1) B^+ 树索引是一个多级索引，但是其结构不同于多级顺序索引。

(2) B^+ 树索引采用平衡树结构，即每个叶结点到根的路径长度都相同。

(3) 每个非叶结点有 $\lceil n/2 \rceil \sim n$ 个子女，n 对特定的树是固定的。

(4) B^+ 树的所有结点结构都相同，它最多包含 $n-1$ 个搜索码值 $K_1, K_2, \cdots, K_{n-1}$，以及 n 个指针 $P_1, P_2, \cdots, P_n$，每个结点中的搜索码值按次序存放，即如果 $i<j$，那么 $K_i<K_j$，如图 5.27 所示。

图 5.27 B⁺ 树的结点结构

2. B⁺树索引的叶结点

(1) 指针 $P_i (i=1,2,\cdots,n-1)$ 指向具有搜索码值 K_i 的一个文件记录或一个指针(存储)桶，桶中的每个指针指向具有搜索码值 K_i 的一个文件记录。指针桶只在文件不按搜索码顺序物理存储时才使用。指针 P_n 具有特殊的作用。

(2) 每个叶结点最多可有 $n-1$ 个搜索码值，最少也要有 $\lceil (n-1)/2 \rceil$ 个搜索码值。各个叶结点中搜索码值的范围互不相交。要使 B^+ 树索引成为稠密索引，数据文件中的各搜索码值都必须出现在某个叶结点中且只能出现一次。

(3) 由于各叶结点按照所含的搜索码值有一个线性顺序，所以就可以利用各个叶结点的指针 P_n 将叶结点按搜索码顺序链接在一起。这种排序能够高效地对文件进行顺序处理，而 B^+ 树索引的其他结构能够高效地对文件进行随机处理，如图 5.28 所示。

3. B⁺树索引的非叶结点

(1) B^+ 树索引的非叶结点形成叶结点上的一个多级(稀疏)索引。

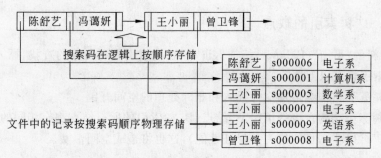

图 5.28 B⁺ 树索引的叶结点结构示例($n=3$)

（2）非叶结点的结构和叶结点的结构相同，即含有能够存储 $n-1$ 个搜索码值和 n 个指针的存储单元的数据结构。只不过非叶结点中的所有指针都指向树中的结点。

（3）如果一个非叶结点有 m 个指针，则 $\lceil n/2 \rceil \leqslant m \leqslant n$。若 $m < n$，则非叶结点中指针 P_m 之后的所有空闲空间作为预留空间，与叶结点的区别在于结点的最后一个指针 P_m 和 P_n 的位置与指向不同，如图 5.29 所示。

| P_1 | K_1 | ... | P_{m-1} | K_m | ... |

图 5.29 B⁺ 树索引的非叶结点结构

（4）在一个含有 m 个指针的非叶结点中，指针 $P_i(i=2,\cdots,m-1)$ 指向一棵子树，该子树的所有结点的搜索码值大于等于 K_{i-1} 而小于 K_i。指针 P_m 指向子树中所含搜索码值大于等于 K_{m-1} 的那一部分，而指针 P_1 指向子树中所含搜索码值小于 K_1 的那一部分，如图 5.30 所示。

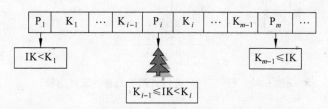

图 5.30 B⁺ 树索引的非叶结点中指针 P_i 的指向

4. B⁺ 树索引的根结点

（1）根结点的结构也与叶结点相同。

（2）根结点包含的指针数可以小于 $\lceil n/2 \rceil$。但是，除非整棵树只有一个结点，否则根结点必须至少包含两个指针。图 5.31 给出一个 B⁺ 树结构的示意图。

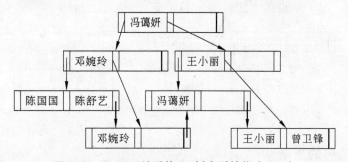

图 5.31 student 关系的 B⁺ 树索引结构（$n=3$）

5.7.2 B⁺树索引的缺点

虽然 B⁺ 树的"平衡"(Balance)特征保证了 B⁺ 树索引具有良好的查找、插入和修改的性能,但 B⁺ 树索引也有以下缺陷:

(1) B⁺ 树索引结构会增加文件插入和删除处理的空间开销。

(2) B⁺ 树索引结构在极端情况下,结点(B⁺ 树索引的所有结点都有相同的结构)可以是半空的(即从 $\lceil n/2 \rceil$ 到 n,目的是为了保证性能),这也将造成空间浪费。

5.7.3 B⁺树上的查询

如何利用 B⁺ 树处理查询呢?这里首先给出利用 B⁺ 树进行查询的普遍规则,然后再给出一个实例。假设要找出搜索码值为 K 的所有记录:

(1) 首先检查根结点,找到大于 K 的最小搜索码值,假设是 K_i,然后沿着指针 P_i 找到另一个结点。

(2) 如果 $K < K_1$,那么沿着指针 P_1 找到另一个结点。

(3) 如果以上两个条件都不符合且 $K \geqslant K_{m-1}$,其中 m 是该结点的指针数,则沿着指针 P_m 找到另一个结点。

以上三步的示意如图 5.32 所示。

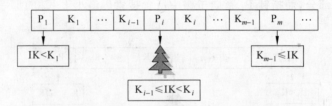

图 5.32　利用 B⁺ 树进行查询要处理的三类指针

(4) 对新到达的结点,重复以上步骤,最终到达一个叶结点。

图 5.33 给出的是在 student 关系中查找 student_name 为"邓婉玲"的所有记录的过程(图中粗箭头表示的是路径)。

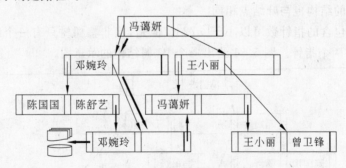

图 5.33　B⁺ 树上查询的示例

5.7.4 B⁺树的更新

B⁺ 树的更新是一件很烦琐的事情,相关内容可以参阅与《数据结构》有关的教材。

5.7.5　B⁺树文件组织

B⁺树文件组织通过在叶结点层来组织包含真实记录的物理块来解决索引顺序文件组织中随着文件的增大而性能下降的缺点。在B⁺树文件组织中,B⁺树结构不仅用做索引,同时也是文件中记录的组织者,树叶结点中存储的是记录(如图5.34下面的叶结点所示)而不是指向记录的指针(如图5.34上面的叶结点所示)。

图 5.34　B⁺树索引的叶结点和 B⁺ 树文件组织的叶结点

树结构的索引对范围检索是理想的,对等值检索的支持也很有效。B⁺树是动态的高度平衡的索引结构,它适于多变的数据特征。它主要解决了顺序索引随着数据文件的增大而性能下降和由于数据不断更新而带来的文件重组的问题。

5.8　散列文件组织

在前面介绍的索引类型中,要查询数据必须首先访问索引结构,才能在文件中定位记录。而基于散列(Hash)的文件组织就能够避免访问索引结构。在散列文件组织中,用存储桶来表示能存储一条或多条记录的一个存储单位。通过计算搜索码上的一个函数,即散列函数,就可以确定包含该搜索码值的记录应该存储在哪个桶中。如果令 K 表示所有搜索码值的集合,令 B 表示所有桶地址的集合,那么散列函数 h 就是一个从 K 到 B 的函数,即 $h(K) \rightarrow B$,或者 $B = h(K)$。

5.8.1　散列文件的操作

1. 插入

为了插入一个搜索码为 K_i 的记录,通过计算 $h(K_i)$ 获得存放该记录的桶地址。于是就把这条记录存入桶中或是相应的溢出桶中。

2. 删除

如果待删除记录的搜索码值是 K_i,则计算 $h(K_i)$,然后在相应的桶中搜寻此记录并删除它。

3. 基于搜索码值 K_i 的查找

首先计算 $h(K_i)$,然后在计算出地址的桶中搜索所有的记录。因为不同的搜索码值对应相同的桶地址正是散列文件组织的最大特点。

对于用散列函数来确定的存储,在进行搜索的时候要分两步,在第一步中不需要进行值的比较,只是利用散列函数进行计算得到所要的存储桶(包括溢出桶);然后在桶中进行顺序查找。如果桶中的记录是有序的,那么还可以采用一些比较高级的搜索方法。这可以看成是一种"苦干加巧干"的方法。

5.8.2　散列函数

如果散列函数设计得不好,就有可能把所有的搜索码值都映射到同一个存储桶中,这

时,散列已经失去了意义。因此,对散列函数的基本要求是以下两点:

(1) 分布是均匀的:即每个存储桶从所有可能的搜索码值集合中分配到的值的个数差不多相同。这就是散列函数的均匀性;例如,假设搜索码值的可能集合为{A…Z},而一共有5个存储桶,那么散列函数应该使每个桶分配到5个左右的搜索码。

(2) 分布是随机的:一般情况下,不管搜索码值实际情况是怎样的,每个存储桶应分配到的搜索码值的个数也差不多相同。这就是散列函数的随机性,更确切地说,散列函数结果的分布不应与搜索码的任何外部可见的特性相关。例如,假设实际的搜索码值是{A,B,C,D,E},那么散列函数应该使这5个存储桶中的每一个都分配到一个搜索码。

下面看一个具体的例子:假设需要将26个大写英文字母分布到5个存储桶中(地址从0到4),那么散列函数 h 该如何设计呢?

假设用 code(A) 表示 A 所对应的编号 0,用 code(B) 表示 B 所对应的编号 1,用 code(C) 表示 C 所对应的编号 2,……

{A,B,C,…,Z}上的一个散列函数可以设计成:

h=code(Search Key) mod 5

那么26个大写字母的分配如图5.35所示。

图 5.35　散列函数的均匀性与随机性

散列函数在散列文件组织和散列索引中起着至关重要的作用,至今仍然没有一种好的选择散列函数的方法,只能根据模拟试验和统计结果进行选择。选择的散列函数不同,散列的效果就不同;而且散列的效果还和数据值的分布情况有关,在某些极端情况下,散列比不散列还要差,这就要看运气。飞机一旦出事,那么就是非常危险的,但是别人坐飞机没有出事,为什么那个小概率事件要发生在我的身上呢,于是我也坐飞机。大家都相信自己的运气,这就是散列函数至今用得比较普遍的原因之一吧。

5.8.3　桶溢出控制

在散列文件中,当一个存储桶的空间被用完之后,就需要用溢出桶来存储数据。发生溢出的原因有:

(1) 桶的数目严重不足。

(2) 桶中能存储的记录数太少。

当存储桶溢出时可采用溢出桶进行存储,如图 5.36 所示。

顺序文件组织的一个缺点就是必须访问索引结构才能定位数据,或者使用二分法搜索,这将导

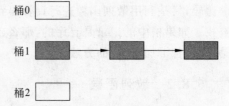

图 5.36　散列文件中的溢出桶

致过多的 I/O 操作。基于散列的文件组织能够避免访问索引结构,同时散列也提供了一种构造索引的方法。

5.9 散列索引

1. 散列索引的结构

散列不仅可以用于文件中记录的组织,还可以用于索引结构的创建。散列索引是指将索引结构中的搜索码及相应指针组织成散列文件的形式。因此,散列索引的构造如下:将散列函数作用于搜索码以确定对应的存储桶,然后将此搜索码及相应的指针存入此存储桶(或溢出桶),而指针指向数据文件中的记录。

2. 举例

图 5.37 是为索引顺序文件 student 上的搜索码 student_number 建立的一个辅助散列索引。散列函数 h 是学号各位数字之和后模 3。该散列索引共有三个桶,每个桶的大小为 3。

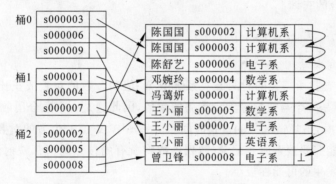

图 5.37 散列索引结构示意

3. 小结

(1) 术语散列文件是指用来组织和存储文件中记录的散列文件结构。严格地说,术语散列索引是指将文件上的辅助索引按照散列文件的结构进行组织。不要将二者混淆。

(2) 一个文件的主索引结构不应该是散列文件结构。

(3) 如果一个文件自身是按散列组织的,就可以认为该散列文件已经有了一个索引,一般不必再在其上另外建立独立的索引结构。

(4) 散列索引一般只用来组织文件上的辅助索引。

散列其实就是一种不通过值的比较,而通过值的含义来确定位置的方法,它是为等值查询而设计的。不幸的是,基于散列的索引技术不支持范围检索。而基于树的索引技术能有效地支持范围检索,并且它的等值检索几乎与基于散列的索引一样有效。但是,散列技术在实现关系操作如连接操作中是很有用的,尤其是在索引嵌套循环连接方法中会产生很多等值查询,基于散列的索引和基于树的索引在这种情况下在代价上的差别很大。

5.10　顺序索引和散列的比较

一般来说,无论是将文件按照顺序索引或 B⁺ 树索引组织成顺序文件,还是使用散列函数将文件组织成散列文件,或者是记录不以任何方式排序,而将它们组织成堆文件,或者是将相关记录集中在物理上相同或相邻的块中存放的簇集文件,这些都是数据库设计人员在进行数据库的物理设计时应该重点考虑的内容。

1. 用索引还是散列

在实际的数据库系统设计中,到底是用索引还是散列要充分考虑以下几个问题:

(1) 索引或散列的周期性重组代价如何?

(2) 在文件中插入和删除记录的频率如何?

(3) 为了优化平均访问时间而导致最坏情况下的访问时间的做法是否可取?

(4) 能够有效支持的查询类型是哪些?

2. 对查询类型的支持

(1) 散列适合的查询:

```
select A₁,A₂,…,Aₙ from r where Aᵢ=c
```

对于这个查询来说:

① 顺序索引查找所需要的时间与关系 r 中 A_i 值的个数的对数成正比;但在散列结构中,平均查找时间是一个与数据库大小无关的常数,因此这是一个适合用散列的查询。

② 使用索引时,最坏情况下的查找时间和关系 r 中 A_i 值的个数的对数成正比;而散列在最坏情况下可能需要搜索所有记录(散列函数将所有的搜索码值都映射到同一个存储桶中),但这种情况发生的可能性极小。

(2) 索引适合的查询:

```
select A₁,A₂,…,Aₙ from r where Aᵢ>=c1 AND Aᵢ<=c2
```

对于这个查询来说:

① 使用索引时,首先查找值 c1 所在的块或桶,然后顺着索引中的指针链(顺序索引中的搜索码链表或 B⁺ 树索引中的叶结点的 P_n 指针链)继续查找,直到查找到值 c2 为止。

② 如果使用散列,由于散列函数的随机性,将不得不读取所有的存储桶。因此这是一个适合用索引的查询。

5.11　多码访问

1. 问题的提出

到目前为止,都隐含地假设在关系上查询时只使用一个索引或散列表。如果存在多个索引,该如何处理呢?

假设文件 student 有两个索引,分别建立在 student_name 和 department_name 上。考虑如下查询:

```
select student_number
from student
where student_name="陈国国" AND department_name="计算机系"
```

对于这个查询,如何利用上面已有的两个索引呢?

2. 多个索引的利用

处理上面的查询有以下三种利用索引的策略:

(1) 利用 student_name 上的索引,找出"陈国国"的所有记录。然后检查每条记录是否满足条件:department_name="计算机系"。

(2) 利用 department_name 上的索引,找出所有等于"计算机系"的记录。然后检查每条记录是否满足条件:student_name="陈国国"。

(3) 分别利用上述两个索引找出满足各自条件的所有记录的指针。计算这两个指针集合的交集即可。

在上面三种策略中,只有第三个方案同时利用了两个索引。但它有可能是最糟糕的选择,如果以下条件成立:

① 属于"陈国国"的记录太多。

② 属于"计算机系"的记录太多。

③ "计算机系"中名字为"陈国国"的记录又很少。

这样为了得到一个很小的结果,将不得不扫描大量的指针。最好的解决方案是在复合搜索码(student_name,department_name)上建立和使用索引,这样的索引也叫复合索引。

注意一个关系上的复合索引和多索引的差别:复合索引是一个索引,它与一般索引的区别是它是根据多个搜索码建立的索引;而多索引是指多个索引,也就是说有多个不同的索引。复合索引可以使得针对建立复合索引所用的复合搜索码的搜索效率很高,在其他情况下就没有其他索引的效率高了。在一个关系上这两种索引是可以共存的。

　　数据库中的数据是以文件形式存储在磁盘上的,数据在磁盘和主存储器之间以块为单位传输数据。文件在逻辑上是记录的序列,这些记录在文件中以定长记录格式和变长记录格式存储。文件中组织记录的方法主要有:堆文件组织、顺序文件组织、散列文件组织、聚集文件组织或叫簇集(clustering)文件组织、B$^+$ 树文件组织。本章详细讨论了不同的文件组织及结构对查询及性能的影响。

1. 在一个关系的不同搜索码上建立两个主索引一般来说是否可能? 为什么?

2. 为什么辅助索引必须是稠密的? 稠密辅助索引和稠密主索引有哪一点主要区别?

3. 在散列文件组织中导致桶溢出的原因是什么?

4. 为什么对于一个可能进行范围查询的搜索码而言散列文件组织不是最佳选择?

5. 列出日常使用的计算机上用到的物理存储介质,给出每种介质上数据存取速度的排序。

6. 在实际应用中,如何正确地选择 RAID 的级别?

7. 考虑从图 5.38 所示的文件中删除记录 6。比较下列实现删除的技术的相对优点。

(1) 移动记录 7 到记录 6 所占用的空间,然后移动记录 8 到记录 7 所占用的空间。

(2) 移动记录 8 到记录 6 所占用的空间。

(3) 标记记录 6 被删除,不移动任何记录。

记录0	s000001	冯蔼妍	计算机系
记录1	s000002	陈国国	计算机系
记录2	s000003	陈国国	计算机系
记录3	s000004	邓婉玲	数学系
记录4	s000005	王小丽	数学系
记录5	s000006	陈舒艺	电子系
记录6	s000007	王小丽	电子系
记录7	s000008	曾卫锋	电子系
记录8	s000009	王小丽	英语系

图 5.38　习题 7

8．给出经过下面每一步操作后，图 5.39 中文件结构的变化。

(1) 插入(s000002,陈蔼妍,计算机系)。

(2) 删除记录 2。

(3) 插入(s000005,黄昌文,计算机系)。

文件头				
记录0	s000001	冯蔼妍	计算机系	
记录1				
记录2	s000003	陈国国	计算机系	
记录3	s000004	邓婉玲	数学系	
记录4				
记录5	s000006	陈舒艺	电子系	
记录6				⊥
记录7	s000008	曾卫锋	电子系	
记录8	s000009	王小丽	英语系	

图 5.39　习题 8

9．顺序文件组织是如何处理记录的删除与插入的？

10．为什么要慎用簇集文件组织？

第6章　事务管理与并发控制

数据库应用系统主要面向事务处理,从支持量大面广的日常业务活动,到面向管理为各级管理人员提供正确、有效、及时、一致的数据服务。在众多用户共享数据库的情况下,如何保证多用户同时存取数据库,而不破坏数据库数据的完整性、一致性,当用户程序或系统出现问题或故障时,如何从问题和故障中恢复,这是事务管理与并发控制技术所要解决的问题。

本章首先介绍事务的基本概念及其 ACID 特性,然后讨论事务的状态、原子性和持久性的实现、事务的并发执行,最后讨论封锁协议、时间戳排序协议与死锁处理。

6.1　事务的概念

事务的概念是随着数据库应用的不断深化而提出和发展的。最初的数据库是单机的、单进程的,各个操作只能串行执行。后来数据库发展到支持多进程或多线程,支持网络应用,同时可能有多个用户或者多个进程对同样的数据进行操作,这时就迫切需要一种机制来保证数据库应用的正确性,"事务"就被提出并且广泛应用了。

6.1.1　背景知识

在详细介绍有关事务的概念和特性之前,首先应该了解以下几件事情:

1. 古老而典型的例子

提起事务,就会用到银行中两个账户之间转账的例子,即从账户 A 转××元钱到账户 B,它同时涉及两个不同账户的读写操作。

2. 事务中涉及数据库访问的基本操作

(1) read(X):数据库数据项 X 传送到执行 read 操作的事务的局部缓冲区中。

(2) write(X):从执行 write 的事务的局部缓冲区中把数据项 X 传回数据库。

3. 事务之间的相互影响

数据库系统中同时可能有很多事务要执行,这些事务要么互不相干,要么要访问相同的数据项。对于那些要访问相同数据项的事务之间的相互影响要特别处理,如图 6.1 所示。

如图 6.1 所示,事务 T_i 是从 A 账户转 500 元钱到 B 账户,事务 T_j 是计算账户 A 和 B 的和。两个事务同时在系统中执行,那么事务 T_j 的 read(A)操作可能在事务 T_i 的 write(A)之前或之后执行;同理,事务 T_j 的 read(B)操作也可能在事务 T_i 的 write(B)之前或之后执行。如果事务 T_j 的 read(A)操作在事务 T_i 的 write(A)之前执行,而事务 T_j 的 read(B)操作却在事务 T_i 的 write(B)之后执行,那么事务 T_j 的计算结果就是 5500,而不是想象中的 5000,凭空就多

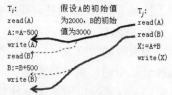

图 6.1　事务之间的相互影响

了 500 元钱。

6.1.2 事务的特性

为了保证数据库的完整性(正确性),数据库系统必须维护事务的以下特性(简称 ACID):

(1) 原子性(Atomicity):事务中的所有操作要么全部执行,要么都不执行。

(2) 一致性(Consistency):主要强调的是,如果在执行事务之前数据库是一致的,那么在执行事务之后数据库也还是一致的。

(3) 隔离性(Isolation):即使多个事务并发(同时)执行,每个事务都感觉不到系统中有其他的事务在执行,因而也就能保证数据库的一致性。

(4) 持久性(Durability):事务成功执行后它对数据库的修改是永久的,即使系统出现故障也不受影响。

1. 一致性

所谓一致性简单地说就是数据库中数据的完整性,包括它们的正确性,如图 6.2 所示。

对于图 6.2 中的事务 T_i 来说,一致性要求就是事务的执行不改变账户 A 和账户 B 的和。否则事务就会创造或销毁钱。

保持单个事务的一致性是对该事务进行编码的应用程序员的责任,但是在某些情况下利用 DBMS 中完整性约束(如触发器)的自动检查功能有助于一致性的维护。

2. 原子性

如果事务没有原子性的保证,那么在发生系统故障的情况下,数据库就有可能处于不一致状态。如图 6.3 所示,如果故障发生在 write(A) 和 read(B) 之间,则将有可能造成账户 A 的余额已经减去 500 元钱,而账户 B 的余额却没有改变,凭空就少了 500 元钱。

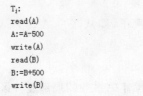

图 6.2　事务 T_i　　　　　　　图 6.3　执行过程中发生故障的事务 T_i

值得注意的是,即使没有故障发生,系统在某一时刻也会处于不一致状态。原子性的要求就是这种不一致状态除了在事务执行当中出现外,在其他任何时刻都是不可见的。保证原子性是 DBMS 的责任:即事务管理器和恢复管理器的责任。

3. 持久性

持久性的含义是:一旦事务成功执行之后,它对数据库的更新是永久的。可以用以下两种方式中的任何一种来达到持久性的目的:

(1) 以牺牲应用系统的性能为代价:要求事务对数据库系统所做的更新在事务结束前已经写入磁盘。

(2) 以多占用磁盘空间为代价:要求事务已经执行的和已写到磁盘的、对数据库进行更新的信息是充分的(例如,数据库日志的信息足够多),使得 DBMS 在系统出现故障后重新启动系统时,能够(根据日志)重新构造更新。保证持久性也是 DBMS 的责任:即恢复管理器的责任。

4．隔离性

（1）事情的起因。

正如图 6.4 所示，即使每个事务都能保持一致性和原子性，但如果几个事务并发执行，且访问相同的数据项，则它们的操作会以人们所不希望的某种方式交叉执行（参见 6.1.1 节），结果导致不一致的状态。

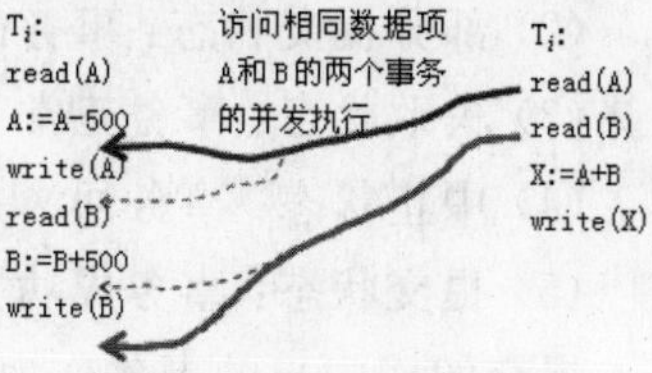

（2）解决办法。

如果几个事务要访问相同的数据项，为了保证数据库的一致性，可以让这几个事务：

T_i:
read(A)
A:=A-500
write(A)
read(B)
B:=B+500
write(B)

访问相同数据项
A 和 B 的两个事务
的并发执行

T_j:
read(A)
read(B)
X:=A+B
write(X)

图 6.4　访问相同数据项
的两个事务并发执行

① 串行执行：即一个接着一个地执行事务。

② 并发执行：即同时执行多个事务，但用并发控制机制来解决不同事务间的相互影响。

（3）隔离性的保证。

事务的隔离性能够确保事务并发执行后的系统状态与这些事务按某种次序串行执行后的状态是等价的。保证隔离性也是 DBMS 的责任：即并发控制管理器的责任。

6.2　事务的状态

6.2.1　基本术语

（1）中止事务：执行中发生故障、停止执行事务。

（2）回滚事务：将中止事务对数据库的更新撤销掉。

（3）已提交事务：成功地完成事务的执行。注意：事务一旦提交，就不能中止它，而要撤销已提交事务所造成影响的唯一方法是执行一个补偿事务，这应该由 DBA 或应用程序员负责，它不应该由 DBMS 负责（也就是说，不要让 DBMS 去做所有的事情）。

中止的事务是可以回滚的，通过回滚恢复数据库，保持数据库的一致性，这是 DBMS 的责任。已提交的事务是不能回滚的，必须由程序员或 DBA 手工执行一个"补偿事务"才能撤销提交的事务对数据库的影响。那么事务在执行过程中发生故障的话，又是如何恢复的呢？

事务故障是指事务在运行至正常终止点前被中止，这时恢复子系统应利用日志文件撤销（UNDO）此事务对数据库已做的修改。事务故障的恢复是由系统自动完成的，对用户是透明的。系统的恢复步骤是：

（1）反向扫描文件日志（即从最后向前扫描日志文件），查找该事务的更新操作。

（2）对该事务的更新操作执行逆操作。即将日志记录中"更新前的值"写入数据库。这样，如果记录中是插入操作，则相当于做删除操作；若记录中是删除操作，则做插入操作；若是修改操作，则相当于用修改前的值代替修改后的值。

（3）继续反向扫描日志文件，查找该事务的其他更新操作，并做和第 2 步同样的处理。

（4）如此处理下去，直至读到此事务的开始标记，事务的故障恢复就完成了。

6.2.2　抽象事务模型

在系统中,事务必须处于以下状态之一:

(1) 活动状态:事务开始执行后就处于该状态。

(2) 部分提交状态:事务的最后一条语句被执行后。

(3) 失败状态:事务正常的执行不能继续后。

(4) 中止状态:事务回滚并且数据库被恢复到事务开始执行前的状态后。

(5) 提交状态:事务成功完成之后。

提交的或中止的事务称为已经结束的事务。抽象事务模型可以用事务状态图 6.5 描述如下:

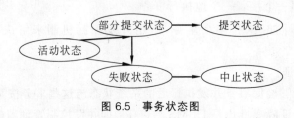

图 6.5　事务状态图

6.3　原子性和持久性的实现

1. 问题的提出

在 DBMS 中,事务管理器和恢复管理器提供对事务原子性和持久性实现的支持。这是一个非常复杂的过程,本节以一个简单但效率极低的方案为例,理解 DBMS 中实现事务原子性和持久性的原理。这个方案就是影子数据库(Shadow-Database)方案,它的前提条件是:

(1) 某一时刻 DBMS 中只有一个活动事务。

(2) 要处理的数据库只是磁盘上的一个文件。

(3) 磁盘上有一个称为 db-pointer 的指针指向该文件。

2. 影子数据库方案

在影子数据库方案中,欲更新数据库的事务首先创建数据库的一个完整拷贝,所有的更新都在新建的拷贝上进行,而原始数据库(称为影子拷贝)则原封不动。如果任何时候 DBMS 中的事务不得不中止,则新拷贝简单地被删除,原始数据库不受任何影响;如果事务执行完成,则它的提交过程如下:首先操作系统确保数据库新拷贝上的所有页已被写到磁盘上(在 UNIX 系统中,flush 命令用来达到这个目的)。在刷新完成后,db-pointer 指针被修改为指向数据库的新拷贝,而影子拷贝则被删除。

如图 6.6 所示,在影子数据库方案中,只有当修改后的 db-pointer 指针写到磁盘上后,事务才算是提交了。因此无论是在 db-pointer 指针修改之前或之后发生故障,都能保证事务的原子性和持久性。现在问题的核心变成了 db-pointer 指针写操作的原子性,而磁盘系统提供扇区或块更新的原子性。

图 6.6　影子数据库方案

3. 与文本编辑的比较

整个文本编辑的过程也可以看成是一个事务,事务的更新操作就是读文件和写文件。开始编辑文本之前都要复制旧文件的一个副本,不存盘退出就相当于中止事务,存盘退出就相当于提交事务。提交的过程就相当于执行文件重命名命令,而文件重命名是文件系统上的原子操作。

总之,影子数据库方案的致命缺陷是效率极低,一个事务的执行要求复制整个数据库,而且该方案不允许事务并发执行。

影子数据库方案的效率非常低,但是它提供了一个基本思路,要保存用于恢复的数据,就得在事务提交之前,在永久存储设备上保存在事务执行之前的所有数据。保留备份有两种方式,一种是全部备份,就像影子数据库一样;还有就是部分备份,只是对相关的数据进行备份。目前使用的方法一般都是后者,即部分备份。

6.4　事务的并发执行

6.4.1　为什么要并发执行

事务的串行执行虽然实现简单,但效率不高,没有充分利用计算机的磁盘 I/O 和 CPU 的特性。以下理由足以使我们考虑事务的并发执行:

(1) 提高系统的吞吐量:一个事务由很多步骤组成,其中有些步骤涉及磁盘 I/O,有些涉及 CPU 处理。计算机中 CPU 处理和磁盘 I/O 可以同时进行,利用二者的并行性,可以并发地执行多个事务:即一个事务在进行 I/O 操作的同时另一个事务在 CPU 上运行。这样系统的吞吐量——即单位时间内执行的事务数——就增加了,同时 CPU 和磁盘的利用率也提高了。

(2) 减少事务的平均响应时间:系统中运行着各种各样的事务,一些较长,一些较短。如果事务串行执行,那么短事务就不得不等待在它前面的长事务的漫长执行,从而导致难以预测的时间延迟。如果事务并发执行,就可以减少这种时间延迟,同时减少事务的平均响应时间——即一个事务从开始执行到完成所需要的平均时间。

要注意数据库系统中的"并发执行"并不是真正意义上的"并行执行"。首先,从用户的角度来看,这两种方式的结果是类似的,都是在一段时间内完成了多项任务。但是并发执行一般来说是单 CPU 进行处理,靠分时来造成同时执行的假象。针对数据库中事务的并发执行就利用了计算机的磁盘 I/O 可以和 CPU 处理并行工作的特性,将不同事务的指令放在一起交叉执行。而并行执行一般是用多个 CPU 同时进行处理,是真正意义上的同时执行。

6.4.2 调度

多个事务并发执行时,系统通过并发控制机制来保证数据库的一致性不被破坏。这是通过并发控制管理器中的事务调度来实现的。那什么是调度呢?调度就是指多个事务中所有指令的执行序列。一组事务的一个调度必须保证:

(1) 包含这组事务的全部指令。

(2) 必须保持各条指令在各自事务中出现的顺序。

调度的目的就是用于确定那些可以保证数据库一致性的所有事务的全部指令的执行序列。调度分为两种:串行调度和并发调度。

1. 串行调度

串行调度由来自各个事务的指令序列组成,其中属于同一事务的指令在调度中紧挨在一起。对于有 n 个事务的事务组,共有 $n!$ 个可能的串行调度方案。如图 6.7 所示,调度 1 就是一个串行调度。

2. 并发调度

如图 6.8 所示,调度 2 就是一个并发调度。并发调度由来自各个事务的全部指令组成,虽然属于不同事务的指令在调度中交叉在一起,但仍然保持在各自事务中的先后顺序。

图 6.7 串行调度 1   图 6.8 并发调度 2

6.5 封锁协议

6.5.1 锁

保证调度中事务并发执行的方法之一是对数据项的访问以互斥的方式进行,当一个事务访问某个数据项时,其他任何事务都不能修改该数据项。实现这个要求最常用的方法就是:只有当一个事务目前在一个数据项上持有某种锁时,才允许该事务访问这个数据项。

1. 共享锁与排他锁

给数据项加的锁一般有两种:

(1) 共享锁:如果事务 T 获得了数据项 Q 上的共享锁(本书中记为 S),则 T 可读 Q 但不能写 Q。

（2）排他锁：如果事务 T 获得了数据项 Q 上的排他锁（本书中记为 X），则 T 既可读 Q 又可写 Q。

每个事务要根据自己将对数据项 Q 进行的操作申请适当的锁，该请求是发送给并发控制管理器的。只有在并发控制管理器授予所需要的锁之后，事务才能继续其操作。

2．锁相容函数

对于给定的锁类型集合，可以按如下方式定义一个锁相容函数：令 A 与 B 代表任意类型的锁。假设事务 T_i 请求对数据项 Q 加 A 类型锁，而事务 T_j（$T_i \neq T_j$）当前在数据项 Q 上拥有 B 类型锁。尽管数据项 Q 上存在 B 类型锁，但如果事务 T_i 可以立即获得数据项 Q 上的 A 类型锁，则称 A 类型锁与 B 类型锁相容。锁相容函数一般用矩阵来表示，称为锁相容矩阵，如图 6.9 所示。图中只有其值为 TRUE 的两类锁才相容。

在实际的数据库管理系统中，并发控制管理机制中的锁不止排他锁和共享锁，还有其他形式的锁。具体内容可以参考各商用 DBMS 的各种文档或手册。

6.5.2 基本的封锁协议

1．加锁与解锁

封锁协议的主要内容是：

（1）加锁：要访问一个数据项，事务 T 必须首先申请给该数据项加锁。如果该数据项已被另一事务加上了不相容类型的锁，则在所有不相容类型的锁被释放之前，并发控制管理器不会授予事务 T 申请的锁。因此 T 必须等待，直到所有不相容类型的锁被释放。

（2）解锁：只要事务 T 还在访问某数据项，它就必须拥有该数据项上的锁。除此之外，事务 T 可以随时释放之前它加在某个数据项上的锁。

2．加锁与解锁指令

（1）加锁指令：

① lock-S(Q)：申请数据项 Q 上的共享锁。

② lock-X(Q)：申请数据项 Q 上的排他锁。

（2）解锁指令：

unlock(Q)：释放数据项 Q 上的锁。

如图 6.10 所示，给出的是两个带有加锁和解锁指令的事务。

	T_1	T_2
	lock-X(A)	lock-S(A)
	read(A)	read(A)
	A:=A-500	unlock(A)
	write(A)	lock-S(B)
	unlock(A)	read(B)
	lock-X(B)	unlock(B)
	read(B)	display(A+B)
	B:=B+500	
	write(B)	
	unlock(B)	

	S	X
S	TRUE	FALSE
X	FALSE	FALSE

图 6.9 锁相容矩阵

图 6.10 带锁的事务 T_1 和 T_2

3. 带锁的调度

如图 6.11 所示,给出的是一个带锁的调度。

正如图 6.11 所示,事务 T_1 的 lock-X(A)表示申请对数据项 A 加排他锁,该请求是发送给并发控制管理器的,如第三栏所示。并发控制管理器首先检查是否可以授予事务 T_1 的数据项 A 上的排他锁,如果可以,则通过 grant-X(A, T_1)指令在将要执行事务 T_1 的 read(A)指令之前将锁授予;如果不可以,则事务 T_1 就必须等待。为了叙述方便,本教材在后面将省略"并发控制管理器"授权加锁的这一栏。

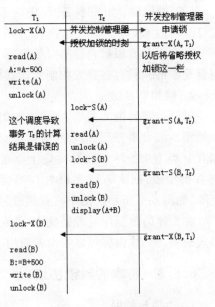

图 6.11　带锁的调度

6.5.3　基本封锁协议的问题

从图 6.11 的例子可以看出,即使在调度中采用了封锁协议,也还有可能导致数据库的不一致。在图 6.11 中,事务 T_2 的计算结果就是错误的,因为它不等价于任何的串行执行结果,因此封锁协议也有缺陷。这些缺陷概括起来就是下面三个问题。

(1)过早的解锁问题:在事务中过早地释放数据项上的锁,有可能导致数据库的不一致。

(2)死锁问题:所有的事务因为持有锁和申请锁而导致大家都处于等待状态,无法继续执行。

(3)饿死问题:一个事务总是不能在某数据项上加上锁,因此该事务也就永远不能取得进展。

1. 解锁与死锁问题

如果对数据项进行读写之后立即解锁,容易造成数据库的不一致,那么是否把解锁的时机往后推到事务的末尾就万事大吉了呢?图 6.12 展示了不立即解锁有可能造成的死锁问题。但是死锁还是要比造成数据库不一致要好,因为死锁可以通过 DBMS 回滚某事务加以解决,而数据库的不一致,则必须通过程序员或 DBA 执行一个补偿事务才可以恢复数据库的一致性。

为什么图 6.12 中的调度会产生死锁呢?因为事务 T_3 一开始就申请了数据项 B 上的排他锁,接着事务 T_4 申请了数据项 A 上的共享锁;在事务 T_4 申请数据项 B 上的共享锁时,由于事务 T_3 持有数据项 B 上的排他锁,因此事务 T_4 不能立即得到该锁,只能等待事务 T_3 释放锁;接下来事务 T_3 申请数据项 A 上的排他锁,由于此时事务 T_4 持有数据项 A 上的共享锁,因此事务 T_3 不能立即得到该锁,只能等待事务 T_4 释放锁。这就造成了两个事务互相等待的死锁现象。

T_3	T_4
lock-X(B)	
read(B)	
B:=B+500	
write(B)	
	lock-S(A)
	read(A)
	lock-S(B)
	read(B)
	display(A+B)
	unlock(A)
	unlock(B)
lock-X(A)	
read(A)	
A:=A-500	
write(A)	
unlock(B)	
unlock(A)	

图 6.12　一个死锁的调度

2. 饿死问题

在基本的封锁协议中,锁的授予条件是:当事务申请对某数据项加某类型锁,并且没有其他事务在该数据项上加有与该事务所申请的锁不相容的锁时,则并发控制管理器可以授予锁。但这种宽松的锁授予条件容易产生另外一个被称为饿死的问题,如图 6.13 所示。

在图 6.13 中,首先是事务 T_6 申请数据项 Q 上的共享锁,紧接着事务 T_5 申请数据项 Q 上的排他锁,因与事务 T_6 持有的共享锁冲突,因此事务 T_5 只能等待事务 T_6 释放锁;而在事务 T_6 释放锁之前,事务 T_7 又成功申请到数据项 Q 上的共享锁,因此事务 T_5 又不得不等待事务 T_7 释放锁。这样一直持续下去,事务 T_5 将永远只能处于等待状态,不能得到锁。这种现象就是所谓的饿死问题。

综上所述,必须重新考虑基本的封锁协议中并发控制管理器授权加锁的条件:当事务 T_i 申请对数据项 Q 加 M 型锁时,授权加锁的条件是:

(1) 不存在在数据项 Q 上持有与 M 型锁冲突的锁的其他事务。

(2) 不存在等待对数据项 Q 加锁且先于 T_i 申请加锁的其他事务。

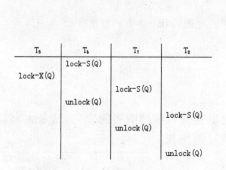

图 6.13　具有饿死现象的调度

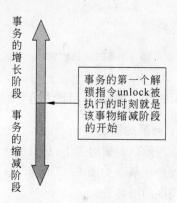

图 6.14　两阶段封锁示意

6.5.4　两阶段封锁协议

1. 两阶段封锁协议的定义

能真正保证调度可串行化的封锁协议是两阶段封锁协议,该协议要求每个事务分两个阶段提出加锁和解锁申请:

(1) 增长阶段:事务可以获得锁,但不能释放锁。

(2) 缩减阶段:事务可以释放锁,但不能获得新锁。

如图 6.14 所示,对于一个事务而言,刚开始事务处于增长阶段,它可以根据需要获得锁;一旦该事务开始释放锁,它就进入了缩减阶段,就不能再发出加锁请求。

值得注意的是:事务的第一个解锁语句 unlock 被执行的时刻就是该事物缩减阶段的开始。

2. 两阶段封锁协议的优缺点

(1) 在 6.5.3 节中介绍饿死问题的时候,指出了并发控制管理器给事务授予锁的条件,使得某一个事务不会一直处于等待状态。

（2）而两阶段封锁协议很好地解决了解锁问题，它指出了事务释放锁的时机，使得解锁指令不必非得出现在事务的末尾，从而大大增加了事务之间的并发度，如图 6.15 所示。

（3）但两阶段封锁协议仍然没有解决死锁问题，在调度中可能还会有死锁发生，例如 6.5.3 节的图 6.12 中事务 T_3 与 T_4 的调度符合两阶段封锁协议的要求，但还是有死锁问题。

3. 封锁点

对于任何一个事务而言，在调度中该事务获得其最后一个锁（由 DBMS 的并发控制管理器负责授予）的时刻称为事务的封锁点，如图 6.16 所示。调度中多个事务可以根据它们的封锁点进行排序。实际上，这样的一个顺序就是事务的一个可串行执行的次序。

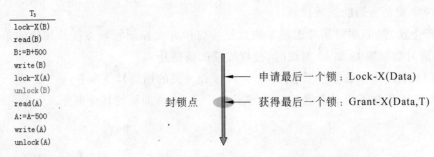

图 6.15　事务的解锁时机　　　　图 6.16　事务的封锁点

6.5.5　加强的两阶段封锁协议

1. 问题的提出

在两阶段封锁协议下，还有一个大问题就是事务的级联回滚可能发生，这是大家都不希望出现的事情。如图 6.17 所示，给出了两阶段封锁协议下某调度的一部分。

如果在事务 T_{11} 的 read(A) 指令执行之后事务 T_9 发生故障，从而会导致事务 T_{10} 与 T_{11} 的级联回滚。

2. 问题的解决

为了解决两阶段封锁协议下的级联回滚问题，需要对该协议的内容进行加强，这就产生了下面两种加强的两阶段封锁协议：

（1）严格两阶段封锁协议：除了要求封锁是两阶段之外，还要求事务持有的所有排他锁必须在事务提交之后方可释放。这个要求保证未提交事务所写的任何数据在该事务提交之前均以排他方式加锁，防止其他事务读取这些数据。

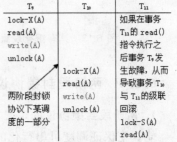

图 6.17　两阶段封锁协议下的某个调度

（2）强两阶段封锁协议：它要求事务提交之前不得释放任何锁。它旨在让冲突的事务尽可能地串行执行，这样调度中的事务就可以按其提交的顺序串执行。

注意：大部分商用数据库系统都采用这两种协议中的一种。

3. 锁的转换

（1）问题的提出。

如果事务一开始就申请排他锁并获得该锁，那么根据加强的两阶段封锁协议的要求，其他事务只能在该事务提交之后才有可能获得锁而继续执行。也就是说，加强的两阶段封锁协议虽然保证了调度不会发生级联回滚，但却降低了事务之间的并发度，如图 6.18 所示。

由于 T_{12} 必须对 a1 加排他锁，导致两个事务的任何并发执行方式都相当于串行执行。

（2）问题的解决。

事实上，只是在 T_{12} 写 a1 的时候才需要对 a1 加排他锁。因此，一开始 T_{12} 只要对 a1 加共享锁就可以，只是在需要时再将其变更为排他锁，这样 T_{12} 和 T_{13} 就可以真正地实现并发执行，如图 6.19 所示。这里的 upgrade 表示将共享锁提升为排他锁，相应地，downgrade 表示将排他锁降级为共享锁。特别要注意的是：锁提升只能发生在事务的增长阶段；而锁降级只能发生在事务的缩减阶段。这是为什么？请读者自己思考。

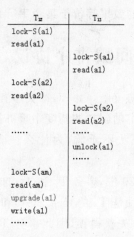

T_{12}	
read(a1)	
read(a2)	两个事务的任何并发执行
……	方式都相当于串行执行
read(am)	
write(a1)	
write(a2)	
T_{13}	
read(a2)	
read(a3)	
display(a1+a2)	

图 6.18　事务 T_{12} 与 T_{13}　　　　　图 6.19　带有锁转换的调度

4. 小结

（1）封锁协议是通过对事务所要访问的数据项进行加锁和解锁（由 DBMS 的并发控制管理器负责锁的授予和释放）来保证事务的并发执行。

（2）基本的两阶段封锁协议指出了并发控制管理器只能在事务的增长阶段进行加锁，而在事务的缩减阶段进行解锁，并且一个调度可以根据它所包含的各个事务的封锁点变成一个等价的串行调度。

（3）如果调度中事务的排他锁直到该事务提交之后才释放，则调度是无级联的。而带有锁转换的封锁协议则大大地提高了事务之间的并发度。

6.5.6　商用 DBMS 中封锁协议的实现

在实际的商用 DBMS 中，根据封锁协议实现的并发控制机制很简单且被广泛采用。这样的机制保证并发控制管理器自动为事务产生加锁、解锁指令：

（1）当事务 T 进行 read(Q)操作时，系统产生 lock-S(Q)指令，后接 read(Q)指令。

（2）当事务 T 进行 write(Q)操作时，系统检查 T 是否已在 Q 上持有共享锁。若有，则系统发出 upgrade(Q)指令，后接 write(Q)指令，否则系统发出 lock-X(Q)指令，后接 write(Q)指令。

（3）在事务提交或回滚之后，该事务持有的锁都被释放。

数据库是一个共享资源,可以供多个用户使用。允许多个用户同时使用的数据库系统称为多用户数据库系统。例如,飞机订票数据库系统、银行数据库系统等都是多用户数据库系统。在这样的系统中,同一时刻并行运行的事务数可达数百个。事务可以一个一个地串行执行,即每个时刻只有一个事务运行,其他事务必须等到这个事务结束以后方能运行。事务在执行过程中需要不同的资源,有时需要 CPU,有时需要存取数据库,有时需要磁盘 I/O,有时需要通信。如果事务串行执行,则许多系统资源处于空闲状态。因此,为了充分利用系统资源,发挥数据库共享资源的特点,应该允许多个事务并发地执行。

在调度的并发执行中,对于无冲突的事务来说,并发控制机制的作用就没有发挥出来。但当两个并发的事务之间有冲突时,并发控制机制要保证事务的正确执行,使得调度中事务的并发执行的效果等价于某个串行执行。

6.6 时间戳排序协议

在封锁协议中,每一对冲突事务的可串行化次序是由执行时第一个两者都申请但互相冲突的锁决定的(与"按调度中事务提交的顺序做串行化"或"按调度中事务封锁点的顺序做串行化"的说法不矛盾,为什么?请读者自己思考),如图 6.20 所示。

在图 6.20 中,事务 T_1 和 T_2 的第一个两者都申请但相互冲突的锁是 T_2 的 lock-S(A) 和 T_1 的 lock-X(A),但由于事务 T_2 先获得锁,因此事务 T_2 先提交。所以这个调度中事务的可串行化次序是 $\langle T_2, T_1 \rangle$。

T_1	T_2
lock-S(B)	
	lock-S(A)
	lock-S(B)
lock-X(A)	

图 6.20 调度中事务的可串行化次序 <T_2,T_1> 与锁的关系

另一种决定事务可串行化次序的方法是事先选定事务的次序,其中最常用的方法就是时间戳排序机制。

6.6.1 时间戳

1. 基本概念

(1) 对于系统中的每个事务 T,把一个唯一固定的时间戳和事务 T 联系起来。时间戳就是一个时间标志,该时间标志是在事务 T 开始执行前由 DBMS 的并发控制管理器赋予的,记为 TS(T)。

(2) 时间戳有大小(先后)之分:若事务 T_i 先于事务 T_j 进入系统,那么:$TS(T_i) < TS(T_j)$。

2. 实现方式

(1) 使用系统时钟值作为时间戳:事务进入系统时的时钟值就是该事务的时间戳。

(2) 使用逻辑计数器:即该事务进入系统时的计数器值。每赋予一个时间戳,计数器就自动增加一次。

3. 两个重要的时间戳

在时间戳机制中,每个数据项 Q 需要和以下两个重要的时间戳相关联:

(1) W-TS(Q):表示当前已成功执行 write(Q) 的所有事务的最大时间戳。

(2) R-TS(Q):表示当前已成功执行 read(Q) 的所有事务的最大时间戳。

每当有新的 read(Q)或 write(Q)指令成功执行,这两个时间戳就被更新。

事务的时间戳决定了调度中事务串行化的顺序,即,若 $TS(T_i) < TS(T_j)$,则 DBMS 必须保证所产生的调度等价于 T_i 出现在 T_j 之前的某个串行调度。

6.6.2 时间戳排序协议

基于时间戳的并发控制机制是由 Reed 在 1983 年提出的。

1. 协议内容

时间戳排序协议保证任何有冲突的 read 和 write 操作按时间戳顺序执行。

(1) 假设事务 T_i 发出 read(Q)操作。

① 若 $TS(T_i) < W\text{-}TS(Q)$,则 T_i 需要读入的 Q 值已被覆盖。因此,read 操作被拒绝,T_i 回滚。

② 若 $TS(T_i) \geqslant W\text{-}TS(Q)$,则执行 read 操作,而 R-TS(Q)的值被设为 R-TS(Q)与 $TS(T_i)$ 中的较大者。

这一条主要是用来解决读/写冲突的。

(2) 假设事务 T_i 发出 write(Q)操作。

① 若 $TS(T_i) < R\text{-}TS(Q)$,则 T_i 产生的 Q 值是之前所需要的值,但系统已假定该值不会被产生。因此,write 操作被拒绝,T_i 回滚。

② 若 $TS(T_i) < W\text{-}TS(Q)$,则 T_i 想写入的 Q 值已经过时。因此,write 操作被拒绝,T_i 回滚。

③ 其他情况下执行 write 操作,并将 W-TS(Q)的值设为 $TS(T_i)$。

这一条主要是用来解决写/读和写/写冲突的。

事务 T_i 被并发控制机制回滚之后,被赋予新的时间戳并重新启动,进入系统。

2. 调度举例

下面来分析如图 6.21 所示的调度中的两个事务在时间戳排序协议下是如何执行的。首先假设事务在第一条指令执行之前的那一刻被赋予时间戳。同时,对事务要访问的任何数据项来说,假设它们的 W-TS 和 R-TS 的初始值都为 0。

T_1	T_2	说明
read(B)		$TS(T_1)$, W-TS(B)=0
R-TS(B)=TS(T_1)	read(B)	$TS(T_2)$, W-TS(B)=0
	B:=B+500	R-TS(B)=TS(T_2)
	write(B)	R-TS(B)=TS(T_2)
		W-TS(B)=0
read(A)	W-TS(B)=TS(T_2)	W-TS(A)=0
R-TS(A)=TS(T_1)		R-TS(A)=0
	read(A)	W-TS(A)=0
	R-TS(A)=TS(T_2)	R-TS(A)=TS(T_1)
display(A+B)		
	A:=A-500	
	write(A)	R-TS(A)=TS(T_2)
	W-TS(A)=TS(T_2)	W-TS(A)=0

图 6.21 在时间戳排序协议下调度中事务的执行

(1) 准备执行 T_1 的 read(B),使得 T_1 的时间戳为 $TS(T_1)$,由于 W-TS(B)=0,根据时间戳排序协议的(1)②($TS(T_1) \geqslant W\text{-}TS(B)$),则执行 T_1 的 read(B),同时将 R-TS(B)改为

$TS(T_1)$，即 $R\text{-}TS(B)=TS(T_1)$。

（2）准备执行 T_2 的 read(B)，使得 T_2 的时间戳为 $TS(T_2)$，由于 $W\text{-}TS(B)=0$，根据时间戳排序协议的（1）②（$TS(T_2)\geqslant W\text{-}TS(B)$），则执行 T_2 的 read(B)，同时将 $R\text{-}TS(B)$ 设为 $TS(T_2)$（因为 $TS(T_2)>TS(T_1)$），即 $R\text{-}TS(B)=TS(T_2)$。

（3）准备执行 T_2 的 write(B)，由于 $R\text{-}TS(B)=TS(T_2)$，$W\text{-}TS(B)=0$，根据时间戳排序协议的（2）①和（2）②，这两个条件都不满足，因此根据（2）③执行 T_2 的 write(B)，同时将 $W\text{-}TS(B)$ 改为 $TS(T_2)$，即 $R\text{-}TS(B)=TS(T_2)$。

（4）……

按照以上分析方法，请读者自己分析调度中其他读写操作在时间戳排序协议下是如何执行的。

3. 小结

时间戳排序协议保证：

（1）满足该协议的任何调度都可以变成串行调度，这主要是因为该协议是按照事务的时间戳顺序来处理事务之间的冲突操作。

（2）满足该协议的调度无死锁，因为冲突的事务被回滚重启并赋予新的时间戳，而不是等待执行。

但该协议不保证：所产生的调度都是可恢复的，所以该协议在保证调度可恢复且无级联这一方面还需要加强。

6.7　死锁处理

6.7.1　死锁问题

1. 死锁的定义

前面对死锁问题已经有了初步的介绍，本节专门讨论死锁的定义与处理。

如果存在一个事务集，该集合中的每个事务都在等待集合中的另外一个事务，就说系统处于死锁状态。例如，如图 6.22 所示，在集合 $\{T_0,T_1,\cdots,T_n\}$ 中，若 T_0 在等待被 T_1 锁住的数据项；T_1 在等待被 T_2 锁住的数据项；$\cdots$；T_{n-1} 在等待被 T_n 锁住的数据项；而 T_n 在等待被 T_0 锁住的数据项，则系统死锁。

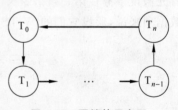

图 6.22　死锁的示意图

2. 死锁的解决

解决死锁问题主要有以下两种策略：

（1）死锁预防：预先防止死锁发生，保证系统永不进入死锁状态。

（2）死锁检测与恢复：允许系统进入死锁状态，但要周期性地检测系统有无死锁。如果有，则把系统从死锁中恢复过来。

两种策略都会引起事务回滚。如果系统进入死锁状态的概率相对较高，则通常采用死锁预防策略；否则使用死锁检测与恢复策略更有效。

Dijkstra 是死锁领域中最早也最有影响的研究人员之一。Holt 首先用类似本节所给的图的模型在 1971 年给出了死锁的形式化概念。时间戳死锁检测算法是由 Rosenkrantz 等人在 1978 年给出的,而 Gray 等人则在 1981 年对等待和死锁的可能性进行了分析。

6.7.2　死锁预防

预防死锁的最有效的方法就是采用抢占与事务回滚技术。在这种方法中,赋予每个事务一个唯一的时间戳,系统利用时间戳来决定事务应当等待还是回滚。但并发控制仍使用封锁机制。若一个事务回滚,则该事务重启时保持原有的时间戳。利用时间戳的两种不同的死锁预防机制如下:

(1) 等待-死亡(wait-die)机制。

(2) 受伤-等待(wound-wait)机制。

1. 等待-死亡机制

这种机制基于非抢占技术。当事务 T_i 申请的数据项当前被 T_j 持有,仅当 $TS(T_i) < TS(T_j)$ 时,允许 T_i 等待。否则,T_i 回滚,如图 6.23 所示。

图 6.23　等待-死亡机制示意图

例如,若事务 T_i、T_j、T_k 的时间戳分别为 5、10、15。如果 T_i 申请的数据项当前被 T_j 持有,则 T_i 将等待;如果 T_k 申请的数据项当前被 T_j 持有,则 T_k 将回滚。

2. 受伤-等待机制

这种机制基于抢占技术,是 wait-die 的相反机制。当事务 T_i 申请的数据项当前被 T_j 持有,仅当 $TS(T_i) > TS(T_j)$ 时,允许 T_i 等待。否则,T_i 抢占 T_j 持有的数据项,而 T_j 回滚,如图 6.24 所示。

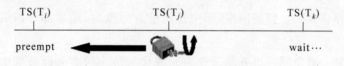

图 6.24　受伤-等待机制示意图

和上面的例子相同。如果 T_i 申请的数据项当前被 T_j 持有,则 T_i 将从 T_j 抢占数据项,T_j 回滚;如果 T_k 申请的数据项当前被 T_j 持有,则 T_k 将等待。

3. 等待-死亡与受伤-等待的区别

(1) 等待区别:在等待-死亡机制中,较老的事务必须等待较新的事务释放它所持有的数据项。因此,事务变得越老,它越要等待。与此相反,在受伤-等待机制中,较老的事务从不等待较新的事务。

(2) 回滚区别:在等待-死亡机制中,如果事务 T_k 由于申请的数据项当前被 T_j 持有而死亡并回滚,则当事务 T_k 重启时它可能重新发出相同的申请序列。如果该数据项仍被 T_j 持有,则 T_k 将再度死亡。因此,T_k 在获得所需数据项之前可能死亡多次。而在受伤-等待机制中,如果 T_i 申请的数据项当前被 T_j 持有而引起 T_j 受伤并回滚,则当 T_j 重启并发出相同的申请序列时,T_j 会等待而不是回滚。为什么?请读者自己思考。

6.7.3 死锁检测与恢复

1. 工作机制

死锁检测与恢复机制的工作方式如下:检查系统状态的算法周期性地被激活,判断有无死锁。如果发生死锁,则系统要进行恢复。这种机制的基本要求如下:

(1) 维护当前已分配给事务的数据项的有关信息以及任何尚未解决的数据项请求信息。

(2) 提供一个使用这些信息判断系统是否进入死锁状态的算法。

(3) 提供解除死锁的策略。

2. 死锁检测

死锁可以用称为等待图的有向图来描述。该图由两部分 $G=(V,E)$ 组成,其中 V 是顶点集,E 是边集。顶点集由系统中的所有事务组成;如果事务 T_i 在等待 T_j 释放所需数据项,则存在从 T_i 到 T_j 的一条有向边 $T_i \rightarrow T_j$。死锁检测算法就是要检查等待图中是否存在有向环,图论中有相应的深度(广度)优先搜索算法。

3. 死锁恢复

解除死锁的常用方法是回滚一个或多个事务。在选择要回滚的事务时,要考虑以下情况:

(1) 选择使回滚代价最小的事务作为牺牲者,例如:

① 该事务已计算了多久?

② 该事务已使用了多少数据项?

③ 完成该事务还需要多少数据项?

④ 回滚该事务将牵涉多少事务?

(2) 决定回滚多远:是彻底回滚,即中止该事务后重启;还是部分回滚,即只回滚到可以解除死锁为止。

(3) 避免饿死:避免同一事务总是作为回滚代价最小的事务而被选中,最常用的方法就是在代价因素中包含回滚次数。

4. 超时机制

另一种处理死锁的简单方法是基于锁超时的机制。在这种方法中,申请锁的事务至多等待一个给定的时间。若在此期间内锁未授予该事务,则称该事务超时,此时该事务自己回滚并重启。如果确实存在死锁,卷入死锁的一个或多个事务将超时并回滚,从而使其他事务继续。该机制介于死锁预防(不会发生死锁)与死锁检测及恢复之间。

超时机制的实现极其容易,并且在事务是短事务或长时间等待是由死锁引起时该机制运作良好。但是,一般而言很难确定一个事务超时之前应等待多长时间。如果已发生死锁,则等待时间太长而导致不必要的延迟。如果等待时间太短,即便没有死锁,也可能引起事务回滚,造成资源浪费。该机制还可能会产生饿死,故此,基于超时的机制应用不多。

小　结

　　事务的 ACID 特征主要保证了数据库中数据的原子性、一致性、隔离性和持久性,而并发控制机制则主要给出了解决数据库中冲突事务之间的数据访问矛盾的具体方法。封锁协议和时间戳排序协议的基本思想相结合,既解决了事务并发执行的问题,又避免了产生死锁而导致的系统可访问性和性能等问题。

习　题

　　1. 在两阶段封锁协议下,调度中多个事务可以根据它们的封锁点进行排序。实际上,这样的一个顺序就是事务的一个可串行执行的次序。为什么?

　　2. 大部分数据库管理系统的实现都采用严格两阶段封锁协议,请问该协议能带来什么好处? 会产生哪些弊端?

　　3. 当一个事务在时间戳排序协议下回滚,它被赋予新的时间戳。为什么它不能简单地保持原有的时间戳?

　　4. 避免死锁后,仍有可能饿死吗?

　　5. 在封锁协议里曾经解释过“饿死”现象:一个事务因为要等待别的事务释放锁而永远处于等待状态,不能取得进展。其实,在利用时间戳的两个死锁预防机制(等待-死亡和受伤-等待机制)中,也可能存在某个事务重复回滚而总是不能取得进展的情况——这也称为“饿死”。请确认在等待-死亡和受伤-等待机制下,会不会发生饿死现象? 为什么?

　　6. 列出 ACID 特性,解释每一特性的用途。

　　7. 事务从开始执行到提交或中止,其间要经过几个状态? 列出所有可能出现的事务状态序列。

第 7 章　数据库管理与维护

在经历了需求分析、数据库概念设计、逻辑设计、物理设计以及在选定的计算机系统上建立及实现数据库之后，随着实际数据的加载及装入，数据库进入实际运行与维护阶段。这个阶段的目标是保证数据库系统正确、有效、安全、可靠地运行。

本章从数据库的安全性、数据的完整性、可靠性、数据库系统日常管理、性能调优 5 个方面，介绍数据库管理与维护阶段的内容、具体做法和相关命令。

7.1　安全性

7.1.1　制定安全策略

数据库中存放着大量的数据，这些数据是一个企业与组织业务活动、日常管理、运行及决策的基础，一旦数据库建成进入运行和维护阶段以后，会有很多用户和相关的人员对数据库进行各种操作，这就使得数据库的安全性成为一个重要的问题。为了防止不合法的使用可能造成数据的泄密、破坏，以避免组织遭受巨大的损失，DBA 要根据数据库用户对数据的使用情况制定相应的安全控制策略，维护数据库的安全性。

通常，计算机系统的安全控制是逐级设置的，用户要操作数据库首先要通过计算机系统的安全认证，这级的安全认证与控制用于保护文件资源，防止非法使用。通过 OS 级的安全认证以后，还要通过数据库级的安全认证。为了保证数据库的安全性，包括 Oracle 在内的很多大型数据库管理系统还设有相应的安全控制机制，通过数据库级的安全控制机制进一步保护数据库，防止数据库中的数据被非法使用。即每当一个用户通过数据库应用程序访问数据库的时候，用户要向数据库管理系统的安全控制子系统提供其身份，进行身份识别只有合法的用户才能注册到数据库系统。注册到数据库系统以后，DBMS 的相应模块还要进一步检查验证这个用户是否具有相应的操作权限。如果有操作权限，才能进行相应的操作，否则操作请求被拒绝。

DBA 可根据数据库管理系统提供的安全控制机制，及用户对数据库的操作需求制定相应的安全控制策略，对不同类型的用户进行管理和控制。如为普通用户建立用户名和相应的密码，并为他们授予合适的访问数据库资源的特权。为防止密码被盗用，定期自动要求用户修改密码。对于终端用户和使用相同数据资源的同类用户，可以把这些用户分成组，为这些用户组建立角色并为这些角色授予必要的特权，通过角色管理可简化大型复杂应用系统中特权管理的繁琐性。

对于大型分布式数据库应用系统，可设置两级安全管理员，把相应的权利授予他们。全局数据安全管理员负责管理、协调，维护全局数据的安全性。各结点的安全管理员负责维护本结点数据库的安全性，包括用户管理、特权与角色的管理。对于一些安全性要求较高的应用场合，如银行、证券交易等数据库应用中，DBA 还可根据实际需要，及选用的数据库管理系统提供的安全特征,在权限管理与控制的基础上,制定相应的审计追踪措施,启用数据库管理系统的审计功能,进一步对特定用户操作数据库的轨迹进行跟踪和审计,通过多种措施保护数据库以防止非法使用。

7.1.2 用户管理

每个数据库系统,如 Oracle,SQL Server 会维护一张数据库用户表。为了存取数据库,一个用户必须用一个定义在数据库中的有效用户名(账号)运行相应的应用程序,连接到数据库。

数据库中的用户按其操作权限的大小可分为:

(1) 数据库管理员(DataBase Administrator,DBA)用户。

每当数据库系统安装、在特定的结点创建生成一个数据库以后,数据库管理系统会自动生成一个或多个数据库管理员的用户(账号),例如,SQL Server 数据库系统中有 sa,Oracle 数据库系统有 sys 和 system 用户,这些用户账号一般拥有全部的系统权限。

(2) 一般用户。

一般用户通常可能需要在数据库中建立表、视图、存储过程、函数、触发器等对象,一般需要有相应的权限。

(3) 程序员。

这类用户一般不会在数据库中建立对象,但需要对数据库不同结点的表、视图、快照等进行操作,一般需要有相应的增、删、改、查权限。

数据库管理员可根据实际情况,使用 DBA 用户账号对编程用户和终端用户进行管理。

(1) 建立用户。

拥有 DBA 特权或权限的用户可以用下面的命令建立一个 Oracle 数据库用户,如 student1,其命令为:

```
CREATE USER student1 IDENTIFIED  BY  student1
DEFAULT  TABLESPACE  users
TEMPORARY  TABLESPACE  temp
QUOTA  5M  ON users;
```

这条语句执行后,一个新的 Oracle 数据库用户 student1 被建成,其密码也是 student1,DEFAULT 子句指定 student1 用户创建的数据库对象将被存储在 users 表空间中,允许空间使用限额为 5MB,TEMPORARY 子句指定这个用户使用的临时空间将由表空间 temp 分配。

(2) 管理用户和资源。

具有 DBA 特权的用户可以改变一个用户对系统资源的使用限额,并对用户密码进行管理,如设置用户密码的有效期,指定一个用户多长时间必须修改一次密码,设置一个用户连续不成功注册 Oracle 数据库的次数。

DBA 用户可以用下面的命令维护用户账号,如将 student1 用户对表空间 users 的使用限额增至 20MB,其 SQL 命令为:

```
ALTER USER  student1
```

```
QUOTA  20M  ON  users;
```

DBA 用户可以用下面的命令修改用户 student1 的密码,普通用户也可以用此命令修改自己的密码,修改密码的命令为:

```
ALTER USER student1 IDENTIFIED BY  abc;                    --abc 为新的密码
```

(3) 删除用户。

当一个用户被删除时,这个用户及用户拥有的数据库对象将从数据字典和相关的对象中删去。例如,从数据库中删除 student1 用户及其所拥有的所有数据库对象,可使用命令:

```
DROP USER student1 CASCADE;
```

命令中的 CASCADE 选项指定在删除用户 student1 的同时,删除其所拥有的所有数据库对象,否则仅删除 student1 用户名。

7.1.3 特权与角色管理

用户被获准连接到数据库之后,Oracle 数据库管理系统还要进一步检查一个用户是否具有对相应数据库资源的操作权,这意味着每个 Oracle 用户除了具有一个注册 Oracle 数据库的用户名和密码外,还需要有相应的特权才能正确地在数据库中建立对象,操作数据库中的数据。Oracle 数据库的权限控制分为两类:系统特权和对象特权。

1. 系统特权及其管理

(1) 系统特权。

Oracle 的系统特权(权限)是允许用户进行特定操作的一种权利,用户拥有一定的权利才能执行相应的命令。如在数据库中建立关系表,必须要有 create table 的系统特权,建立视图,要有 create view 的权限,建立索引要有 create index 的系统权限。Oracle 预定义了几十种系统特权,这里列出部分权限如下。

* create any table:在任何用户账号中建表;
* alter any table:更改任何账号中的关系表;
* create database link:建立及删除数据库链路;
* create procedure:建立及删除存储过程;
* create sequence:建立及删除序列;
* create synonym:建立及删除同义词对象;
* create table:建立及删除关系表;
* create view:建立及删除视图;
* create index:建立及删除索引;
* create cluster:建立及删除聚集;
* create user:建立用户,指定缺省表空间及使用限额;
* drop user:删除用户;
* lock any table:封锁任何账号中的表、视图。

为了兼容以前的版本,Oracle 提供了三种默认的角色(一组特权)如下。

Connect:具有这种角色的用户,不能在数据库中建立任何对象,只能查询数据字典及访问有权限的数据库对象。

Resource：具有这种角色的用户可以在数据库中建立关系表、视图、序列、索引、聚集、存储过程、存储函数、触发器、数据库链路。

DBA：这种角色拥有 Oracle 预定义的所有的系统特权。

（2）授予系统特权和角色。

可以用下面的命令授予系统特权，如授予用户 user1 建立表的特权，命令如下：

```
GRANT  create table  TO  user1  WITH  ADMIN OPTION;
```

如果在授权命令中加上了 with admin option 选项，表示权利允许传递，这意味着允许 user1 把 create table 特权授予其他用户。例如：

```
GRANT  create table  TO  student175;
```

user1 把 create table 权限授予了 student175，即他们都拥有 create table 权限。

为了方便特权管理，Oracle 引入了"角色"的概念。角色也是数据库的对象，它是一组权限的集合。

为了简化特权管理，DBA 可以根据用户对数据库资源的使用需求，把用户分成组，为不同的用户组建立不同的角色，然后把相应的特权授予角色，再把角色授予用户及用户组。这样同组的用户具有相同的角色，当这个角色需要新的权限的时候，只要把新的特权授予角色，具有同样角色的全部用户就会得到新的特权。建立角色及授予特权的命令如下：

例如，建立一个名为 clerk 的角色命令为：

```
CREATE ROLE clerk;
```

然后，为角色 clerk 授予系统特权：create table，create index，create procedure，命令为：

```
GRANT create table,create index,create procedure To clerk;
```

角色建立好以后，就可以利用角色为用户授权了。例如，把角色 clerk 授予用户组 student1，student2，student3，使用下面的命令：

```
GRANT clerk TO student1, student2, student3;
```

当这个用户组还需要有 create view 的权利时，只需用下面的命令，把这个权利授予 clerk 即可：

```
GRANT create view TO clerk;
```

（3）回收系统特权和角色。

当权限不再需要时，可以用下面的命令回收。如从角色 clerk 回收系统特权 create procedure，命令如下：

```
REVOKE create procedure FROM clerk;
```

又如，回收 user1 的 create table 特权，使用命令：

```
REVOKE  create table  FROM  user1;
```

此后,user1 不能在数据库中再建立关系表了。

2. 对象特权及其管理

(1) 对象特权。

对象特权指数据库对象上允许的操作。通常由对象的拥有(建立)者根据系统预定义在对象上的操作及对象特权决定自己拥有的对象,如表、视图、序列、存储过程、存储函数允许哪些用户访问和操作,允许什么类型的操作。表 7.1 列出了各种数据库对象上有效的对象特权及允许的操作类型。

表 7.1 对象特权

对 象 特 权	表	视 图	序 列	快 照	存储过程及函数
alter	√		√		
delete	√	√			
execute					√
index	√				
insert	√	√			
references	√				
select	√	√	√	√	
update	√	√			

由表 7.1 可知,关系表、序列对象上允许授予或回收执行 alter 语句的权限,如表或序列的拥有者可以把指定表或序列上执行 alter 语句(改变表或序列)的权限授予其他用户;在表、视图、序列、快照对象上可以授予和回收执行 select 语句的权限;关系表允许授予和回收 references 权限,如把指定表 dep 的 references 权限授予某用户,被授权用户就可以在自己的用户账号中执行 references dep 表的命令;又如把存储过程或存储函数的 execute 权限授予相关的用户,被授权用户就可以调用这些存储过程或存储函数。

(2) 授予对象权限。

数据库对象的拥有者可以根据需要把自己建立的数据库对象的操作权授予其他用户,其授权语句如下,例如,

GRANT all ON dep TO student1;

student1 用户拥有 dep 表所有的对象特权。all 代表表 7.1 中列出的全部对象特权。又如,

GRANT select(tno,tname, sal)ON teacher TO student1;

仅允许用户 student1 查询 teacher 表的列 tno,tname,sal 中的信息,teacher 表上的其他操作不允许。

(3) 回收对象特权。

表的拥有者根据需要可以随时回收曾经授予的对象操作权。如从用户 student1 回收 dep 表上的全部权限,命令如下:

REVOKE all ON dep FROM student1;

又如，回收 teacher 表上的查询权限，命令如下：

```
REVOKE select ON teacher FROM student1;
```

7.1.4　启用审计

为保证数据库的安全性，有些数据库管理系统提供了审计功能，通过审计功能监视并记录用户对数据库的操作情况。当数据库中的数据在某段时间出现了安全问题，DBA 可通过审计系统记录的信息，分析这个时段哪些用户对数据库的相关数据进行过操作，曾做过什么操作，操作者是否有操作特权等，从而找出问题所在。

Oracle 允许在三个层次上进行审计：

1. 语句审计

可以设置对指定的用户做语句及系统特权的审计，跟踪并记录用户建立数据库对象的操作。

2. 特权审计

只跟踪并记录一些特殊系统特权的使用情况。

3. 对象审计

对象审计对指定对象上执行的 DML 语句进行跟踪，利用对象特权审查和记录相应的操作许可。

Oracle 系统的审计功能可以跟踪用户操作的轨迹，并记住用户在某个时段执行过的操作或语句。对于每一个被审计的操作都将产生一条审计记录，审计记录通常包括如下信息：

- 执行操作的用户。
- 操作的类型。
- 操作所涉及的对象。
- 操作的日期和时间。

利用 audit 语句，可以定义需要审计的内容。

例如，下面的命令审计用户 user1 的 dep 表上所有成功和不成功的 insert、update 语句：

```
AUDIT  insert,update  ON  user1.dep  BY  ACCESS;
```

语句中的 by access 子句指定每次被审计的语句执行时将在相应的审计表中插入一条记录。

还可以定义 by session 子句，指定每次用户会话将在相应的审计表中插入一条记录。

关闭所有的语句及特权审计，使用命令：

```
NOAUDIT all;
```

关闭 teacher 表所有的对象审计选项，输入下面的命令：

```
NOAUDIT all ON Teacher;
```

Oracle 将审计记录保存在数据字典中，通过查看字典视图 all_audit_trial，user_audit_trial 中的信息，就可以了解到数据库用户在某个时段的操作活动。

7.2 完整性

完整性是指数据库中数据的正确性和相容性。为保证数据库中数据正确、有效、一致，防止不符合语义及错误的数据输入到数据库中，大部分大型商用数据库管理系统提供完整性约束及检查机制，通常由三部分组成：

① 申明功能，即在定义关系表的时候定义和说明要检查的内容（完整性约束条件）。

② 检查功能，即检查用户发出的操作请求是否违反了完整性约束条件。

③ 一旦发现用户的操作请求违背了声明的完整性约束条件，系统将采用的措施。

1. 申明约束

Oracle 数据库管理系统在关系表上支持的声明约束语法为：

```
CREATE TABLE  表名
(  [关系完整性约束,]
   列名 1    数据类型   [列完整性约束],
   列名 2    数据类型   [列完整性约束],
   …)
```

在指定的关系表上可以定义表级约束（关系完整性约束）。当一个约束是由多列取值组成时，必须定义为表级约束。如果一个约束由一列的取值组成，可定义为列约束。Oracle 在关系表上支持下列 5 种完整性约束：

（1）主码约束。

要求指定的列不空并且唯一。下面的语句声明 sno 是指定关系的主码，语句中的 constraint 是保留字，s1 是约束名，primary key 是约束条件。

```
sno char(6)constraint  s1   primary key
```

（2）非空完整性约束。

要求指定的列不空，下面的语句声明 sname 列不能为空值。

```
sname char(10)constraint s2   not null
```

（3）唯一完整性约束。

要求指定的列必须唯一，即在指定的表中不能有重复的列值。例如，dname 的取值要唯一：

```
dname char(20)  constraint d2  unique
```

（4）check 完整性约束。

由 check 子句检查指定列的取值要满足定义的约束条件。例如，由约束名 s3 定义 age 列的取值在 15～25 之间。

```
age number  constraint  s3  check(age between 15 and 25)
```

（5）引用完整性。

引用完整性约束维护表之间数据的一致性，它确保有外码的表中外码列的值与其父表

的主码列有对应的列值。例如,定义成绩表 sc 满足下列约束:

　　sno,cno 是 sc 关系的主码;

　　sno 是 student 关系的主码;

　　cno 是 course 关系的主码。

以上各关系中所有外来码的值必须在被引用的原关系的对应列值中存在,其 SQL 语句为:

```
CREATE  TABLE  sc
(constraint pk_sc1 PRIMARY KEY(sno,cno),
 sno number(6)constraint fK_sno REFERENCES student(sno)on delete cascade,
 cno char(8)constraint fK_cno REFERENCES course(cno)on delete cascade,
 grade number(3));
```

命令中的 on delete cascade 子句声明允许连带删除,即可以直接删除 student 表中的指定记录或 course 表中的指定记录,如允许直接删除课程表中的数据"数据结构",当删除"数据结构"记录时,系统会自动删除成绩表中的相应数据。

2. 检查功能

指这些约束条件在什么时候起作用以及什么时候做检查。包括 Oracle 在内的很多系统是在用户提交操作语句:insert、delete、update 的时候立即做检查,检查插入或修改或删除操作的内容是否满足定义的约束条件,只有满足约束条件的数据才能入库,即成功完成操作。

3. 不满足条件的处理

很多数据库系统采用最简单的处理方式,就是一旦发现用户请求的操作违反定义的约束条件,立即拒绝该操作,并发出相应的错误信息告诉用户此操作违反了定义的约束。

7.3　可靠性

可靠性指数据库应对故障的能力。由于各种故障,如硬软件故障、网络等故障,会影响数据库的正常运行。本节从数据库管理与维护的角度讨论当数据库系统出现故障后,如何利用数据库管理系统提供的恢复技术,快速恢复系统,将故障对系统的影响降到最小程度,保证数据库正确、有效地运行。

7.3.1　数据库转储(备份)

转储指把数据库中的数据从数据库卸出写到一个操作系统文件或脱机介质中,当数据库系统出现故障时,利用转储副本恢复数据库系统。Oracle 支持操作系统级转储(文件系统及文件备份)和数据库级转储(数据备份)以及日志转储。

1. 操作系统级转储

完全数据转储或部分数据转储。完全数据转储指 Oracle 全部文件系统的转储,包括 Oracle 目录下的数据文件、联机日志文件和控制文件等。这种转储需在数据库关闭以后,在操作系统环境中完成。

部分转储指转储部分操作系统文件,这种转储可以在数据库打开或关闭时做。例如:

(1) 转储某个表空间的所有数据文件。

(2) 转储指定的数据文件。

(3) 转储指定的控制文件。

不论是完全数据转储还是部分数据转储,因需要在操作系统环境中用操作系统提供的实用程序转储 Oracle 文件系统或 Oracle 目录下的部分文件,被称为操作系统级转储。这种转储依赖于具体的操作系统及其实用程序。

2. 数据库级转储

数据库级转储指利用 Oracle 数据库管理系统提供的实用程序 Export/Import 定期做数据库级的数据备份和恢复。Export/Import 实用程序支持三种方式的数据卸出/装入:表方式、用户方式和全数据库方式。有相应特权的用户可以选择表方式或数据库方式的卸出或装入,DBA 可以选择全数据库方式数据的卸出,即转储数据库中全部的数据。

Export 卸出实用程序在数据库被打开并可用时,把 Oracle 数据库中的全部数据或部分数据写到卸出文件或直接写到脱机的介质中。通常,拥有 CREATE SESSION 特权的用户可以卸出自己用户模式下的数据库对象。DBA 或拥有 EXP_FULL_DATABASE 角色的用户可以卸出数据库中的所有数据。有特权的用户可以使用下面的命令卸出数据。

例如:

```
EXP userid=user1/abc TABLES=(student,dep,course),
    FILE=myback.dmp
```

该命令将用户 user1(abc 为用户密码)三张表的内容卸出到 myback.dmp 文件中。

例如:

```
EXP system/manager Full=y FILE=db.dmp
```

DBA 用户 system 执行全数据库对象的卸出,并把卸出的内容存放在文件 db.dmp 中。

3. 日志转储(归档)

日志记录用户对数据库的修改操作,主要用于数据库系统故障的自动恢复。Oracle 在归档方式运行时,会将写满的日志文件的内容自动地写到 DBA 指定的脱机介质中。利用完整的归档的日志文件,DBA 可以恢复数据库到一个故障点。

7.3.2 数据库恢复

数据库恢复指当系统出现故障时,使用转储数据快速把数据库恢复到正常状态。常见的数据库故障及相应的恢复方法如下:

1. 语句及用户进程故障

当 Oracle 数据库管理系统在处理一个 SQL 语句的过程中出现错误,如存储空间满、有效的 INSERT 语句不能正常插入数据时,Oracle 会发出相应的错误信息,终止用户进程的运行,并撤销用户进程占用的全部资源,恢复(UNDO)用户进程所做的工作。一旦问题解决,如为用户增大了空间使用权限,或增加了数据库的存储空间后,用户可重新提交相应的程序或命令。

2. 网络故障

在分布式数据库环境中,网络故障会中断数据库的正常查询,网络故障也会中断一个分布事务的两阶段提交。一旦网络故障排除后，每个数据库服务器的后台进程（Recover，RECO）会自动地检测并恢复由于网络故障被挂起来的分布事务。

3. 数据库实例故障

由于某些突发事件，或计算机系统故障使得 Oracle 实例异常终止，致使一些事务对数据库所做的修改丢失。但只要问题解决以后，重新启动 Oracle 数据库，Oracle 会调用回滚数据和 redo 日志文件，对相关的数据执行撤销（undo）和重做（redo）操作，自动恢复数据库及实例。

4. 介质故障

介质故障指存放数据的硬盘发生故障，会使存储在数据库中的数据全部丢失。介质故障是 DBA 应对的主要故障，恢复工作主要针对这种故障，可采用下列方法恢复数据库系统：

（1）使用操作系统级转储副本。

介质故障排除后，使用操作系统提供的恢复实用程序恢复最近的一个完全备份副本，然后启动数据库。如果没有转储日志文件的内容，即使用不归档方式运行数据库，则数据库只能恢复到后备点，即做数据备份的那个时刻。如果转储了日志文件的内容，即使用归档方式运行数据库，可进一步利用日志信息将数据库恢复到故障点，即出现故障的那个时刻。

（2）使用数据库级转储副本。

如果硬件故障不能排除，例如硬盘毁坏，可把备份的文件系统恢复到新盘上，但需要通过重命名数据文件的方法重新定位数据文件，以便把数据文件的新位置写入数据库的控制文件中，然后打开数据库。

DBA 也可以选择使用数据库级最近的数据备份副本恢复数据库。但要重新安装 Oracle 数据库系统，然后利用"装入实用程序"（Import）把卸出的全数据库数据副本读到数据库中。DBA 可以用下面的命令恢复一个最近的数据库级副本。

例如：

```
IMP system/manager Full=y FILE=db.dmp
```

DBA 用户 system 把 db.dmp 文件中的全部内容装载到数据库中。
或有特权的用户恢复相应的数据，例如：

```
IMP USERID=user1/abc FILE=myback.dmp
```

该命令将卸出到 myback.dmp 文件中的内容装入到 user1 用户模式中。

7.4 日常管理

7.4.1 启动及关闭数据库

1. 命令句法

Oracle 系统在特定的场地安装建立一个数据库以后，数据库的启动是自动完成的，DBA 也可以根据需要用下面的命令启动或关闭一个数据库。

启动数据库命令句法：

STARTUP　[启动数据库选项]

启动数据库选项包括：

OPEN：允许存取数据库；

MOUNT：安装数据库，但不允许用户存取数据库；

NOMOUNT：仅启动 Oracle 实例，不允许存取数据库；

PAPALLEL：允许多个实例存取数据库；

EXCLUSIVE：只允许当前实例存取数据库；

PFILE＝参数文件名：允许用非默认的参数文件配置及启动实例；

RECOVER：在数据库启动时开始介质恢复。

关闭数据库命令句法：

SHUTDOWN　[关闭数据库选项]

关闭数据库选项包括：

ABOUT：不等待用户完成事务立即关闭；

IMMEDIEATE：终止当前执行的事务或 SQL 语句，回滚事务后关闭数据库；

NORMAL：等待所有用户正常地终止他们的会话后，关闭数据库。

2. 命令实例

启动或关闭数据库，首先需要启动 Oracle 的 DBA 实用程序 SVRMGR，在 SVRMGR 响应符下，链接到 internal 用户下，输入启动数据库命令如：

```
SVRMGR>connect internal
SVRMGR>STARTUP
```

命令等价于 STARTUP OPEN，命令执行后会看到下列启动信息：

```
Oracle instance started
Database mounted
Database opened
Total system global area 1913196 bytes
Fixed size 27764 bytes
Variable size 178128 bytes
Database buffer size 65536 bytes
Redo buffer size 32768 bytes
```

关闭数据库命令如：

```
SVRMGR>connect internal
SVRMGR>SHUDOWN
```

命令等价于

```
SHUDOWN　NORMAL
```

当需要介质恢复时，可以用 RECOVER 选项启动数据库。

也可以使用 SQLPLUS 启动或关闭数据库。例如，用下面的命令注册到 Oracle：

```
SQLPLUS/NOLOG
```

在 OS 响应符下，以不注册数据库的方式启动 SQLPLUS，然后用 SYSDBA 注册到 Oracle，如

```
CONNECT system/orcl AS SYSDBA            --system用户名,orcl是密码
```

在 SQL 响应符下，输入 startup 或 shutdown 命令。

7.4.2　存储空间管理

1. 表空间与数据文件

Oracle 数据库的存储空间用表空间的概念进行管理，一般一个表空间对应一个或多个物理文件。一个 Oracle 数据库的数据逻辑上被存放在表空间中，物理上被存放在与相应的表空间相关联的数据文件中。

在安装及建立数据库的时候，安装过程会自动建立一个名为 system 的表空间，并提示 DBA 指定或确认分配给 system 表空间数据文件的名字及其大小。一般 system 表空间对应的数据文件必须足够大，因为 Oracle 的数据字典存放在这个表空间，Oracle 也允许在这个表空间存放用户的数据。根据实际情况，数据库管理员也可以建立更多的表空间及数据文件，按照用户类，把不同的用户分配在不同的表空间，以对用户的各类活动进行更加有效的管理。

建立表空间命令：

```
CREATE TABLESPACE student
DATAFILE 'stu1.dbf' SIZE 100M
DEFAULT STORAGE(
  INITIAL 50K
  NEXT   50K
  MAXEXTENTS 60);
```

这条命令执行以后，一个新的名为 student 的表空间被建立，这个表空间对应的物理文件名为 stu1.dbf，其大小为 100MB，其存储子句声明只要建立在 student 表空间的用户表，空间分配规则为：为每个初建立的关系表分配 50KB 的存储空间（INITIAL 50KB），当初始空间使用完以后，自动分配 50KB 空间（NEXT 50KB），存储空间自动分配的次数不超过 60 次。

当一个表空间中的有效存储空间使用完以后，DBA 可以用下面的命令追加新的存储空间到指定的表空间，命令为：

```
ALTER TABLESPACE student
ADD DATAFILE 'stu2.dbf' SIZE 80M;
```

这条命令将为 student 表空间增加 80MB 的存储空间。

改变表空间存储参数，命令为：

```
ALTER TABLESPACE student
DEFAULT STORAGE(
  INITIAL 100K
  NEXT   80K
  MAXEXTENTS 9999);
```

此命令使 student 表空间的空间分配规则改为：为每个初建对象分配 100kB 的连续空

间,之后每次自动分配量为 80kB,存储空间自动分配的次数不超过 9999 次。

2. 日志文件的管理

每当一个用户事务提交,临时存储在 SGA(System Global Area)中的重做日志条目会被后台进程 LGWR(Log Writer)自动写到联机日志文件中,联机日志文件主要用于重做数据的恢复。为了避免由于单一重做日志文件的故障影响数据库实例的正常运行,DBA 可建立日志镜像。联机日志镜像由联机日志文件的拷贝组成,物理上被存储在不同的硬盘上,每当组内一个成员有数据变化时,其变化会被自动施加到相应的镜像(副本)。把联机日志文件的副本放在不同的硬盘上,可以减少相关资源的竞争。建立日志镜像的命令请参照相关手册。

3. 回滚段的管理

Oracle 数据库的回滚段中存放着数据库撤销(undo)操作需要的有关数据,这些数据也被用于提供数据库的读一致性操作以及用户进程的恢复。由于大量数据的修改,会产生大量的撤销信息,也就需要大的回滚段。对于批量修改数据的场合,或数据库管理员在数据库中建立了其他的表空间时,建议用下面的命令建立更多的回滚段,建立回滚段的命令:

```
CREATE PUBLIC ROLLBACK SEGMENT user_rs
TABLESPACE student
STORAGE(
INITIAL 200K
NEXT  100K
MAXEXTENTS 200);
```

回滚段建立好以后,应该把新建的回滚段的名字追加到参数文件 init. ora 的 ROLLBACK_SEGMENT 参数中。

7.5 性能优化

优化的目标是提高数据库系统的性能。数据库性能优化的工作可以从多方面来做,一是做好数据库设计,即在数据库设计时从逻辑结构及物理结构上优化其设计,使之在满足应用需求的情况下,有最好的响应速度,且空间开销最小;二是利用 Oracle 的优化器和应用优化;三是数据库及实例的调整。本节主要讨论 Oracle 的优化器及应用优化方法以及数据库实例的调整。

7.5.1 Oracle 的优化器

Oracle 的优化器工作基于两种方法:基于规则的优化方法和基于代价的优化方法。基于规则的优化方法是以试探存取路径为基础的,当用户提交一个 DML 应用程序后,优化器首先判断正在执行的查询是否存在多个存取路径,若存在多于一种执行 DML 语句的方法,则基于规则的方法总是选用低等级的操作路径。通常,低等级的路径比高等级相关的路径有更好的执行效率。Oracle 预定义的存取路径如表 7.2 所示。

表 7.2 存取路径

等级	存 取 路 径	等级	存 取 路 径
1	用 ROWID 存取单行	9	单一列索引存取
2	用聚集链接存取单行	10	在索引列上的有限范围查找
3	用具有唯一或主码的 Hash 聚集码存取单行	11	在索引列上的无限范围查找
4	用唯一码或主码存取单行	12	排序——归并链接
5	聚集链接存取	13	用索引列的 MAX 或 MIN 函数存取
6	Hash 聚集码存取	14	在索引列上用 ORDER BY
7	索引聚集码存取	15	全表扫描
8	组合索引存取		

基于代价的优化方法是以数据的分布策略及数据字典中存放的统计信息为基础的,即优化器将首先判断正在处理的查询是否存在多个存取路径,如果是则在可能的存取路径及用户请求的 DML 语句的基础上产生执行计划(能够选择执行的各种步骤的组合);然后,为每个执行计划求其代价,并取其代价最小者。

7.5.2 应用优化

1. 使用索引

索引是定义在指定关系上的一个数据库对象,这个对象根据关系上指定的索引列维护一种数据结构。和书刊索引一样,表索引有助于更快地找到需要的信息。建立索引的原则如下:

(1) 为经常在查询中作为条件的表列建立索引,如在 where 子句中频繁使用的列。

(2) 频繁进行排序或分组(即进行 group by 或 order by 操作)的列。

(3) 可以为频繁出现在 order by 子句中的多个列建立复合索引。

(4) 对于大表(记录有一定规模),但检索内容小于表中全部数据的 10％时,建立索引将有很高的数据检索性能。

(5) 对于批量数据的装入,建议先装数据,后建索引将会减少维护索引的开销。

2. 建立聚集

聚集是一种数据库对象,这种对象把具有相同键值(公共列值)的不同表中的行物理上存放在一起以提高多个参与连接操作的表查询的速度。建议为频繁进行连接操作的表建立聚集对象,以改善多表数据检索的性能。

3. 使用 PLSQL

用户的每个 SQL 请求将会对数据库管理系统产生一次调用,尤其在分布式环境中,把多条相关的 SQL 语句封装在一个 PLSQL 块中,无论一个 PLSQL 块中含有多少 SQL 语句仅对数据库管理系统产生一次调用,这可以减少网络的开销,提高系统性能。

4. 使用存储过程和存储函数

用户请求的每条 SQL 语句,都需要先编译后执行。当相同的语句反复提交执行时,建议使用存储过程或存储函数,这样只需编译一次,多次执行,可以减少重复编译的代价,提高系统的性能。

5. 查询优化

(1) 避免相关子查询。

除非必须,尽量减少相关子查询操作。因为这类查询中子查询(内层查询)的条件依赖于其父(外层)查询指定列的值,在求解相关子查询时,需要在父子查询间反复求值,求解效率较低,尤其是查询嵌套层次多时,效率会很低。

(2)避免外连接操作。

由于外(左或右)连接中包含与 NULL(不存在)数据的匹配问题,这种连接将消耗更多的系统资源,除非必须使用这种连接求解的场合,应尽量避免和使用外连接。

6. 采用三层结构开发数据库应用

根据需求及应用程序完成的功能及操作特征,把应用程序实现的功能分解成三层结构:界面层、业务逻辑层、数据库访问层开发,底层为上层提供相应的调用接口,上层为应用系统提供相应的功能服务。不但应用系统结构清楚,应用系统容易维护和重构,同时,因为高度的模块化结构,及数据访问层大量数据库存储过程的使用,使数据库系统维护数据一致性的开销降低,而提高目标系统的性能。

7.5.3 数据库及实例的调整

利用 Oracle 提供的监控分析工具监控数据库系统的运行,观察分析数据库的动态变化情况,及时发现及解决各种问题,也是数据库管理员的日常工作之一。为了进一步提高数据库系统的性能,必要时 DBA 也可以通过调整数据库实例的参数改善系统的性能。数据库实例的全部可变参数见 Oracle 的 init.ora 文件。

1. 调整内存

一个数据库的存储需求与应用有密切的关系,在数据库设计、应用优化的基础上适当调整和优化内存的分配对改善系统效率,提高性能很重要。内存分配的调整可以从以下方面着手:

(1)操作系统参数。

利用操作系统的实用程序监控数据交换的情况,根据实际需要适当调整操作系统的有关参数,以保证数据库有较好的工作环境。

(2)数据库缓冲区。

数据库缓冲区是 SGA 区中与性能关系密切的一个区域,一定要保证这个区域的大小。DBA 可以用下面的命令检测这个区的工作情况。检测命令如:

```
SELECT name, value
FROM   V$sysstat
WHERE name in('db_block gets', 'consistent gets','physical reads');
```

其中:db_block gets 和 consistent gets 的值分别是请求数据及数据从缓冲区读的总次数;

physical reads 是请求数据时引起从硬盘数据文件上读的总次数。

缓冲区满足数据请求的程度称为命中率,其计算公式为:

```
Hit Ratio=1-(physical reads/(db_block gets+consistent gets))
```

若命中率较低,低于 70%,则需要增加数据库缓冲区 DB_BLOCK_BUFFERS 的值,以改进性能。

（3）日志缓冲区。

日志缓冲区是 SGA 区中被分配用于缓存重做日志信息的一个区域，其大小由参数 LOG_BUFFERS 定义。LOG_BUFFERS 的值较大时可减少日志文件的 I/O，在长事务操作环境中，此区的大小对性能的影响突出。

（4）库缓冲区。

库缓冲区是 SGA 区的共享池中与性能有关的一个区，有关这个缓冲区活动的统计信息被存放在数据字典的动态性能表 V＄LIBRARYCACHE 中，DBA 可以用 Oracle 的监控工具监控这个区的活动，也可以用下面的 SQL 命令查询这个区的工作状况，如：

```
SELECT SUM(pins)excutions,SUM(reloads)   "cache missing while executing"
FROM V$librarychache;
```

其中：

pins 显示用户请求（SQL、PLSQL 等）的总数；

reloads 指库缓冲区不能直接满足请求发生错误的次数。

reloads 的值接近于 0，说明这个区没有资源竞争，如果 reloads 与 pins 的比值大于 1%，则需要给库缓冲区分配更多的空间，即增大 SHARED_POOL_SIZE 参数的值，其最大值依赖于所使用的操作系统。

（5）数据字典缓冲区。

数据字典缓冲区也是 SGA 区中共享池中的一个区，其大小也与性能有关。数据字典缓冲区活动的统计信息被存放在数据字典的动态性能表 V＄ROWCACHE 中，DBA 可以用命令查看这个区的使用情况。查询命令如：

```
SELECT SUM(gets)"data dictionary gets", SUM(getmisses)"data dictionary get misses"
FROM V$ rowcache;
```

其中：Gets 是对相应项请求的总数；

Getmisses 是缓冲区不能直接满足需求，引起错误的数据请求次数。

通常，Getmisses 与 gets 之比要小于 0.1，若在数据库运行期间，此值不满足要求，或此比率还继续增长，则要考虑增加数据字典缓冲区的容量，即增大 SHARED_POOL_SIZE 参数的值，其最大值依赖于所使用的操作系统。

2. 调整 I/O

I/O 的调整主要解决 I/O 的瓶颈问题，主要从下面几方面来做：

（1）减少硬盘的争用。

当多个进程同时访问同一个磁盘文件时会产生磁盘资源的争用，DBA 可以用下面的命令周期性地监控磁盘的活动情况，其监控命令如下：

```
SELECT name, phyrds,phywrts
FROM  V$datafiles df,V$filestat  fs
WHERE df.file#=fs.file#;
```

其中：

V＄datafiles 是一个动态性能表,其中存放着数据文件名及有关文件的相关信息;

V＄filestat 是一个动态性能表,有关每个文件活动的统计信息存放在其中;

phyrds 是读数据文件的次数;

phywrts 是写数据文件的次数。

如果某个数据文件所驻留的硬盘的读写值之和很高,还可以启用操作系统的监控程序进一步检测该硬盘是否存在 I/O 瓶颈,如果存在 I/O 瓶颈,则需要考虑减少放数据库文件的硬盘的访问次数,以避免盘资源的争用。

DBA 也可以考虑将数据文件与日志文件放在不同的硬盘上,必要时对一些数据量很大的表分片,把数据片存放在不同的硬盘上以缓解某个硬盘资源的竞争。

(2) 数据块管理。

数据库中的数据是以块(页)为单位存储的。对频繁进行 update 操作的表,如果这种表中有太多需要更新操作的变长字段,就要考虑更新操作的开销。因为 update 操作时如果一行数据的增加量在原数据块中放不下时,Oracle 会把这整行数据存储在相邻的数据块中,这称为行移动;若一行的增加量较多,没有相邻的块能存放此行,Oracle 会把此行分为多片分别存储在不同的数据块中,这称为连接行。为了避免 update 操作产生的数据移动和连接操作,DBA 可以考虑对这类表的每个数据块的装满率进行控制,即为每个数据块预留一定数目的自由空间用于 update 操作。

(3) 减少动态空间的管理。

Oracle 数据库的空间是动态管理的,每当一个关系表被建立时,Oracle 会在数据库中为这张表分配一定的空间,这叫做初始空间,当初始空间使用完以后,系统会自动为表再分配一定数额的空间。若关系表存储的数据量很大,将会引起频繁的空间分配而增加系统的开销。DBA 可根据表中装入数据的量,指定合适的初始空间量,及合适的动态分配空间的量,以减少分配空间的次数。

同样,也要避免回滚段的动态管理。Oracle 的回滚段中存放着用户事务修改之前的数据,这些数据被用于事务的回滚及撤销(undo)操作。DBA 要根据实际情况合理设置此段的存储参数值,以减少动态分配空间的次数。

3. 减少其他资源的竞争

必要时也可以考虑,增加回滚段的数目,减少回滚段的争用;调整相应的参数,增大派遣进程的数目,及共享服务进程的数目,改善派遣进程及多线索服务进程的争用。

对于数据量大且频繁排序的应用,可适当增大排序区的大小。增加排序区的大小可以改善性能,但将占用更多的存储空间,要注意在增大排序区的大小 SORT_AREA_SIZE 的值的同时,可以适当减少排序区的参数 SORT_AREA_RETAINED_SIZE 的值,以折中考虑排序区需要的存储空间。

小 结

除了数据库的日常管理以外,DBA 还负责维护数据库的安全性、完整性、可靠性以及监控系统的运行,进行性能调优等,以提高系统性能。

维护数据库安全性方面的工作主要有:根据用户对数据的使用要求制定相应的安全控制策略,为使用者建立用户名,授予相应的数据库存取特权,对数据库用户及其使用的空间进行管理和维护。

完整性指数据库中数据的正确性和相容性。DBA 可充分利用数据库管理系统提供的完整性约束机制和触发器机制,防止不符合语义和错误的数据进入数据库,以保证数据库数据的正确性、有效性和一致性。

可靠性是指数据库应对各种故障的能力,为了防止各种故障对数据库造成的影响,DBA 可根据应用系统的特点,制定相应的数据备份策略,以使故障对系统的影响降到最低程度。

性能优化的目标是提高数据库系统的性能,可从数据库设计调优、应用程序调优、优化数据库及实例的参数等多方面来做。

习　题

1. 试简述数据库安全性的概念。

2. Oracle 数据库的安全控制措施包括哪些内容?

3. Oracle 数据库的系统特权与对象特权有什么不同?

4. 试举例说明主码约束、引用完整性约束的概念。

5. 说明关系完整性约束与列完整性约束有哪些不同?

6. Oracle 在关系表上支持哪几种约束?

7. 简述数据库管理系统的完整性约束机制由哪些部分组成。

8. 试述转储和日志的概念。

9. 撤销(undo)操作和重做(redo)有什么不同? 分别解决什么问题?

10. 仅使用转储的数据副本能恢复数据库吗? 操作系统级数据转储与数据库级数据转储的内容有什么不同?

11. 简述什么情况下需要使用日志信息恢复系统。

12. DBA 在监控数据库的过程中发现数据库缓冲区有资源竞争,他应该调整哪个参数? 如果发现数据字典缓冲区也有资源竞争,应该调整什么参数?

第 8 章　分布式数据库

　　分布式数据库是指其数据物理上分布存储在网络的多个结点中,而逻辑上是一个整体,这意味着用户可以通过网络在一个应用程序或一条 SQL 语句中同时访问网络中多个结点的数据。分布式数据库的实现目标是提供数据的异地存取,异地服务,为跨地域的数据库应用提供全局透明的数据服务。

　　本章首先讨论一个全功能的分布式数据库系统的实现模型、实现目标及其分布式数据库参考模式的结构,在此基础上介绍 Oracle 分布式数据库系统的结构、特点、分布式 Oracle 数据库支持的操作和提供的数据透明性。

8.1　概述

　　在集中式数据库系统中,数据库、数据库管理系统及应用程序都运行在同一台主机上,数据的处理与管理相对要简单一些。而分布式数据库系统中因数据库、数据库管理系统和应用程序分布在网络的多个结点中,使得这种计算模式较适合于跨地域、企业级的数据处理和管理,如异地存款、取款,异地飞机、火车订票,异地预订房间等事务处理。对于跨地域的应用,利用分布式数据库的特点将频繁进行存取的局部业务存储在本地主机上,实现就近存放就近使用,对于其他部门或总部的数据,根据实际需要存放在其他结点,需要时通过网络获取。这样,在满足使用要求,降低网络开销的同时,也实现了异地存取与异地服务。

　　分布式数据库系统以其数据的物理分布性和全局数据的逻辑统一性,为数据的异地存储、检索和服务提供了解决方案。然而,分布式数据库系统的实现需要考虑更多的问题。

8.1.1　实现模型

　　分布式数据库是由分布于计算机网络上的多个逻辑上相关的数据库组成的,这些数据库中的数据物理上被分布存储在网络中的多台主机上,但它们逻辑上是一个整体。用户可以在任何一个结点,提交一个全局应用以获取多个结点中的数据。从使用者或从操作者的角度来看,分布式数据库与集中数据库没有太大的区别,但在实现方面分布式数据库要比集中式数据库复杂。分布式数据库系统实现模型如图 8.1 所示。

　　由图 8.1 可知,一个分布式数据库管理系统要支持全局应用,又能对若干局部结点进行自治管理,场地自治管理可以使得每个局部数据库的运行不完全依赖于网络环境的有效性。原则上讲,一个功能完全的分布式数据库系统应该由 4 个部分组成:局部数据库管理系统(Local DataBase Management System,LDBMS)、全局数据库管理系统(Global DataBase Management System,GDBMS)、全局数据字典(Global Data Dictionary)及通信管理模块(Communication Manager)。

　　局部数据库管理系统(LDBMS)提供建立局部数据库及管理局部数据库的功能,提供场地自治、执行局部应用及提交多点查询、操作及全局应用的能力。

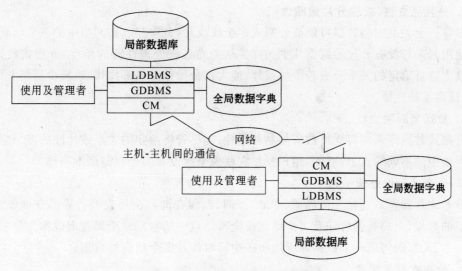

图 8.1　分布式数据库系统实现模型

全局数据库管理系统概念上很像一个集中的数据库管理系统,它为用户提供数据描述和数据操作的功能,提供数据分布透明性,协调全局事务的执行,保证全局数据库的一致性和有效性。

全局数据字典记录参与分布事务的结点名、数据库名及相关的信息,如各级模式描述、完整性约束、授权存取信息、数据的分割、副本数据及其所在场地、存取路径、死锁检测、预防及故障恢复等。

通信管理模块与各种操作系统支持的通信协议配合,提供网络中各结点之间的通信及互操作功能。

8.1.2　实现目标

1986 年,C. J. DATE 提出了一个全功能分布式数据库系统的 12 条准则和目标,提出了分布式数据库系统应该支持的功能,其 12 条准则和目标如下:

1. 场地自治性
网络中的每个结点(场地)是独立的数据库系统,它有自己的数据库,运行它的局部数据库管理系统,可以执行局部应用,具有高度的自治性。

2. 不依赖中心结点
每个结点有全局字典管理、查询处理、并发控制和恢复控制处理等功能。

3. 高可靠性
多个分布的物理资源既相互配合、又高度自治,既相对独立、又相互联系,使系统既具备整体控制及协调的能力、又保证即使在系统的某个局部结点故障或损坏的情况下仍能继续运行。

4. 位置独立性(或称位置透明性)
用户不需要知道数据物理存储在网络中的哪些结点上,对分布式数据库的操作就像对一个集中数据库操作一样。

5. 分片独立性(或称分片透明性)

尽管一个关系中的数据可能被分割成多个块或片,分布存放在网络中的多个结点上,但用户使用起来与没有分片的数据几乎一样。从提高系统处理性能的角度,分布式数据库系统应该支持将给定的关系分成若干块或片,使大部分操作为局部操作,以减少网络上信息的流量,提高系统性能。

6. 数据复制独立性

分布式数据库系统将支持数据复制独立性,即尽管将给定的关系或片段的多个副本,存储在网络中的不同结点上,然而,用户操作它就像全然没有多个存储副本一样。

7. 分布式查询处理

分布式数据库系统将支持局部(本地)查询、远程查询和全局查询。局部查询仅涉及单个结点的数据,全局查询将涉及多个结点或全部结点中的数据。全局查询也称为分布查询,指在一条 SQL 语句或一个数据库应用程序中同时涉及多个结点的数据。

8. 分布式事务管理

分布式事务管理将涉及恢复控制和并发控制。在分布式数据库系统中,单个事务可能会涉及多个结点执行其操作,即一个事务会涉及多个代理,通过代理在给定的结点上执行其操作。当一个事务同时涉及多个结点数据的时候,分布式数据库系统必须保证事务的代理集或者是全部一致地提交,或者全部一致地回滚。

9. 硬件独立性

能在不同的硬件系统上运行同样的数据库管理系统。

10. 操作系统独立性

能在不同的操作系统上运行数据库管理系统。

11. 网络独立性

要求系统支持不同的通信网络。

12. 数据库管理系统独立性

理想的分布式数据库系统应该提供数据库管理系统的独立性,即不仅支持同构型数据库系统间的互操作,也将支持异构型数据库系统间的互操作。

8.1.3　分布式数据库参考模式结构

分布式数据库体系结构也称为三级模式结构,如图 8.2 所示。由图 8.2 所示的参考模式结构可知。在分布式数据库环境中,也同样可以用三级模式结构的概念来建立数据库。

1. 全局外模式

全局外模式是全局应用涉及的数据库数据,也叫做全局用户视图,它是全局概念模式的子集。它将有利于维护数据/程序的独立性。

2. 全局概念模式

由分片模式和分布模式组成,分片模式解决数据如何分割,分布模式解决数据存放在网络的哪些结点上。全局概念模式定义分布式数据库中全部数据的逻辑结构及应用系统所涉及的全部数据结构。

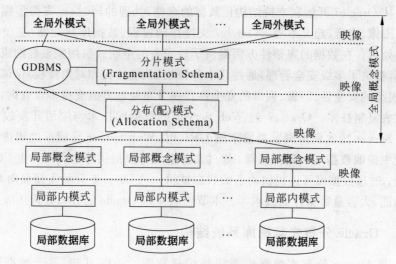

图 8.2　分布式数据库参考模式结构

3. 分片模式

分布式数据库中的数据可按集中、重复、分割和混合方式分布。分片模式定义如何把一个全局模式分割成为无重叠的许多片段,分别存放在不同的结点。数据分割的方式有多种,基本的分割方式有水平分片和垂直分片。水平分片是指根据指定的条件将关系按行(水平方向)分为若干不相交的子集,每个子集是关系的一个片段,垂直分片是指将关系按列(垂直方向)分为若干子集。垂直分割的片段必须能够重构成原来的全局关系。

4. 分布模式

分布模式定义片段存放的物理位置。片段是全局关系的逻辑部分,一个片段在物理上可以被存放在网络中的不同结点上。在确定数据的分布模式时可考虑重复存放分片,即一个片段分配到多个结点上,也可以考虑不重复存放分片,即一个片段分配到一个结点。根据分布模式提供的信息,一个全局查询可分解为若干子查询,每一个子查询访问的数据属于同一结点的一个局部数据库。

5. 局部概念模式

局部概念模式属于局部数据库管理系统,每个局部数据库有一个,它包含存放在这个局部库中所有数据的逻辑结构的描述。

6. 局部内模式

局部内模式属于局部数据库管理系统,涉及数据在局部数据库中物理结构和存储结构的描述。

全局数据库管理系统将对分片模式、分布模式及其相应的映像进行管理。

8.2　分布式 Oracle 数据库系统

8.2.1　概述

Oracle 数据库管理系统从 Oracle5.1B 版本开始支持分布处理的功能,但从 Oracle7 版本开始,这个数据库管理系统的特点,尤其是其分布处理的优势开始逐步凸现出来,并被其客户认可。从 Oracle7 开始在支持结构化数据的存储,处理的同时,也支持多媒体数据的存储,如图形、图像、声音、超文本等。Oracle7 支持存储过程、数据库触发器,基于规则和基于成本的优化处理。在数据的完整性方面提供了较完备的申明式引用完整性约束。在数据的安全性方面,提供了多级安全管理,通过几十种特权(系统特权和对象特权)保证了数据库级的安全性,表级的安全性、行级、列级的安全性。在分布处理方面支持多点查询、多点更新技术及分布式表复制技术。Oracle7 的 Web Server 把数据库技术与应用开发较好地结合起来,当 Web Server 接收到由浏览器发来的 URL 时,Web Server 可根据应用请求从数据库或操作系统中提取数据送回到浏览器。通过文件系统可以提供静态页面和由 CGI 脚本产生的动态页面,通过数据库可以提供动态的数据显示。从 Oracle8 开始支持面向对象技术,数据的分片功能,大容量数据存储技术等。本节重点介绍 Oracle 的分布处理功能。

8.2.2 Oracle 分布式数据库系统结构

图 8.3 是 Oracle 分布式数据库系统结构示意图。由图可知,每个数据库服务器由 Oracle 数据库管理系统、SQLPlus 等数据库应用开发工具以及 Oracle 的通信模块 Net8 组成。数据库服务器之间通过网络互联起来,形成了一个数据在物理上分布,而逻辑上相关的数据库系统。

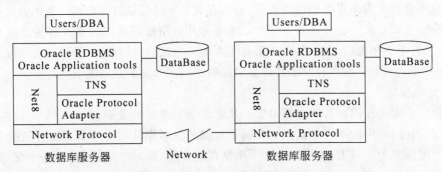

图 8.3 Oracle 分布式数据库系统结构

Oracle 分布式数据库系统具有下列特点:

(1) Oracle 分布式数据库系统没有全局数据库管理系统、没有全局数据字典、没有全局死锁检测及全局管理调度程序。

(2) 支持结点之间的互操作。

Oracle 的通信模块 Net8 支持客户机/数据库服务器、数据库服务器/数据库服务器之间的通信。Net8 由多个网络服务层组成,其中的透明网络服务层(Transparent Network Service,TNS)接受来自网络的客户请求,确定数据库服务器的位置,并判断本次连接涉及单协议还是多协议,如果是多协议,Oracle 的协议适配器(Oracle Protocol Adapter)将 TNS 服务映像到相应的工业标准协议。

(3) 支持分布数据的透明存取。

当一个应用同时涉及网络中的多个结点的数据时,除本地(直接注册)结点或通过客户端远程登录的那个结点外,应用中涉及的其他结点需要建立数据库链,通过数据库链获取和访问应用中所涉及的其他结点中的数据。Oracle 的数据库链路对象和同义词对象为分布数据的透明存取提供了可能和保障。

（4）场地自治。

Oracle 分布式数据库环境中的每个数据库服务器被分别管理。即每个场地的数据库管理系统管理自己的数据，维护其数据字典。每个场地的 DBA 负责为使用数据库的用户建立用户名，授予相应的系统特权。场地 DBA 根据其数据库的使用情况负责定期做数据库备份，以应对各种故障。

（5）单结点（场地）故障的处理。

网络中一个结点发生故障，不影响其他的结点。在全局分布式环境中的查询仍可继续，只要网络及相关的数据库可用，全局数据库就部分地可用。仅需根据故障的性质，做相应的故障恢复即可。

8.2.3　分布式 Oracle 系统支持的操作

1. 远程访问

远程访问涉及两种操作：远程查询和远程修改数据。远程查询是指通过 Oracle 客户端的应用开发工具，从一个远程数据库中查询需要的信息，远程修改是指通过 Oracle 客户端的应用开发工具，修改一个远程数据库中的数据。不论是远程查询还是远程修改，所有操作语句都发送到远程结点执行，远程结点会把执行结果返回给本地客户端或用户程序。

2. 定义数据库链

在分布式 Oracle 数据库环境中一些跨结点的数据操作，如多点查询、多点更新、数据复制等需要用到数据库链（DataBase Link）对象，在这些操作之前需要先定义数据库链，然后进行相关的操作。定义数据库链的命令格式为：

```
CREATE DATABASE LINK 数据库链名
CONNECT TO 用户名 IDENTIFIED BY 用户密码
USING  '网络服务名';
```

从此命令格式可知，定义及建立一个数据库链需要下面两类信息：

一是需要提供一个 Oracle 的网络服务名（Net Alias）。Oracle 的网络服务名是由数据库管理员或具有特定权限的用户利用 Oracle 提供的网络配置工具（Net Configuration Assistant 或 Net Manager）定义的一个 Oracle 数据库访问名，在定义及设置这个访问名时需要提供和定义下列信息：

（1）网络协议：TCP/IP。

（2）远程数据库服务器的 IP 地址。

（3）安装 Oracle 系统时建立的一个全局唯一的数据库名（SID）。

（4）命名一个 Oracle 的网络服务名，可以与数据库名（SID）同名。

通过 Oracle 的配置工具定义的信息会存放在本地数据库服务器上的一个网络配置文件（tnsname. ora）中，数据库管理员也可以直接添加网络服务名及相应的信息在这个文件中。

二是需要提供将要访问的远程数据库中的一个用户名和密码。这个用户名和密码是由 Oracle 系统的数据库管理员或安全管理员在指定结点为数据库的使用者建立的一个合法的 Oracle 用户名。建立数据库链和使用数据库链的实例如下：

设在网络中的两个结点上分别安装了分布式 Oracle 数据库，其中 IP 地址为 166.111.7.111 的结点上建立了一个数据库，名为 test1，其中存储了关系表 dep(dno,dname,tel,director)；在 IP 地址为 166.111.7.112 的结点上建立了另一个数据库，名为 test2，其中存储了关系表 teacher(tno, tname, title, hiredate, sal, bonus, mgr, deptno)。设某用户已经通过自己的用户名和密码正确地注册到 test1 数据库，希望同时获取或操作两个数据库中的数据，该用户需要定义及建立一个面向数据库 test2 的数据库链，为了便于记忆假设网络服务名与数据库名设置为相同的名称，建立数据库链的命令为：

```
CREATE DATABASE LINK  ltest2
CONNECT TO user9  IDENTIFIED BY  u209
USING  'test2';
```

3．分布查询

建立了对远程数据库 test2 的数据库链路以后，就可以提交和执行分布查询命令，例如：

```
SELECT tname,dname
FROM  dep, teacher@ltest2
WHERE dep.dno=teacher.deptno;
```

查询结果中的 dname 来自 test1 数据库中的 dep 表，查询结果中的 tname 来自 test2 数据库中的 teacher 表。

4．复制数据

利用数据库链在结点间复制数据，实例如下：

```
CREATE TABLE teacher
 AS SELECT * FROM teacher@ltest2;
```

这条命令执行以后会把 test2 数据库中的 teacher 表，复制（拷贝）到 test1 数据库中。

5．建立及维护快照

Oracle 数据库系统支持快照对象的建立和自动维护，快照是一个关系表的异步副本。对于一些实时性要求不是很高的应用场合，当应用程序对关系的更新频率不很高，但对这些关系表有大量的数据检索要求时，在本地数据库中建立其远程数据库表的异步副本（快照），利用 Oracle 数据库系统提供的自动复制技术，定期将远程数据库的数据复制到本地数据库中，可以减少同步更新数据的系统开销。

（1）建立快照。

建立快照对象的语法实例为：

```
CREATE SNAPSHOT  teacher_r
  REFRESH fast
    START WITH sysdate
    NEXT next_day(sysdate,'Monday')
    AS SELECT  * from Teacher@ltest2;
```

这条语句执行后,Oracle 数据库系统会在用户注册结点(本地数据库)test1 中为远程 test2 数据库的关系表 teacher 建立异步副本 teacher_r。每当 test2 中的表(主表)teacher 修改后,在指定的时间周期内,系统会自动刷新 test1 中的副本 teacher_r。

命令中的其他子句说明如下:

refresh 子句用于指定快照副本的刷新方式和刷新时间。快照副本的刷新方式用下列选项定义:

complete 为完全刷新。在本例中是指将远程 teacher 表的内容全部复制到本地数据库中。

fast 为快速刷新,需要利用快照日志的信息进行快速刷新。快照日志记录了远程数据库主表中数据的变化情况,如主表进行过什么操作,什么时间被修改等。快照日志是系统进行快速刷新的依据,如果选择快速刷新方式,需要在远程表(主表)上建立快照日志,如:

```
CREATE SNAPSHOT log on teacher;
```

force 为默认刷新方式选项。如果在建立快照对象的时候,命令语句中没有指定刷新方式,默认为 force,其含义是由系统决定采用 fast 方式还是采用 complete 方式。当然,在条件许可的情况下,系统会尽量采用 fast 刷新方式。

快照副本的刷新时间由下列子句定义:

start with 子句:指定何时执行从远程主表到本地快照副本的第一个复制操作。Oracle 系统将根据 start with 子句中的日期表达式,计算出快照建立后的第一次刷新时间。在本例中,使用了系统函数 sysdate,该函数返回当前时间,即快照建立后立即刷新一次副本。

next 子句:指定两个刷新之间的时间间隔。Oracle 系统将根据 next 子句中的日期表达式计算以后各次刷新时间(即刷新周期)。快照实例中的函数 next_day(sysdate,'Monday')有两个参数,第一个参数给出基准时间,第二个参数指定相对于基准时间的下一个星期几。系统会根据 next 子句中的日期表达式计算出下一次刷新时间,即每周一刷新一次。

as 子句:指定快照数据的来源,用一个查询定义,通过这个查询把数据从远程表复制到本地快照副本中。

快照也是一个数据库对象,它存储了对一个或多个表的查询结果。快照建立好以后可以用下面的语法查询其中的数据,例如:

```
SELECT * FROM teacher_r;
```

用户在自己模式下建立快照要有 CREATE SNAPSHOT,CREATE TABLE 及 CREATE VIEW 的权限,以及对主表的 SELECT 权限;若在其他用户的模式中建快照,则需有 CREATE ANY SNAPSHOT、CREATE ANY TABLE、CREATE ANY VIEW、CREATE ANY INDEX 的权限及对主表的 SELECT 权限。

(2) 管理与维护快照。

Oracle 的快照副本由进程名为 SNPn(n 为 0~9)的后台进程定期刷新,SNPn 进程会周期性地被激活并查看数据库中建立的快照是否需要刷新。SNPn 进程的个数由初始化参数文件 init.ora 中的参数 JOB_QUEUE_PROCESSES 设定,此参数必须设置为一个大于 0 的值,通常设置为 1 就可以了。SNPn 进程被激活的时间间隔由初始化参数文件 init.ora 中的参数 JOB_QUEUE_INTERVAL 设定(默认时间间隔为 60 秒)。

在一个分布式数据库环境中，Oracle 数据库系统允许一个主表在其他结点上建有无限多个快照副本，快照是只读的复制表，在主表修改时，快照并不立即修改，而是保证在指定的时间内快照副本与主表中的数据具有一致性。快照副本只允许查询操作，不允许插入、更新及删除数据操作。

一个快照可以是表的全部副本或是表的一个子集的副本，可以基于一个或多个主表、视图或由其快照的分布查询来定义。如果一个快照是基于一张主表的副本，并且在其查询的定义语句中没有 group by 或 Connect by 子句或集合操作语句就被称为是一个简单快照，对于简单快照可以用快照日志做快速刷新。一张主表只能建立一个快照日志。如果一张主表建立了多个简单快照，则这些快照使用同一个快照日志。

快照可以根据指定的时间周期被自动刷新，也可以根据需要手工刷新。有时，在主表中临时载入了大量数据，希望尽快把这种变化反映到相应的快照副本中，数据库管理员可以调用 Oracle 提供的 dbms_snapshot 包中的过程 refresh 手工刷新数据库快照。其语法格式如下：

```
EXECUTE dbms_snapshot.refresh(参数 1,参数 2);
```

命令中的第一个参数指定需要刷新的快照名称，第二个参数指定手工刷新方式。例如，完全刷新快照 teacher_r，可用命令：

```
EXECUTE dbms_snapshot.refresh('teacher_r','c');
```

第二个参数为?，表示用系统默认方式刷新快照。

6. 多点更新操作

利用触发器刷新存储在多个数据库中的数据副本。刷新指网络中任一数据库表作为主表，其数据的更新将会立即引起其所有的副本数据的更新。

用触发器刷新多个副本的步骤及命令如下：

例 8.1 同时更新 test1,test2 数据库中的 dep 表。首先，为 test1 数据库中的 dep 表建立一个触发器如下：

```
create or replace trigger update_dep
After update on dep
For each row
Begin
update dep@ltest2 set  dep.teL=:new.tel where dep.dno=:new.dno;
end;
```

然后，提交更新数据的命令如下：

```
update dep SET dep.tel=11111188 WHERE dep.dno=10;
```

每当 test1 数据库中的 dep 表被更改时，定义在 dep 表上的触发器会自动更新 test2 中的 dep。用下面的命令分别测试刷新结果，在提交更新命令结点执行本地测试命令：

```
SELECT * FROM dep;
    DNO DNAME    TEL
    -------    --------
    10  中文系   11111188
```

```
20 外语        62783451
30 计算机系    62785523
40 无线电系    62785529
50 自动化      62785556
```

测试远程结点刷新结果,在提交更新命令结点执行远程测试命令:

```
select * from dep@ltest2;
```

```
DNO DNAME      TEL
------------------
10  中文系     11111188
20  外语       62783451
30  计算机系   62785523
40  无线电系   62785529
50  自动化     62785556
```

例 8.2　在指定的主表成绩表 sc 上建立一个触发器,当主表 sc 中的数据发生变化时(包括增、删、改操作),就将其变化反映到成绩表相应的数据副本中,其 SQL 语句如下:

```
create or replace trigger copy_sc
after insert or delete or update
on sc
for each row
begin
  if  inserting  then                            --插入操作
    insert into sc@link_name  values(:new.sno, :new.cno, :new.grade);
    elsif  deleting  then                        --删除操作
      delete from  sc@link_name  where sno=:old.sno and cno=:old.cno;
    else if  updating then                       --修改操作
      if  updating('grade')  then                --修改成绩列
      update sc@link_name set grade=:new.grade where sno=:old.sno and cno=:old.cno;
      end if;
    end if;
  end if;
end;
/
```

由上面的实例可知,每个副本都是可查询及可修改的,对于主表的任何修改将会立即引起对其相应副本的修改。

7. 数据分片

为了减少系统维护多副本的开销,把一些跨地域的应用,尤其是应用中互不相交使用的数据,根据其使用特点,分割成水平片段(指按一定条件把一个关系中的元组(行)划分成若干不相交的子集,每个子集为关系的一个片段)。或分割成垂直片段(指按垂直方向(列)把一个关系的属性集分成若干子集,形成多个垂直片段),把这些水平或垂直片段存放在不同的 Oracle 数据库中。

例如,把某航空公司北京地区员工的信息存放在北京数据库中,把该航空公司上海地区员工的信息存放在上海数据库中,把该航空公司西北地区员工的信息存放在西安数据库中,为了方便总部人员检索全部员工的信息,在总部数据库中可以建立一个包含全部员工的视图。

例 8.3　建立包含全部员工的视图:

```
create view staff
as  (select * from  staff_01@l_01)
     union
    (select * from  staff_02@l_02)
     union
    (select * from  staff_03@l_03)
```

也可以通过建立快照副本,减少网络的开销。如在每个结点的员工表上建立一个快照日志,然后在总部建立一个包含全部员工信息的快照副本。

例 8.4　建立包含全部员工的快照副本:

```
create snapshot  staff
  refresh fast
  start with sysdate
  next   next_day(sysdate,'sunday')
  as (select * from  staff_01@l_01)
     union
    (select * from  staff_02@l_02)
     union
    (select * from  staff_03@l_03)
```

例 8.5　也可以建立基于垂直分片的全局视图或快照:

```
create view staff
as select s1.staffno, s1.sname, s2.job, …
from  staff_1@llink_1 s1 , staff_2@link_2 s2
where  s1.staffno=s2.staffno;
```

此实例把存放在不同数据库中的表 staff_1 和 staff_2 的列连接起来,形成一个包含全部列的视图 staff,供总部相关人员使用。

8.2.4　分布式 Oracle 数据库的透明性

Oracle 分布式数据库系统对系统管理员和用户提供了一定程度的透明性,本节将简单归纳分布式 Oracle 数据库的透明性。

1. 位置透明性

Oracle 数据库系统没有对全局数据库管理员提供位置的透明性,Oracle 分布式数据库的全局数据库管理员必须清楚并且记住数据的分布方案以及全局数据如何被分割,并且被分布存储在了哪些结点上。然而,Oracle 数据库利用同义词、视图对象可以为数据库的普通用户提供位置透明性。这意味着使用分布式 Oracle 数据库的普通用户不必了解和关心其所需要的数据存放在哪些结点上,利用全局数据库管理员提供的全局关系数据库模式,或为特定用户建立的外模式就可以方便地存取分布式 Oracle 数据库中的数据。对普通用户来讲,尽管数据被分布在网络中的多个结点上,但因数据库管理员为其提供的模式或外模式中可能含有同义词、视图对象,实际操作就像使用一个数据库一样。为了为普通数据库用户提供位置透明性,全局数据库管理员或本地数据库管理员可根据实际需要建立一些同义词或视图对象。

建立同义词对象的语法如下:

```
CREATE SYNONYM 同义词名 FOR 对象名;
```

例如,数据库管理员为存储在 test2 数据库中的关系表 teacher 建立一个同义词对象,其命令为:

```
create synonym teacher for teacher@ltest2;
```

test1 数据库中的用户,如果需要同时访问 test1 数据库中的 dep 表和 test2 数据库中的 teacher 表,可输入下列 SQL 命令:

```
select dname,tname,sal from dep, teacher
 where teacher.deptno=dep.dno;
```

这条 SQL 语句同时获取 test1 和 test2 数据库中的关系表 dep 和 teacher 中的 dname, tname 和 sal 列,其中 dname 取自 dep(注册结点),tname 和 sal 取自远程数据库。命令中使用了远程表 teacher@ltest2 的同义词 teacher,利用同义词对象屏蔽了存储在远程数据库中的位置信息。

如果 test1 结点的用户频繁查询 dep,teacher 表中的数据,也可以为这些用户建立一个视图,建立视图的语句如下:

```
create view d_teacher as
select * from dep d, teacher@ltest2  t
where d.dno=t.deptno;
```

用户使用 SQL 语句:

```
select * from d_teacher;
```

可以方便地从视图中获取到两个结点的数据。利用视图对象也可以屏蔽远程数据库物理位置信息,使得操作者不必知道或关心数据物理上存储在何处,以及数据是从多张表中检索的,而且语句的写法也远易于直接从两张表中检索数据时语句的写法,当表中的数据有安全控制需要时,也容易实现安全控制。

2. 操作的透明性

Oracle 允许用标准的 DML 语句:select、insert、update、delete、select…for update 及 lock table 操作远程数据库中的数据。

一个包含连接、子查询的查询,以及 select…for update 子句的 SQL 语句可以操作任意一个本地的及远程的表及视图。例如,下面的查询将从两个远程表检索数据:

```
select tno,tname,dname
```

```
from dep@link1 a, teacher@link2  b
where a.dno=b.deptno;
```

Oracle 数据库管理系统通过 select、insert、update、delete 及 lock table 语句中的数据库链路名识别网络中的一个数据库,因此数据库链路名要全局唯一。

3. 事务透明性

Oracle 数据库中的所有事务,无论是在单结点(场地)还是分布式环境中的,都是用 commit 或 rollback 语句结束,用 savepoint 及 rollback to savepoint 语句保留检查点或回滚至指定的检查点。

单结点事务的提交或回滚很简单,而在分布式环境中,事务的提交要用二阶段提交机制(two-phase commit mechanism)。Oracle 的二阶段提交机制将保证分布事务所涉及的各结点要么全部提交,即事务全部完成,要么全部回滚,即事务被勾销(undo)。分布事务的提交或回滚对用户是透明的。

4. 故障解决透明性及 RECO 进程

Oracle 的分布式数据库结构将保证一个分布事务在提交过程中的故障处理。当一个分布事务在提交过程中出现硬件故障、网络故障、软件故障、局部 Oracle 实例故障时,Oracle 会利用每个数据库挂起事务表(pending transaction table)中的信息以及每个数据库服务器的 RECO(recover)后台进程自动、透明地在全局范围内进行故障处理,保证一个分布事务所涉及的所有结点在网络或系统恢复时,要么全部提交、要么全部回滚。在故障处理过程中数据库管理员不需要做任何工作。

集中式数据库因其数据的存储和管理都集中在一台主机上,数据的管理相对要简单一些。而分布式数据库既要保证数据物理上的分布性,又要保证数据逻辑上的统一性,既要为用户提供方便的使用,又要保证系统具有良好的性能,这使得分布式数据库管理系统的实现比集中式数据库管理系统的实现更为复杂。

目前,尽管有如 Oracle 等一些商用的分布式数据库产品在运行,然而,计算机硬件及网络技术的快速发展,将推动这个应用领域解决更多的问题,出现更多的研究成果。

1. 什么是分布式数据库? 与集中数据库相比,分布式数据库的主要特点是什么?

2. 简述位置透明性的概念。

3. 简述分片透明性的概念。

4. 试举例说明 Oracle 的远程访问与分布查询的不同。

5. 在提交一个分布查询前一定要建立数据库链吗? 为什么?

6. 设网络中有两个物理数据库,一个数据库名为 Oracle91(网络服务名),其中建立了 dep 表,另一个数据库名为 Oracle92(网络服务名),其中建立了 teacher 表,请用 SQL 语句完成下面的操作:

(1) 列出计算机系每个教授的年收入,收入中不包含奖金。

(2) 列出其教师的平均工资高于 6000 元的系名,并按平均工资降序排列。

7. 用 SQL 语句把 Oracle91 数据库中的关系表 dep 复制到 Oracle92 数据库中。

8. 写一个触发器,每当用户提交 update 语句更改 Oracle91 数据库 dep 中指定系的 dname 值时,触发器自动刷新 Oracle92 中相应的修改值。

第 9 章 XML 基础

XML 是一种可扩展标记语言,主要用来描述半结构化的数据。XML 已经成为 Internet 上数据表示和数据交换的事实标准,有着广泛的应用前景。本章主要简单介绍 XML 的基本知识,包括 XML 的结点、标签和元素,以及 XPath、DOM、DTD 和 XML Schema 等。同时,也简单介绍 XML 数据的查询与更新方法。

9.1 基本知识

如果说 20 世纪是计算机的时代,那么 21 世纪则是 Internet 和 Web 的时代。与此相关的技术也得到了飞速发展。硬件方面已从原来的 8086 和 8088 发展到目前 1GHz 处理速度的中央处理器,其发展速度之快远非几年前人们所能预料。在软件方面更是这样,从 Internet 和 Web 的出现到 1992 年发布 HTML(HyperText Markup Language,超文本标记语言)的第一个版本,也只仅仅几年的时间。尽管 HTML 的第一个版本十分简陋,但它却从此改变了计算机的发展方向,此后各种与此相关的技术如雨后春笋般层出不穷,Java、CSS(Cascading Style Sheet,层叠样式表)、DOM(Document Object Model,文档对象模型)、ActiveX、COM(Component Object Model,组件对象模型)等技术相继形成并逐渐开始发展成熟。尽管所有这些技术的出现都曾给 Web 技术带来过一定的影响,但从没有哪项技术能像 XML(eXtensible Markup Language,扩展标记语言)一样如此轰动整个 Web 世界了。XML 出现不过几年时间就开始影响并变革整个 Internet 的发展趋势。

9.1.1 Web 与 HTML

Web 的发展首先应该是 HTML 的发展,HTML 技术的发展几乎伴随整个 Internet 的发展。正是 HTML 这种简单的标记语言使几乎所有人都体会到了 Internet 脉搏的跳动,它对于计算机的发展几乎可以和 BASIC 语言的作用相提并论,但是 HTML 技术本身存在诸多缺陷。首先 HTML 是一种样式语言,在目前 Internet 上它只是充当了数据表示的主要角色。而这种不协调在 Internet 发展的初期还没有什么影响,但随着 Internet 上信息量的增多,HTML 变得越来越难以胜任;其次 HTML 对浏览器的过度依赖性也形成了 HTML 标准的严重不统一,从而导致许多信息表示只能由某种特定的浏览器来解释。HTML 的这些不足导致人们重新思考 HTML 在 Internet 上的角色并开始研究一门新的语言来弥补 HTML 的缺陷,XML 的产生正是这种重新思考的结果。

9.1.2 什么是 XML

XML 的全称是 eXtensible Markup Language(扩展标记语言),它是一种专门为 Internet 所设计的标记语言。XML 的重点是管理信息的数据本身,而不是数据的样式,数据的显示则交给另外的技术来解决。目前,XML 有两种通用的样式添加技术,一种是 CSS,

另一种是 XSL(eXtensible Style Language,扩展样式语言)。XML 这种明确的分工导致的将是更高效的 Web 程序设计,更快的搜索引擎、更统一的数据表示和更方便的数据交流的出现。

XML 是 SGML(Standard Generalized Markup Language,标准通用标记语言)的一个子集,本质上是一种特殊的 SGML。SGML 是于 1986 年通过 ISO(International Organization for Standardization,国际标准化组织)的认证才开始被大家普遍接受。尽管 XML 的应用已经有好几年的历史,但是直到 1998 年 2 月,W3C(World Wide Web Consortium,万维网联盟)才正式制定出统一的标准来规范 XML 的使用,这就是众所周知的 XML 1.0 规范(W3C 于 2004 年 2 月 4 日给出了推荐标准的第 3 版)。

SGML 是一种一般性的标记语言,它为描述电子文档提供一种规范,同时也为电子文档信息结构化提供统一的法则。该语言从 1986 年通过国际标准化组织 ISO 的认证而开始被大家普遍接受,到现在已经有二十多年的发展历史了,其成熟性和稳定性都发展到了相当高的水平。虽然 SGML 的功能强大,但是其最大的缺点就是非常复杂,这也是 SGML 没有被广泛使用的主要原因之一。HTML 功能简单但无法处理大量的结构化信息,而 XML 的创建目的在于尽量地简化 SGML,并继承其优点,另一方面又尽可能地弥补 HTML 的不足。严格地讲,XML 仍然是 SGML 的一部分,是 SGML 的一种特殊形式,是专门应用在 Internet 上的 SGML。因此,XML 也称为原语言,是一种能创造语言的语言,这也是 XML 标记语言的特点。

总之,本质上 XML 是一组规定,它是 Internet 上的"世界语",因而它为不同的应用程序之间进行数据交换提供了一个公用的平台。XML 文件只负责数据的保存和传输,而不负责这些数据的显示,它实现了信息的数据和样式的分离。XML 缩短了人和计算机之间的逻辑距离,它还是一种人和机器都能看懂的语言。

9.1.3　XML 的优点

XML 已经成为 Internet 上数据表示和数据交换的新标准,被认为是最有前途的一种半结构化数据组织方式。XML 最明显的特点在于它可以创建标签和文法结构,以便于结构化地描述特定领域的信息,从而提供一种处理数据的最佳方式。无论在数据表示和存储方面,还是在数据的传输和处理方面,XML 都有独特的优势。

- 实现不同数据源之间的数据交换。XML 和 Java 一样具有跨平台特性。XML 的跨平台特性在于它提供了一种不同的数据源之间进行数据交换的公共标准,是一种公共的交互平台。
- 一份数据多种显示。XML 将信息的数据部分和信息的样式部分进行了区分。面对一个 XML 文档,我们只知道该 XML 文档存放的是什么数据,而没有办法决定这些数据将来的显示样式。也就是说一个 XML 文档并不决定数据的显示样式,数据的显示部分是由其他语言来解决的,这就给我们机会来按照自己的意愿给一份数据随意添加多种样式。
- 实现数据的分布式处理。XML 是一种针对 Internet 而设计的标记语言,一个保存有数据的 XML 文档可以在 Internet 中自由传送。当 XML 格式的数据被发送给客户端后,客户可以通过应用软件从 XML 文档中提出这些数据,进而对它进行编辑和处理,而不仅仅是显示结果。XML 文档对象模型(DOM)允许用脚本和其他编程语言处理 XML 格式的数据。而原来的 HTML,即便是对一个字符的更改也都必须在服务器上进行,从而导致整个页面数据全部重新传输。因此,XML 数据模型的一个优点就是将原来必须由服务器端处理的许多负载都分配到了客户端处理,从而降低了服务器的负担,优化了服务器的性能。

- 简单易学且功能强大。XML 和 HTML 一样简单易学,同时它还继承了 SGML 的强大功能。整个 XML 1.0 规范全部打印出来也不超过 40 页,而 SGML 的正式规范打印出来将超过 500 页。此外,XML 规范也改变了 SGML 文档必须有 DTD (Document Type Definition,文档类型定义)的限制,因此单独的一份 XML 文档也能被应用。

- XML 和 HTML 的关系。本质上讲,XML 和 HTML 都是 SGML 的一部分。但 HTML 过于简化,只适合于信息的样式描述,而不适合于信息的结构化描述。HTML 关心的是信息在浏览器中的效果,而 XML 关心的则是信息的保存方式。HTML 不能被 XML 完全取代,从某种意义上讲,XML 还离不开 HTML,因为 XML 数据的显示往往要被转变成 HTML 文档,才能被浏览器识别。

9.1.4　基本概念

1. XPath

XPath 是一些有关如何在 XML 文档中进行定位,即如何很快找出 XML 文档中具有某种特征标签(tag)的一种语言。例如,如何在一个 XML 文档中找出第 5 次出现的<Book>标签所在的结点(node)。总之,Xpath 语言定义的是如何在 XML 文档中很快查找到某个特定标签的语言。

2. 结点、标签与元素

在 XML 文档中,结点就是一个标签和它内容的总称。例如,<Book>Database Management System</Book>就代表了一个结点。当然结点的种类很多,常见的主要有元素(element)结点、属性(attribute)结点和文本(text)结点。叶子标签是指不再嵌套有其他标签的标签,而由叶子标签构成的结点就是叶子结点。叶子结点的内容是可解析的,所谓可解析指的是开始标签和结束标签之间的内容是普通的文本。与文本结点不一样,属性结点中属性的值必须用双引号括住。而空标签指的是只有开始标签没有结束标签的标签,又叫孤立标签。空标签一定以"/"结束。

一般来说一个结点包含自己的文本和子结点,如果文本被子结点分隔成几部分,这样的结点叫做混合结点。被子结点分隔成几部分的文本之间是有顺序的,这便是 XML 文档的顺序特征之一。

3. DOM

DOM 提供了一种从别的应用程序中调用或管理 XML 文档中数据的方法。它的处理方法是将一个 XML 文档看做是一个对象,通过固定的方法和属性对 XML 文档中不同的标签或结点进行读写。通常是通过客户端或服务器端的脚本语言对 XML 文档中的数据进行处理。

4. DTD

DTD 是用来定义 XML 文档中的标签以及标签和标签之间的嵌套关系,同时也指明了它所定义的标签在 XML 文档中可以出现的次数(例如,? 表示最多只能出现 1 次;＊表示可以出现任意次,包括 0 次;＋表示至少要出现 1 次等)和次序。也就是说 DTD 定义了 XML 文档的结构,是相应 XML 文档的数据模式(Data Schema)。

带有文档类型定义且标签的书写方法符合 DTD 中有关定义的 XML 文档,称之为合法(Validating)的 XML 文档,否则就只能是良构(Well-Formed)的 XML 文档。

5. XML Schema

XML Schema 定义了 XML 文档在逻辑上的数据结构,即数据模式。XML Schema 和 DTD 的作用基本一样,但在功能上 XML Schema 比 DTD 更强一些。XML Schema 提供了更多的数据类型,例如整数型、浮点型、日期时间型等,而 DTD 只提供了文本型的数据类型。在文法上 XML Schema 是一类特殊的 XML 文档,而 DTD 则是另一种风格迥异的文档。但 XML Schema 与 SGML 的兼容性比不上 DTD,因为 XML 的 DTD 是从 SGML 的 DTD 演变而来的,而 XML Schema 则是为 XML 特别开发的。

9.2 XML 查询语言

由 W3C 发起启动于 1998 年的查询语言专题讨论会,重点研讨 XML 查询语言的重要特性和需求,这就是著名的 XQuery 规范。XQuery 是 XML Query Language 的简称,目前的版本是 1.0,它是截止到 2003 年 11 月 12 日的 W3C 工作草稿。W3C 的 XQuery 是个非常复杂的规范,目前包含了 12 个不同的工作草案(而且可能还会增加)。该规范当前正在迈向推荐标准状态。

XQuery 起源于 Quilt,它的前身是 XQL。XQL 是目前 XML 世界中最接近实际标准语言的一种语言,已经有十几种实现在使用。对于 XML 用户来说,最熟悉的 XQuery 关键组件是 XPath,它本身就是 W3C 的一个规范。单独的 XPath 位置路径本身就是完全有效的 XQuery,例如,"//book/editor"意味着"在当前集合中查找所有图书的编辑"。在数据方面,XQuery 具有类似于 SQL 的外观和能力。

定义 XQuery 的、具有完全描述能力的文档集目前包括:

- XML Query Requirements:工作组的规划文档,XQuery 的需求列表。
- XML Query Use Cases:解决特定问题的几个实际方案和 XQuery 代码片段。
- XQuery 1.0:An XML Query Language:核心文档,介绍语言本身,以及对大多数其他内容的概述。
- XQuery 1.0 and XPath 2.0 Data Model:XML 信息集的扩展,描述查询实现必须理解的数据项和形式语义的基础。
- XQuery 1.0 and XPath 2.0 Formal Semantics:从形式上定义语言的底层代数。
- XML Syntax for XQuery 1.0(XQueryX):为喜欢使用 XML 的人提供的另一种语法,任何机器都可以使用。
- XQuery 1.0 and XPath 2.0 Functions and Operators Version 1.0:Schema 数据类型、XQuery 结点和结点序列的基本函数和操作符。

- XML Path Language（XPath）2.0：单独分离出来的 XPath 文档。
- XPath Requirements Version 2.0：XPath 的需求文档。
- XSLT 2.0 and XQuery 1.0 Serialization：从 XQuery 1.0 和 XPath 2.0 数据模型输出的序列化"尖括号"XML。
- XML Query and XPath Full-Text Requirements：描述全文本推荐标准需要达到的功能需求。
- XML Query and XPath Full-Text Use Cases：全文本规范预期能够处理的实际情况。

这些文档代表了大量工作，XQuery 1.0：An XML Query Language 文档是这个文档集的核心，但是其他文档也为 XQuery 成为良好的规范和全面支持的语言做出了贡献。下面从两个方面分析这些文档，并给出一个示范用例。

9.2.1　数据模型和形式语义

数据模型和形式语义工作草案共同为 XQuery 提供了精确的、理论上的基础支持。这两个文档详细介绍了查询代数，它是用形式术语给出的一组精确定义。它定义了 XQuery 查询期望操作的核心实体和各种语言操作符如何使用那些操作数的公式。要实现基于 XQuery 查询代数的 XML 查询引擎就必须全面了解这些内容。这两个文档还提供了一个让实现者能够将表面语法（surface syntax）特性直接构造为底层代数的映射，提供了如何优化复杂代数表达式的方法及将其转变成等价的但更简单的代数表达式形式的规则。

查询代数还提供了存放类型信息的位置。XQuery 是强类型检查的：如果数据有与其相关的 XML Schema，则处理程序可以根据该 Schema 进行验证，并为查询引擎提供文档中结点数据类型的后模式验证信息集（Post-Schema-Validation-Infoset，PSVI）信息，同时利用"XML Schema Part 2：Datatypes"中声明的类型和自定义的用户定义类型。查询代数还有静态和动态类型检查能力。例如，查询引擎可以使用 PSVI 派生的类型信息，在编译时静态地检查查询表达式的数据类型（当分析查询的语法正确性时）。在这个阶段尽早地确定类型无效的查询，这样能够大大减少对大型数据集进行的很有可能是昂贵但无结果的检索要求。

9.2.2　XPath 1.0 与 XPath 2.0

XQuery 与 XPath 2.0 有着相同的公共数据模型，XPath 2.0 几乎已经成熟。从 XPath 1.0 到 2.0 的转换非常有意思，主要考虑到这一情况：XPath 1.0 是基于集合的表达式语言，根据定义，集合是无序的并且不包含重复成员；另一方面，XPath 2.0 是基于序列的，相比而言，XPath 2.0 中结点的序列（或称它们为结点序列）是有序的，并且允许重复。用行话来说，这些差异的分歧存在于许多问题中，至于什么时候才有可能解决所有这些问题，目前还不清楚。

9.2.3　示范用例

下面用一个实际的例子快速了解一下 XQuery 的几项功能。下面是一个简单的查询，它操作 Use Cases 文档中的示例文件。该查询展示了 XQuery **投影**（在数据集中选择与所定标准匹配的结点子集）和**转换**（生成与正被查询的文档不同的输出文档）的能力。XQuery

允许在同一查询中指定要搜索的内容,并且指明应该采用什么样的输出格式。

下面是该查询所操作的文档的片段:

```
<bib>
    <book year="1994">
        <title>TCP/IP Illustrated</title>
        <author><last>Stevens</last><first>W.</first></author>
        <publisher>Addison-Wesley</publisher>
        <price>65.95</price>
    </book>
    <book year="1992">
        <title>Advanced Programming in the Unix environment</title>
        <author><last>Stevens</last><first>W.</first></author>
        <publisher>Addison-Wesley</publisher>
        <price>65.95</price>
    </book>
    <book year="2000">
        <title>Data on the Web</title>
        <author><last>Abiteboul</last><first>Serge</first></author>
        <author><last>Buneman</last><first>Peter</first></author>
        <author><last>Suciu</last><first>Dan</first></author>
    </book>
        ......
</bib>
```

下面是希望产生的输出文档(进行了一些美化处理):

```
<results>
    <book authorCount="1">
        <author>Stevens</author>
    </book>
    <book authorCount="1">
        <author>Stevens</author>
    </book>
    <book authorCount="3">
        <author>Abiteboul</author>
        <author>Buneman</author>
        <author>Suciu</author>
    </book>
        ......
</results>
```

下面是查询本身。它的工作是扫描所要查询的文档中的所有图书,生成上面所显示的结果文档:即在输出的每个新<book>标签中包含计算出的 authorCount 属性,并放弃原始文档中的大部分信息,只保留每位作者的姓氏。处理单个 XML 文档是 XQuery 的主要功能，当然，XQuery 的数据模型也有能力处理具有多个文档的文档集。

```
<results>
{
    for $book in //book
    let $authors :=$book/author              <--结点序列,而非集合
    return
        <book authorCount={ count($authors)}>
        {
            for $author in $authors
            return
                <author>{ $author/last/text()}</author>
        }
        </book>
}
</results>
```

　　另外请注意，查询本身没有指定所要查询的文档或数据集的上下文，这是所使用的特定查询引擎确定的。下面是该查询的一些有趣的特性：

1. for/let 表达式

　　该示例包含两个嵌套的 for 循环和一个 let。外部 for 循环迭代由扩展路径表达式//book 所得到的每一个结点，并将每个＜book＞结点隔离到名为 $book 的变量中。let 表达式则取得每一本书的所有＜author＞子结点，并放到名为 $authors 的变量中。$authors 变量包含一个结点序列，而 $book 和 $author 变量只包含单个结点。

　　请务必留意，这些变量不是赋值的而是绑定的。其中的差别很细微但却很重要：一旦绑定了变量，它的值就不可更改。这可以防止在运行中对变量重新赋值而造成糟糕的负面影响。另一个潜在的好处是，在处理期间可以（在某种程度上）重排包含变量的行，从而允许智能引擎优化它们的查询。

　　for 和 let 表达式是 FLWOR（读作 flower）表达式的子组件。FLWOR 表达式的正式语法格式如下：

```
FLWORExpr::=(ForClause|LetClause)+WhereClause? "return" Expr
```

显然它是一个有多种变化的表达式类型，可以生成大量不同的查询实例。正如该规范所描述的那样，"return"关键字后面的 Expr 项本身就可以被另一个 FLWOR 表达式替代，因此，可以像不断加长的 LEGO（商标名称）积木那样，将 FLWOR 表达式首尾相接，无限地排成一行。能够用任何其他表达式类型替换 Expr 项，使 XQuery 具有可编辑性并给予它丰富的表达能力。XQuery 中有大量的表达式类型，在调用更通用的表达式时，可以将这些表达式插入到语法中。一般情况下，最终是一个 return 语句终止 FLWOR 序列。在上面的查询示例中，增加了一个内部 return 作为一个方便的插入点，插入要输出的每个＜book＞的元素构造器。

2. 元素构造器

这个查询包含三个元素构造器。通过将尖括号＜＞直接写入查询本身的正文中，在查

询过程中动态生成元素＜results＞、＜book＞和＜author＞。在需要区分文本内容与子表达式,或在元素构造器中需要判断子表达式时,使用花括号(｛和｝,就是分隔符)。例如,如果编写如下所示的文本表达式则不需要用花括号来分隔内部标签和外部标签:

```
<authors>
        <author>
              ……
```

顺便提一句,花括号是在 2001 年 7 月发布的表面语言(surface-language)语法中加入的,更早版本的语法就不需要它们。花括号是 XQuery 语言在成为推荐标准的过程中不断改变和发展的一个好例子。

3. 属性构造器

下面一行:

```
<book authorCount={ count($authors)}>
```

显示了内置属性构造器的用法。count( )函数返回每本书包含的＜author＞元素数。请再次注意花括号,它在这里用来包围需要判断的表达式。该规范的最后版本可能要求用引号("")分隔计算出来的属性表达式,当前这两种方法都是允许的。

4. 内置函数和操作符

count( )是内置函数的一个示例。"Functions and Operators"草案列出了 14 组将近250 种函数和操作符,它们构造和操作各种不同的数据类型,包括数字、字符串、布尔值、日期和时间、qname、结点和序列。在表达式中使用 text( )操作符:

```
<author>{$author/last/text()}</author>
```

从封闭的＜last＞元素中取得姓氏文本来填充每个＜author＞元素的内容。如果直接使用$author/last,就会将封闭的标签＜last＞＜/last＞也一并加入。

9.3 XML 数据更新

对于 XML 数据的更新操作,无论在语言,还是在操作方法上目前都没有一个统一的标准。更新操作从逻辑上是指:元素的插入、删除和更新,是不是还包括其他内容,这正是需要仔细研究的问题。更新包括模式检查、结点定位、存储空间的分配和其他辅助数据的更新,比如索引、编码等。OrientX 提供的数据更新功能是和数据查询相结合的,首先用查询语句定位要更新的数据,然后根据要求执行更新操作。

在 XML 数据库中插入或更新数据,都可能会引起数据记录的移动。因为记录的 RID (Page:Slot)要被其他记录或索引等数据引用,所以记录的移动会影响到这些数据的更新,带来诸多问题,致使数据库性能下降。为了减少这种移动,在基于页的空间管理和分配方面,可以利用控制页使页预留一部分存储空间,而不是写满数据。当有数据插入或更新(因为有的更新操作根据需要会变成删除操作和插入操作,这时也会有新的数据行产生)时,如果预留的空间足够,则无须移动数据;如果预留的空间不够,则在新申请的页里插入数据或更新数据,而其他数据无须移动,同时为以后的数据插入和更新预留了更多的空间。描述记录 RID 中的 Slot 实际上是行偏移数组的下标,当删除记录时,只需要将行偏移数组中偏移量改为负值或 0;当在页内更新记录时(也可能需要移动位置),也只是修改行偏移数组的偏移量,记录的 RID 不发生变化。当然,这会产生存储空间碎片而造成页内空间的浪费。因此,需要根据空间回收策略,设计相应的回收算法,作为独立的线程在 NXDBMS 中运行。它在系统不繁忙的时候整理碎片,回收存储空间。

关于 XML 数据的更新语言,W3C 目前还没有这方面的工作计划,XQuery 中也没有更新 XML 数据的描述。而民间团体 XML:DB Initiative 则给出了更新语言 XUpdate 的规范,但这是不是能被 W3C 所接受,目前还是个未知数。因此,在这个方面还有很多问题需要认真研究。当然可以借鉴 XML:DB XUpdate 的成果。例如,可以参考 XML:DB XUpdate 提供的基本操作:

- 在元素前插入:Insert Element Before。
- 在元素后插入:Insert Element After。
- 追加元素:Append Element。
- 插入属性:Insert attribute。
- 插入文本内容:Insert Text Content。
- 插入 XML 块:Insert XML Block。
- 插入处理指令:Insert a Processing Instruction。
- 插入注释:Insert a Comment。
- 插入 CDATA 内容:Insert CDATA Content。
- 更新元素:Update Element。
- 更新属性:Update Attribute。
- 更新注释:Update Comment。
- 更新 CDATA 内容:Update CDATA Content。
- 重命名元素:Rename Element。
- 重命名属性:Rename Attribute。
- 删除元素:Delete Element。
- 删除属性:Delete Attribute。
- 删除元素的文本内容:Delete Text Content of an Element。
- 删除注释:Delete Comment。
- 删除 CDATA 内容:Delete CDATA Content。
- 拷贝结点:Copying a Node。
- 移动结点:Moving a Node。

小　结

作为半结构化数据的描述语言,XML 的技术还不够成熟,尤其是关于 XML 数据的查询处理,而数据更新更是其中的难点。本章给出了 XML 的基础知识,广大读者可以从网络上或者从其他资料中得到更多 XML 的技术细节。

习　题

1. 什么是 XML?
2. XML 有哪些优点?
3. 请解释术语：XPath、DOM、DTD 和 XML Schema。
4. 什么是 XQuery? 它的主要功能是什么?
5. XQuery 与 XPath 的关系是什么?
6. 请阐述 XML 数据更新的难点是什么。

第 10 章　数据库应用系统分析与设计

数据库应用系统的开发涉及企业或组织的经营目标,运行与管理模式,组织结构与业务流程,是一个复杂的系统工程,为了提高目标系统的满意度、实用性和可靠性,需要一套符合人们认识规律的软件开发规范、方法与工具指导应用系统开发及实现的全过程。

本章简要介绍自 20 世纪 70 年代初至今影响系统分析与设计的典型方法:瀑布模型、原型模型、螺旋模型,在此基础上详细讨论数据库应用系统开发模型及其分析、设计及实现涉及的过程与环节,包括每个过程做什么,以及如何做。

10.1　软件开发模型

在计算机应用的早期,人们对软件的理解就是程序,用不同的语言编写和调试程序,由于编写和调试程序更多地依赖于程序员的编程技巧、经验、智慧和直觉,而对软件开发的过程和方法没有过多的关注和重视。随着 20 世纪 60 年代初半导体集成电路技术的突破,计算机硬件的发展日新月异,其运算速度越来越快、体系结构越来越复杂、支持功能越来越强,而软件产业还停留在个体编程的基础上,致使众多的软件项目尤其是大型软件项目因为生产率低、开发周期长、进度不可控制、软件可靠性差、质量不能保证,而不能进入实际运行或失败,从而导致了 20 世纪 60 年代中期全球范围内的软件危机。软件危机使得软件工程师们开始思考、发现和研究软件产品的本质、规律及其开发模型与方法。系统分析与设计方法就是在这样的需求下产生、完善及不断发展的。

10.1.1　瀑布模型

瀑布模型(方法)是 20 世纪 70 年代初期由 Winston Royce 提出来的,这个模型把软件开发的全过程(也称为软件生命周期)划分为:项目规划、系统分析、总体设计、详细设计、编码调试与集成测试、运行维护 6 个阶段。这些活动必须按照自上到下的顺序进行,首先启动项目规划活动,由项目规划阶段定义将要开发项目的背景、目标,包括应用系统需要解决的问题,实现的功能、性能指标,从技术、操作、经济等方面分析目标系统实现的可能性,并制定合理的项目开发计划。然后,进入系统分析阶段;分析阶段的主要任务是根据规划阶段定义的目标对系统需求,包括功能需求与非功能需求进行全面的分析,在深入分析的基础上通过功能模型定义和描述目标系统必须实现的功能及服务,通过需求说明文档叙述项目目标、功能、适用范围、可接受的吞吐率、响应时间,以及数据的安全性、正确性、有效性等方面的要求。阶段 3 总体设计的任务是将需求分析阶段关于目标系统做什么的描述,变换成如何做,即通过这一阶段的设计活动将前一阶段的需求转换成能够实现的软件框架及系统结构,使得这个组成结构中各模块的组成能够最佳地支持目标系统的功能需求和性能需求。阶段 4 详细设计的任务是根据总体设计的结果,确定每个模块的算法、输入数据、输出数据及其结构。阶段 5 编码调试与集成测试阶段的任务是将详细设计的结果先转换成确定的程序设计语言描述的求解步骤,通过单元测试以后,将它们组装或集成到软件框架中进行集成测试,通过集成测试发现和纠正软件模块中可能存在的问题和缺陷,以保证目标系统的可用性、可操作性、满意度和质量。阶段 6 将目标软件系统交付用户使用,这标志着目标软件系统进入软件生命周期的最后一个阶段——运行维护阶段。由于瀑布模型覆盖了软件生命周期的全部活动:规划分析、设计实施、运行维护,也被称为软件生命周期方法。瀑布模型定义的开发过程如图 10.1 所示。

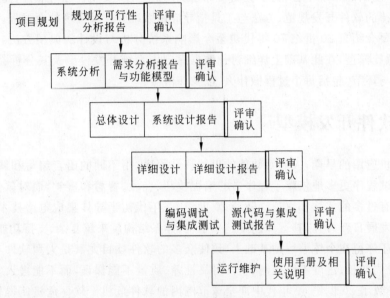

图 10.1　瀑布模型

10.1.2　原型模型

软件生命周期方法(瀑布模型)将软件开发过程划分为 6 个阶段,每个阶段结束后需要提交阶段工作文档并经过严格的评审确认后才能开始和启动下一阶段的活动。由于各阶段活动形成一个线性顺序,便于大型复杂项目中多学科开发小组成员之间对于一些共性问题的协调,以达成共识,保证阶段工作的正确性、一致性和完整性。

然而,由于多方面的原因,用户对目标系统的需求尤其是潜在需求并不能十分清楚地表达出来,往往随着项目的深入,需求不断清晰,在实际开发中难于保证前期各阶段活动的完备性。

原型方法是 20 世纪 80 年代中期随第四代语言及可视化开发工具产生的一种快速应用开发方法。原型是目标系统的一个可运行的早期版本,它反映了目标系统的基本功能特征。原型方法的指导思想是不必把前期各阶段的活动做得尽善尽美才开始下阶段的活动,根据基本需求就可以构建工作原型,在用户的参与下通过对原型系统的不断改进,最终得到用户满意的目标系统。

原型方法的开发过程可分为快速分析、设计构造原型、运行原型、评价原型和改进原型几个阶段:

1．快速分析

快速分析指设计人员经过访谈、调研和分析，初步确定目标系统的基本需求，包括基本功能、界面特点、性能需求后，即可编写基本需求说明书。

2．设计构造原型

在快速分析的基础上，依据基本需求说明规范在可视化开发工具的支持下，快速构建一个可运行的初始系统。

3．运行原型

运行原型指用户和相关人员对原型系统进行实际操作，通过操作过程逐步理解系统。

4．评价原型

在运行和使用原型的过程中，审核评价原型是否满足使用要求，通过审核和评价原型发现初始原型系统中存在的问题，纠正过去调研及交互过程中的理解偏差，补充缺失需求和因环境变化、需求变动引发的新的需求，并对原型系统提出全面的修改意见。

5．改进原型

在对原型系统审核评价的基础上，根据修改意见和方案，重构和修改原型。

原型模型工作过程如图 10.2 所示。

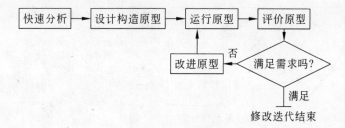

图 10.2　原型模型

10.1.3　螺旋模型

螺旋模型是由 Barry Boehm 于 1988 年提出的，因开发过程沿螺旋线由内向外延伸呈现为螺旋形态而得名。螺旋模型把软件开发的全过程划分为：项目规划、风险评估、工程实现、用户审核 4 个阶段。

1．项目规划

这个阶段的任务是确定软件功能、性能指标，选择可行的实施方案，标识和定义约束条件。

2．风险评估

通过风险评估活动分析评价所选方案可能存在的风险，使项目风险降到最低程度。

3．工程实现

设计和实现软件需求。

4．用户审核

审核评价目标系统，提出进一步的开发计划和测试计划。

螺旋模型如图 10.3 所示。图中的 4 个分区（象限）表示模型的 4 个工作阶段（过程）。螺旋模型的一个周期从项目规划开始，然后，对可选方案进行详细的分析评估，通过风险评估活动对项目实现的复杂性、实现难度和代价有充分的认识。如果因需求不够明确，不能对风险进行深入分析评估时,可根据基本需求建立原型系统,用户和开发人员在运行使用原型的过程中,发现和进一步挖掘需求细节与潜在需求,识别和分析项目可能存在的风险。如果经分析项目实现难度太大,现有的技术不能解决其关键问题,则意味着风险不能消除,可立即终止相应的开发活动。如果对项目规模、实现难度有一定的认识与相应的解决方案,则进入工程实现阶段,进行软件产品的设计与实现。最后,评价实现阶段的结果,并规划下一个开发阶段。其开发过程每经过一个迭代周期,螺旋线就增加一圈,系统又生成一个新版本,软件产品又提高一个层次,迭代活动可持续到用户对软件产品完全满意为止。

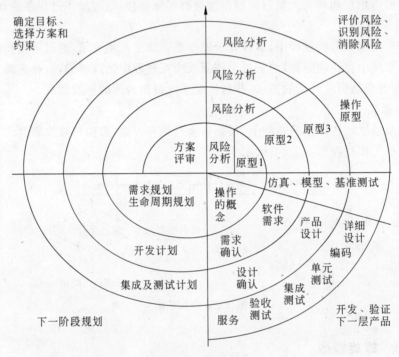

图 10.3 螺旋模型

　　螺旋模型吸取了原型方法的可修改性和瀑布方法的系统化与进度可控制性特点,又在其中增加了对项目风险的分析评估活动,有效降低了大型复杂项目在开发实施过程中因资金、成本、进度、质量诸方面的不确定性给项目带来的风险。然而,这种开发模型对开发人员风险评估的经验有较高的要求。

10.2　数据库应用系统周期模型

10.2.1　数据库应用系统的组成结构

　　数据库应用系统通常指由计算机硬软件系统、网络、数据库管理系统、数据仓库管理系统支持的用于存储、处理数据、管理、维护数据的一个实际可运行的软件系统。从其功能看,数据库应用系统呈现如图 10.4 所示的结构。

　　最底层的计算机硬件、操作系统提供应用程序和数据存储计算、调度运行需要的基本环境;其上层是网络和数据库软件支持层,其中计算机网络提供数据的通信及计算机系统间的

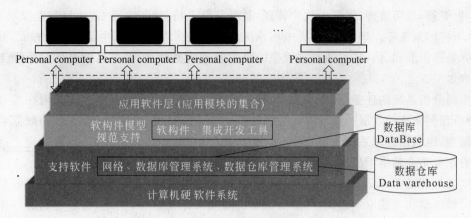

图 10.4　数据库应用系统结构

互操作,数据库管理系统提供数据的组织存储、获取处理、管理与维护,提供数据的共享服务、维护数据的正确性、一致性、安全性、可靠性。对于具有决策支持功能的数据库应用系统,还需要由数据仓库管理系统的支持;网络数据库层之上是软构件模型规范支持的软构件及集成开发工具,它们支持数据库应用系统的开速开发;最上层是应用层,由应用模块的集合组成,其中的应用模块根据其完成的任务可归为三类:数据访问类、业务处理类和用户接口类。这三类模块之间通常存在着一定的关系,即数据访问模块执行连接、访问数据库的任务,并为业务处理模块提供数据服务;业务处理模块将按照业务规则加工处理数据,并在数据访问模块与用户接口模块间传递数据;用户接口模块提供可视化人机交互界面,负责数据的输入和输出。

　　从使用者的角度看数据库应用系统是计算机系统、网络数据库与人(使用者、构造者、管理及维护者),方法与工具、业务规则与应用模块的集合。

10.2.2　数据库应用系统的分类

　　根据数据加工、处理要求的不同,数据库应用系统被分为两大类:数据处理系统和数据分析系统,如图 10.5 所示。

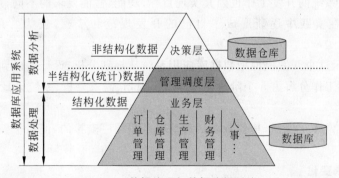

图 10.5　数据处理与数据分析系统

　　数据处理系统的主要任务是根据业务规则及数据处理需求对业务数据进行收集存储、加工处理,提供日常事务与管理数据及信息的支持,也包括提供日常管理工作需要的各类统计信息。数据处理系统主要面向量大、面广的日常业务与管理工作。例如,医院的病房管理,销售管理,饭店管理,停车场收费管理,各类订票系统,银行业务数据处理、公文传阅、签收,编辑打印系统等。事实上,这类应用系统已经渗透到现代工作、生活的各个方面,其主要的目标是提供准确、快捷、方便和高效率的日常业务数据处理,提高日常事务与管理工作的效率和水平。

数据分析系统的任务是对现有的数据进行分析处理,找出数据中存在的内在关系和规律,分析预测未来的发展。由于这类系统处理的数据结构复杂,无规律可循,一般需要建立数学模型,由数据仓库系统支持,利用数据分析工具对数据进行分析、计算和处理。这类系统一般面向企业和组织的决策层,其目标是为高层决策提供数据与信息的支持。

随着经济的全球化及国际市场竞争的加速,人们需要的信息范围日益增大,且希望在需要的时候能够快速获取。然而,尽管有大量的数据及信息存在,但是,由于它们的存在是孤立的、零散的,如果不进行收集、组织和管理,很难在需要的时候快速获取并有效利用。数据库应用系统的作用在于它能够对数据进行收集整理、组织存储、加工处理、快速检索、传递、支持事务处理、管理及分析预测等活动。因此,能否充分、有效地利用信息,能否利用信息资源获得良好的社会与经济效益,关键在于能否开发出一套满足实际需要的数据库应用系统。

10.2.3 数据库应用系统开发模型

自 20 世纪 70 年代至今经过近半个世纪的探索、发展和不断创新,数据库技术尤其是关系型数据库系统坚实的理论基础及其成熟的商业产品,使数据库方法越来越广泛地被应用在现代社会的各个方面。从支持量大面广的日常事务活动,提高工作效率,提供准确、规范、科学、高效的日常业务服务,到面向管理为各级管理人员提供正确、有效、及时、一致的数据服务,提高管理水平与决策能力。数据库应用系统所解决的问题也从初期支持局部单一的业务问题,扩展到面向企业甚至行业,支持综合的业务活动与数据处理,如支持企业包括市场分析、采购、销售、产品设计、加工制造、检验测试、管理及售后服务在内的全部生产经营活动和应用问题。

当今,数据库应用系统已经成为组织或企业降低生产成本,提高产品质量和服务,增强其活力、提高其应变能力和竞争能力的工具。

数据库应用系统的开发工作也因其实现目标、功能、性能要求的不同,规模、复杂性和适用范围的差异,在实践中逐渐形成了自己的开发规范和步骤,较为常用的开发过程如图 10.6 所示。

图 10.6 所示这个开发模型把数据库应用系统从规划分析、设计编码到运行维护整个生命周期中的全部工作分解为 5 个阶段实施:项目规划、需求分析、系统设计、实现与部署、运行与维护。

这个模型很像瀑布模型,其各阶段活动基本是按顺序安排的,但这个模型与瀑布模型相比有下列不同。

1. 考虑需求变化

随着数据库应用系统开发工作的深入,会出现新的问题和机会。这个模型通过自下向上反方向的箭头,把随开发工作出现的需求变化以及后续活动中发现的先期活动中遗漏的问题和缺陷反馈到上一阶段的工作文档中。考虑变化的方式可根据系统的规模和复杂性灵活掌握,对于一些业务功能单一,应用规模小,开发队伍小而精干且问题明确的应用场合可

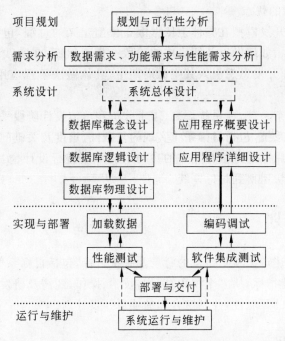

图 10.6　数据库应用系统开发模型

考虑即时修改变化，即直接修改前一阶段的相关文档，并把修改原因、修改内容、修改时间、修改责任人等信息通过网络发布给全体开发人员和相关用户。对于大型复杂系统，尤其是多学科人员协同并行（包括异地）工作的系统，可根据具体情况设定一些修改点，各工作小组记录发现的问题，经过项目总体组汇总，聘请相关专家和用户分析、确认后由项目总体组负责修改前一阶段的文档，并把修改后（标注变化）的文档发布到各开发小组，并负责协调各开发小组因变化产生的不一致性问题。

2. 包含数据库设计与实现活动

由图 10.6 可知，经项目规划、需求分析，进入系统设计阶段以后，数据库应用系统的开发工作将根据应用系统的数据需求和功能需求划分为两条主线：数据库设计与实现和应用程序设计与实现进行。数据库设计与实现的目标是把数据需求及相关需求变换为数据库及其数据支持，应用程序设计与实现的目标是把系统的功能需求与相关需求转化为软件结构、模块、算法与软件。

数据库设计与实现由概念设计、逻辑设计、物理设计、加载数据、性能测试环节支持。由图 10.6 可知，数据库概念设计的依据是概念设计之前产生的功能模型及相关的数据需求说明，数据库逻辑设计的依据是数据库概念设计阶段产生的概念数据模型，数据库物理设计的依据是逻辑设计阶段产生的关系数据库模式及相关说明。数据库设计工作完成之后，进入实现与部署，其内容包括加载测试数据并对数据库数据的正确性、一致性、安全性、有效性，以及数据库的性能及数据的响应时间进行全面测试，当数据需求与数据库性能及响应时间满足使用要求时，则意味着数据建模及数据库设计与实施工作结束，数据库进入运行与维护阶段。

应用程序设计与实现过程中各环节的活动内容同瀑布模型所述。

3. 吸取原型模型的优点

数据库应用系统开发模型在整体上依据瀑布模型定义的过程,包括整个生命周期的阶段划分、各阶段做什么、如何做以及所完成的阶段文档。然而,在实践中常常会根据实际情况,将原型模型的快速开发思想引入其生命周期中,具体做法要视应用系统的特点、规模与复杂性来确定。

对于一些大型复杂系统,在系统规划、需求分析和总体设计阶段采用瀑布模型定义的工作步骤将有助于理解系统,包括目标系统实现的复杂性、难度及关键问题的实施方案等。在总统设计的基础上利用原型方法在用户的参与下对原型进行设计、实现、修改、扩充、完善,可大大缩短开发周期快速得到目标系统。

10.3 项目规划

项目规划阶段描述定义项目研发的背景及系统目标,包括目标系统所解决的问题,目标系统实现的功能、性能指标,从多个视角,例如,技术、操作、经济及研发队伍与现有环境等方面分析目标系统实现的可能性,并制定合理的项目开发计划。

10.3.1 确定目标

数据库应用系统与其他软件开发项目一样,涉及多方面的问题,是一个复杂的系统工程。在项目规划阶段,首先要分析了解组织或企业的战略目标,开发项目的意义,需要迫切解决和解决的问题,确定系统的总目标、总功能,拟定总体方案。

确定目标的意义在于用最小的成本,获取最大的经济效益或社会效益。确定目标是在组织或企业的高层进行的,系统规划及分析人员站在高层观察组织的现状、分析系统的运行情况,包括组织或企业市场环境、经营目标,当前生产经营活动以及业务流程,现有的组织机构、各部门的工作职责及其功能,以及现行系统存在的问题。在对组织或企业的现状、业务流程进行基本调研分析的基础上,形成组织或企业当前的业务模型(AS-IS Model),然后,从现有的业务流程出发描述系统的总目标,例如:

① 扩大品牌产品的生产规模,通过规模效益增加市场占有率和营销能力。

② 降低生产成本,缩短新产品开发周期,提高产品质量。

③ 强化客户服务,提高客户满意度。如定期向固定客户发布新产品信息,提高即时交货率,缩短交货期。

④ 建立客户需求快速响应机制,及时把客户需求及市场变化反映到产品设计中,提高产品的竞争力。

⑤ 提高管理水平。

从企业或组织现有环境、运行现状、经营目标、业务流程、存在的问题及未来发展设想中分析提炼出总目标以后,根据规划目标改革组织机构、完善和改进管理方法和手段,重组业务流程,建立企业未来业务模型(TO-BE Model)。描述实现目标系统可选的解决方案,规划定义系统结构及结构中各个组成要素外部可见的行为和结构特性,包括确定系统范围、边界及目标系统将到达的性能指标。

10.3.2　可行性分析

可行性分析活动的任务是梳理、发现待开发系统在实施过程可能存在的问题,理解和探明系统实现的复杂性及投资风险。对于大型复杂、投资规模大的系统,可行性分析工作是不能缺少的一个环节。可行性分析工作通常从以下几方面进行:

1. 技术可行性

从技术层面对企业未来业务模型(TO-BE Model)进行全面分析。考查利用现有技术能否实现目标系统,所选技术是否是目前市场上流行的技术以及所选技术的先进性及其特点。如用所选技术开发目标系统在技术上是否存在问题,这些问题能否解决以及相应的问题解决方案。

2. 经济可行性

分析投资回报率。对目标系统将产生的成本与效益、短期与长远利益进行分析,估算目标系统的开发成本,评估项目将产生的利润、经济效益和社会效益。

3. 操作可行性

分析论证用选择的方案开发出的目标系统,其运行方式是否可行,能否提供操作方便、易使用、交互性强的用户界面。

4. 法律可行性

法律可行性指开发出的目标系统会不会在社会上引起侵权或其他责任问题。

10.3.3　开发计划

根据系统总目标、功能、性能等方面的规划,描述待开发的目标系统将用到的资源、实现目标系统需要花费的工作量、费用和进度安排。

1. 资源情况

分析实现目标系统需要的硬件配置、软件资源、人力资源情况。例如,开发某企业计算机集成制造系统,由于该系统要支持企业营销管理、产品设计、工艺设计、生产制造、测试检验等多个环节,需要网络服务器一台,需要数据库服务器 4 台,支持系统间的互操作,以及各类数据和信息的上传下达与共享。

说明开发队伍的组织及对人员的要求情况,包括项目负责人、系统分析及建模人员、设计及编程人员的业务技能要求。

2. 经费及工作量

估算购买硬件、网络软件,数据库管理系统及应用程序开发工具需要的费用,估算项目开发各阶段,包括需求调研、分析、数据库设计与应用程序设计、数据库加载测试与应用程序编码测试等工作需要的工作量及费用。

3. 进度安排

估计硬件、软件安装调试需要的时间,根据开发队伍现状估计目标系统开发各阶段所需要的时间,安排开发进度,制定开发进度表。

项目规划阶段提交的文档主要是可行性分析报告与项目开发计划。

10.4　需求分析

10.4.1　任务和内容

需求分析阶段的任务是对待开发系统要做什么,将要实现什么功能的分析和全面描述。需求分析工作也是从调研开始,但和项目规划阶段调研的视角有所不同。项目规划阶段是站在高层从决策层面观察组织的现状、分析系统的运行情况,包括组织或企业面对的市场环境、企业的经营目标,企业当前的生产经营活动以及业务流程,现有的组织机构、各部门的工作职责及主要功能,包括现行系统存在的问题和制约组织或企业发展的瓶颈。而需求分析调研将从软件系统满意度的视角对现行系统观察,了解、分析需求,如依据项目规划阶段规定的目标,系统必须完成什么功能,完成这些功能需要什么数据支持,目标系统应达到什么性能,包括在数据的响应时间、系统的安全性、可靠性等方面用户有什么期望值,这个系统实现到什么程度将得到用户的欢迎和认可,有较高的满意度。

需求分析的内容主要包括详细了解和描述目标系统的数据需求、功能需求、性能及其他需求。

1. 数据需求

收集组织或企业生产经营活动各环节产生的数据,通过对各类数据的收集组织、分析整理,搞清楚数据库中存储和管理什么数据,这些数据具有的属性特征、数据之间的关系,以及各类数据的使用频率、日生产量等,形成目标系统的数据需求规范。这个规范将详细定义和说明目标系统涉及的数据范围以及数据库中存储和管理的全部数据及其特征。

2. 功能需求

进一步了解分析企业或组织的业务活动及其流程,从数据处理和数据访问的角度抽象、归纳数据处理需求和业务规则,形成目标系统的功能需求规范,这个规范将详细说明系统必须实现的功能与服务。

3. 性能需求

在收集、分析和整理数据需求和功能需求的同时还要注意收集和整理其他需求,如性能需求,数据安全性、正确性、一致性方面的需求,系统可靠性等方面的需求。

10.4.2　需求分析步骤

需求获取与分析可按照下列步骤进行:

1. 获取需求

通过访谈,开座谈会与用户面对面交流,了解和理解系统的业务活动及业务流程,从中获取各类需求及其细节。尽管面对面交流是最为有效地获取需求的方法,然而,根据具体情况和实际需要结合使用其他方法能大大提高需求调研工作的效率。例如,现场实地观察方法有助于系统分析人员理解业务流程及其操作过程的合理性;问卷调查方法有助于对提出的问题有较为准确且详细的回答;查阅资料方法,有助于全面了解企业的组织机构、规章制度、各职能部门之间交流的文档、图表、报告等方面内容。

2. 标识需求

标识需求的工作是在需求获取与整理的基础上进行的,系统分析人员将从业务活动及其流程着手,分析标识每一个处理,包括标识和命名处理的名称、这个处理完成的任务(如客户身份认证)、这个处理访问的数据、这个处理产生的结果、这个处理与其他处理之间的关系,以及被处理数据的来源与去向(数据的提供者或使用者),使用时间、使用频率等。对于大型复杂的数据库应用系统,需求获取与分析工作可划分为子系统做。

3. 描述需求

在标识需求的基础上,进行需求的完整描述形成需求分析阶段的工作文档。这阶段的工作文档主要是需求说明书和应用系统的功能模型(需求模型)。

需求说明书主要包括需求概述(说明数据库应用系统的目标、开发背景及意义,包括现行系统的运行、管理及经营方式,特点及状况,存在的问题及需要改进和解决的问题)、数据需求、功能需求、性能需求、环境要求(对系统运行环境的要求,如操作系统、数据库管理系统、开发工具、通信接口等方面的要求)、其他需求,如对目标系统审核或验收方面的要求,包括目标系统的可用性、可操作性、可维护性、可移植性以及开发完成后交付使用的产品其适用范围的说明。需求说明书是软件生命周期后续阶段工作的依据和蓝图。

功能模型从宏观和整体上全面描述了系统的功能与处理,处理之间的关系。用模型方法刻画和描述目标系统的处理功能和数据流,不仅便于系统分析员自顶向下以功能为中心逐层分解细化模型,逐步形成具体、详细的功能规范,也由于模型方法用图形方式描述问题基本不涉及太强的专业术语,简单、直观,容易理解,常被作为用户和开发人员沟通、确认系统功能的桥梁。

4. 确认需求

需求确认或评审的目的是进一步检查确认、证实需求说明书描述的内容准确表达了用户的全部需要。需求确认通常是由项目负责人聘请的专家、分析人员与用户组成的评审小组或评审委员会完成,他们将对需求阶段的工作文档需求说明书以及功能模型中定义和描述的内容进行全面的评议审核,逐项审核检查下列的内容:

(1) 需求说明中定义的目标与用户期望的系统目标是否一致。

(2) 功能模型中对目标系统功能需求的描述是否与需求说明书中说明的相关内容一致;输入、加工处理、输出项描述的信息是否语义清楚、内容满足使用要求;各处理之间的关系及其相互之间交换的信息是否合理、一致,用户期望的系统功能是否全部包括在需求规范说明及其相关的文档中。

(3) 目标系统涉及的数据及其描述的信息范围是否满足使用要求,抽象出的数据、数据之间的约束是否合理且符合实际。

(4) 需求说明中对系统性能的说明,如数据检索、数据转换与处理、更新操作等响应时间是否满足要求。

(5) 对数据库空间的规划,如初始数据库大小、可预见的增长量、增长速度与规模是否合理,是否符合实际,满足数据存储与管理的要求。

(6) 需求说明中关于系统的其他需求,如数据库安全性、系统安全性、可操作性、可维护性、可扩充性、运行环境等方面的分析、设想及支持硬件、支持软件方面的选型是否合理且满足需求。

10.5　系统设计

系统设计阶段的任务是按照系统目标,把需求分析阶段定义的关于做什么的描述,通过一组设计活动转换成能够实现的软件框架与软件模块的集合,并保证其结构合理、能够以最佳的方式支持目标系统的功能和性能需求。

系统设计阶段的工作分为数据库设计和应用程序设计两条主线进行。数据库设计分为三个环节:数据库概念设计、数据库逻辑设计、数据库物理设计,数据库应用程序设计分为:应用程序概要设计、应用程序详细设计。

10.5.1　数据库设计

设计的价值和意义通常表现在价值工程上,其目的是寻求功能与成本之间最佳的对应配比,用最小的代价,最高的效率构建系统。数据库设计也一样,其主要任务是在数据库管理系统的支持下,按照一个组织或部门中所有应用的需求组织数据,为应用系统建立一个结构合理、使用方便、运行高效的数据支持系统,其目标是解决好数据库工程构建中的结构问题和性能问题。

1. 概念设计

数据库概念设计的任务是对现实世界建模,组织、分类、抽象数据,描述应用系统中需要存储、处理和管理的数据、数据的属性特征、数据之间的关系,建立应用领域的概念数据模型。

可以用多种建模工具如数据建模 ER 方法、IDEF1X 方法、UML 等进行数据库概念设计并描述其结果。

数据库概念设计步骤如下:

(1) 组织、分类、抽象数据。

(2) 标识和定义实体集。

(3) 定义实体集之间的联系(命名联系确定联系的基数)。

(4) 确定实体集的属性。

(5) 画 ER 图及整体 ER 图。

按照以上步骤得到数据库应用系统的概念数据模型,这个模型只关心应用系统中将要存储和管理的数据,以及数据的属性特征、数据之间的关系,这种模型独立于具体的数据库管理系统和计算机系统。

建立概念数据模型的过程是对数据进行归纳、分析、抽象的过程,通常先对组织或企业的数据进行全面分析,在此基础上根据不同用户对数据的使用需求进行分组。从局部或子系统入手,建立局部数据模型,再综合成总体概念数据模型。

2. 逻辑设计

数据库逻辑设计的任务是把概念设计的结果(概念数据模型)转换成所选定的数据库管理系统支持的结构,通常分为两个步骤进行:

(1) 将概念数据模型(如 ER 模型)按照转换规则转换成初始的数据库模式。关系模型的转换规则为:

- ER 图中的每个实体集转换成一个同名的关系，实体集的属性就是关系的属性，实体集的码就是关系的码。
- 联系也转换成一个关系，其属性由与联系相连的各实体集的码和联系的属性组成，关系的码按照以下规则确定：

　　若联系为 $1 : 1$，则每个实体集的码均是该关系的候选码。

　　若联系为 $1 : n$，关系的码为 n 端实体集的码。

　　若联系为 $m : n$，则关系的码为各实体集码的组合。

- 合并具有相同码的关系。

（2）关系模式优化。

用关系数据库设计理论检查评价每个关系模式是否包含不合理的属性，以保证每个关系模式的结构合理，性能优良。

3. 物理设计

数据库物理设计的主要内容是定义和描述逻辑设计的结果在物理存储设备上的存储方式。因为计算机系统不按行列存储数据，而是按文件、页（数据块）、记录、字段存储数据。这意味着在物理设计的时候要考虑选用的数据库管理系统的功能、存储结构、存储特性等问题，要把数据库映射成操作系统管理的文件、块、记录，字段，要考虑一个文件中记录的组织方式，如关系表中的数据在一个文件中如何组织，是否把多个关系中的数据组织存储在一个物理文件中等一些存储细节，其目标是在计算机物理存储设备上实现数据库。

目前大部分流行的关系数据库管理系统，支持下列几种文件组织及结构：

（1）堆文件。

（2）顺序文件。

（3）聚集文件。

（4）索引文件。

（5）散列文件等。

许多关系数据库管理系统会自动完成数据库在物理存储设备上的存储与实现。对数据库的设计者来讲，物理设计的关键是通过物理设计的工作使各种应用能获得最佳的性能，即为数据的存取提供更多的存取路径。

4. 其他设计

其他设计包括外模式设计、数据的安全性设计等。按照业务工作的特点为不同的用户规划和设计外模式，根据数据库管理系统提供的安全控制机制规划各类用户访问数据库的权限。

10.5.2　应用程序设计

数据库设计解决了大规模数据的组织、存储、数据访问的方法、效率，数据库的安全性、数据的正确性、有效性、可靠性等方面的问题。然而，能否正确地设计构建一个实用的满意度高的数据库应用系统，还需要设计构建好应用程序才能让存储到数据库中的数据鲜活起来，让这些数据发挥作用，造福企业、造福人类。

应用程序设计指按照系统目标，把需求分析阶段描述和定义的功能需求转换成软件结构和模块表示的过程。这个过程将描述、构造和表达目标系统的程序结构、各模块的功能，模块之间的关系及相关的实现细节。应用程序设计分为概要设计和详细设计两个环节。

1. 概要设计

应用程序概要设计的任务是构建软件的体系结构,包括描述和定义软件的整体结构、层次、各组成部分以及它们之间的关系、它们组合起来的方式。概要设计的依据是需求分析阶段的功能模型及相关文档。通常采用自顶向下、逐步求精的结构化程序设计思想规划、构造和描述软件的整体结构。如先从数据库应用系统完成和将要实现的主要功能入手进行分析抽象,在此基础上加以概括形成高层抽象,然后,将抽象功能逐层分解为若干模块,分解工作持续下去,直到一个模块完成一个具体的功能为止。

模块是被命名的、可编址的、相互独立,通过其名称访问的程序单元。模块的分解遵循信息隐藏与局部化原则,即每一个模块的实现细节对其他模块来说是隐蔽的,模块间交换的信息应尽可能少,以避免一个模块的问题传播到其他模块。

随设计工作的深入,系统的抽象功能被逐层分解为具体的可实施的模块。顶层的概念、业务规则、将要处理的数据也从最抽象的概念层,传递到中间的逻辑层,再落实到底层的实现层(代码层),构成了应用程序的整体结构。

在应用程序整体设计中也可以根据数据库应用系统的功能、模块完成任务及其操作特征,将应用模块分为三大类设计,如界面类、业务逻辑类、数据库访问类。下一层为上一层提供相应的调用接口,上一层为应用系统提供指定的功能和服务。这种程序设计风格结构清楚,应用程序容易维护和重构,同时数据访问层中大量数据库存储过程的使用,将使数据库系统维护数据一致性的开销降低,提高目标系统的性能。

2. 详细设计

数据库应用程序详细设计的任务是细化概要设计的结果,其内容包括:为各模块确定算法,写出模块的详细过程性描述以及确定模块接口的细节。这个阶段的工作与实现平台有关,依赖选择的硬件平台、操作系统、选定的数据库管理系统、开发环境和编程语言。

(1) 确定算法。

根据每一个模块完成的功能,即模块所做的事情与任务,确定算法。

(2) 描述过程。

写出模块的详细过程性描述,如用选定的开发环境与编程语言定义和描述模块的具体内容,包括变量说明、例外说明等申明语句和可执行语句序列。

(3) 描述接口。

说明模块使用的环境和条件,调用格式,参数类型等。

全部数据库应用程序也可以按照概要设计划分的三层结构:界面层、业务逻辑层、数据库访问层进行详细设计。

界面层实现数据库应用系统的具体功能,如数据输入、输出,与用户交互等。可选择开发工具提供的 Web 页面、控件、组件,为用户提供 Web 数据库用户界面。这种应用界面,跨越时空和地域限制,可以在任何地方通过浏览器使用目标系统。也可根据实际需要,选择开发工具提供的 Windows 页面、控件、组件为用户提供专用的用户访问界面。

业务逻辑层由数据库应用系统中完成各种业务功能的模块的集合组成,它们与应用系统的业务逻辑相关联。这类模块根据需要调用底层的数据访问层提供的服务,同时也向上提供服务。

数据库访问层可利用开发工具提供的数据库组件或相关的数据库编程接口,实现这层的功能,如连接访问本地数据库或远程数据库,对数据库进行查询、插入、更新、删除操作等。

三层应用结构物理上独立,逻辑上相互依赖,界面层表现数据库应用系统的外部行为和功能。界面层通过调用业务逻辑层的模块和方法来实现与用户的交互,包括系统输出、输入和系统必须执行的过程而不考虑任务的具体实现;业务逻辑层通过调用数据库访问层的模块和方法来实现业务需求,数据库访问层负责数据库数据的存取并为上层提供数据服务。

应用程序设计强调模块逻辑描述清晰易读、正确一致,使用单入口单出口的控制结构,保证程序的可读性、易理解性和可维护性,其目标是提高应用程序的下列指标:

- 满意度,指功能性能满足使用要求。
- 可靠性,指系统能够正确地运行,当出现异常或故障的时候能按预定方式做处理,控制故障蔓延。
- 实用性,容易理解,操作方便。
- 健壮性,能处理各种异常,如数据错误、用户输入错误等,能够适应一定的变化,能按照用户需要提供不同详细程度的响应信息,如反馈信息、提示信息、帮助信息、出错信息等。

10.5.3　系统总体设计

对于大型复杂的数据库应用开发项目,为了保证总体技术的突破,在需求分析之后,系统设计阶段并不马上进行数据库概念设计与应用程序概要设计的工作,而是在此之前增加了系统总体设计环节,如图 10.6 中数据库应用系统开发模型中的虚线框所示。图中的虚线表示,这个环节不是必需的,根据实际需要把握。

系统总体设计的主要任务是:

- 进一步细化需求分析阶段定义的总目标,取得总体技术的突破,确保开发项目在实际应用中取得效果。
- 确定有效的实施方法,如开发、审核与验证的方式,通过网络支持多学科小组协同有效工作,以在较短时间内实现目标。
- 按照总功能将项目划分为子系统实施,如支持环境(网络与数据库子系统)、管理与质量保证子系统、工程设计子系统、制造子系统等。

系统总体设计报告中将全面论述数据库应用系统的体系结构,包括硬软件的选择、各子系统的任务、完成的功能以及各应用子系统之间的关系、子系统间相互连接的方式以及相互之间传递的信息。系统总体设计报告中还将全面阐述各子系统的结构设计、实现难点、实施方案及其特点。最后还需说明项目分解的原则及项目验收指标。

系统设计阶段提交的主要文档有项目总体设计报告、数据库设计报告、应用程序设计报告及相关文档。

10.6　实现与部署

实现与部署阶段的任务是将系统设计阶段描述和定义的内容在具体的硬软件平台和数据库系统中实现,这个阶段的工作将按照两条主线——数据库实现和应用程序实现进行。

10.6.1　数据库实现

数据库实现的任务是将系统设计阶段完成的内容在具体的数据库系统中实现,其工作内容如下:

1. 建立用户数据库

根据数据库逻辑设计、物理设计的结果,用数据库管理系统支持的数据定义语言定义全局数据库模式、外模式、内模式和数据库安全模式,其中模式定义数据库中需要存储与管理的全部数据的结构及其数据之间的关系,是关系数据库主体对象;外模式定义和描述一个数据库用户能够存取和访问的数据;内模式定义描述数据在数据库中的物理组织及其存储方式;安全模式是根据用户对数据库的访问需求,用数据控制语言定义的一组脚本。

经运行调试后,各类数据库对象如关系表、视图、索引、聚集等数据库对象被创建。

2. 数据加载

完成了数据库结构的定义之后,在投入使用之前,需要先装入一些测试数据,从数据的正确性、完整性、一致性、安全性的角度对数据库进行全面的测试,必要时装入一些实际数据进行性能测试,如果性能满足使用要求则装入全部数据,实施工作结束。如果性能及其他指标不满足使用要求,则需求对数据库性能做调整,直到各项指标满足使用要求以后,可装入实际数据。由于某些历史原因有些数据库需要从其他数据库中迁移大量数据到其中,数据库实施人员还需要编写数据转换与相应的数据装入程序。

10.6.2　应用程序实现

将系统设计的结果应用程序总体结构、模块、算法描述以及相关的内容在具体的平台、数据库中实现。

1. 编码调试

其内容包括用选定的集成开发工具及程序设计语言编写应用程序、过程、函数以及数据库存储过程、数据库存储函数和触发器,并根据程序完成的功能编写测试用例对程序进行测试。通过模块级测试,判断模块是否在功能、性能方面达到设计要求。通过测试,发现问题,修改程序不断完善模块功能。

模块测试可采用软件工程中常用的软件测试方法——白盒与黑盒方法进行测试。白盒测试通常用于对程序模块的测试,包括模块中独立执行的路径至少要走一遍;模块中的逻辑判断取值真或假要测试一遍;运行所有循环及循环上下限,判断其内部数据结构的正确性和有效性。黑盒测试主要对程序的行为进行测试,通常把测试对象看做一个黑盒子,依据功能需求及相应的性能指标对模块进行测试,检查和判断其功能、响应速度是否满足使用要求。因黑盒测试可以发现程序和模块中的各类错误、问题和缺陷,可用于各种测试工作。

2. 集成测试与试运行

编码调试的工作完成之后,应用程序进入集成测试阶段。这个阶段的任务是将全部模块组装进应用程序框架中,运行程序、不断发现问题。很多时候,在单元测试阶段能够独立运行的模块,将它们集成起来,相互协作完成任务的时候,有些模块就不能正常地工作、或根本不工作。集成测试是大型软件系统开发中非常重要的一个环节,可通过这个环节的测试,排除应用软件中的各种问题,如接口定义不一致、传递的参数类型不一致、容错性差等。

集成测试工作一般由相关的人员,如设计人员、应用开发人员和用户共同参与,保证应用软件系统的健壮性、质量和可靠性。

10.6.3　应用系统部署

经过数据库实现和应用程序实现两个环节的工作,应用系统达到了预期的目标可交付用户使用,其内容包括编写及交付使用说明书、培训用户使用方面的工作。

如果开发环境与实际运行的环境在不同的场地或地域,还需要建立实际运行环境,设置系统参数,安装和调试系统并交付用户使用。

实现与部署阶段提交的主要文档有数据库测试报告与测试用例,目标系统功能测试报告与测试用例、应用系统使用说明书及用户培训计划。

10.7　运行与维护

数据库应用系统开发工作结束之后,进入系统运行与维护阶段。这个阶段的工作包括:日常维护、安全管理、存储空间管理、数据库备份和恢复、性能监控与优化、软件升级、应用功能扩展等。

10.7.1　日常维护

数据库管理员通过对目标系统监控,及时发现问题,保证数据库正确、有效、安全可靠地运行。

10.7.2　安全管理

数据库管理员可根据安全模式和用户的实际需要,在数据库中建立用户,为他们授予合适的角色和权限,维护数据库的安全性。

10.7.3　存储空间管理

数据库管理员要定期查看数据库空间的使用情况,根据实际情况为使用频率高的表空间追加更多的存储空间,定期回收和压缩已经被删除数据占用的磁盘空间,保证存储空间的可用性。

10.7.4　数据库备份和恢复

根据数据库应用系统数据分布及实际运行情况,制定合适的数据备份策略,以应对各种数据库故障,尤其是介质故障。数据库管理员可根据操作系统提供的备份与恢复实用程序定期做整个文件系统的备份,如数据库文件、日志文件、控制文件等的备份。数据库管理员也可根据实际需要定期做数据库级的备份,如数据库中全部数据及其结构、视图、索引、存储过程、存储函数、各种数据授权等,保证数据库正确、可靠地运行。

10.7.5　性能监控与优化

在数据库系统运行过程中,数据库管理员可利用数据库管理系统提供的监控程序和各类统计信息不断地监控系统,以发现问题。例如,各种资源的使用情况、数据库空闲空间是否紧缺,用户查询响应时间是否不够理想、是否存在资源竞争等。

如果发现数据库空闲空间紧缺,可追加更多的存储空间到数据库中。如果发现用户查询响应时间不够理想,可从多方面调整优化系统,如调整操作系统的有关参数、调整数据库全局区等相关参数,还可以从应用程序角度优化查询语句、必要时可以对频繁进行连接查询的多表进行反规范化处理。

10.7.6 软件升级

在数据库应用系统运行过程中,当操作系统(Operating System,OS)需要升级时,数据库管理员要协助 OS 系统管理员配置与测试升级后的操作系统,保证数据库应用系统的正常运行。当数据库管理系统需要升级时,数据库管理员要负责安装、设置新版本的数据库管理软件,并把全部数据从老版本的数据库迁移到升级后的数据库中。

10.7.7 功能扩展

随着数据库应用系统的运行,用户会不断地提出新的需求。数据库管理员及相关人员应该主动聆听和收集各类使用要求,包括对功能扩充方面的想法或意向,必要时增加新的功能到数据库应用系统中,保证系统进一步满足使用要求。

瀑布模型按照自上到下的顺序严格定义了软件开发各阶段的工作,做什么、如何做以及各阶段提交的文档;原型模型克服了瀑布模型开发周期长的缺陷;螺旋模型将瀑布模型与原型模型结合起来,引入了对项目风险的分析与评估活动。然而,这些开发方法都是以功能为中心进行分析、设计与实现的。

数据库应用系统周期模型将应用系统生命周期中涉及的全部工作分解为 5 个阶段:项目规划、需求分析、系统设计、实现与部署、运行与维护,并以数据为中心对系统进行分析、设计与实施。这种方法强调在需求分析的基础上对应用系统中涉及的全部数据进行综合组织、统一管理,强调整个生命周期中数据的准确性和一致性。

不论是软件项目的开发工作还是数据库应用项目的开发工作,模型与方法仅涵盖了一系列过程,如规划、分析、设计、实现、维护,以及每个过程开发人员应该依据的基本原则。然而,应用这组过程与原则的关键是实践,根据实际情况灵活运用模型定义的过程与原则,同时还要充分发挥分析设计人员的分析力、想象力、设计灵感、经验与直觉才能开发出满意度高的数据库应用系统。

1. 简述系统分析与设计对软件产品的影响。
2. 简述瀑布模型的开发过程与特点。
3. 简述原型模型的开发过程与特点。
4. 简述数据库应用系统的结构及其组成。
5. 简述数据处理系统与数据分析系统的异同。
6. 简述项目规划的意义及可行性分析的内容。
7. 简述需求分析的内容与步骤。
8. 简述数据库设计的工作内容与步骤。
9. 简述应用程序设计的主要内容。
10. 简述实现与部署阶段的工作内容。

第 11 章 Java 语言数据库编程

20 世纪 90 年代开始,计算机技术进入网络时代,计算机应用开始了一个崭新的时代。网络技术尤其是 Internet 的普及,对数据库技术和应用产生了巨大的影响,也极大地促进了数据库技术的进一步发展。

Java 程序设计语言正是网络应用普及的产物。WWW 的出现是 Internet 的最大应用,也是推动 Internet 进步的主要动力。最初的 Internet 中,WWW 页面都是由一些乏味死板的 HTML 文档构建的,仅能提供浏览功能,而无法得到用户的反馈。人们迫切希望能在 Web 中增加交互功能,不但能将用户需要的信息展现给用户,还能得到用户的交互,进而使用户像使用 PC 一样使用网络。要达到这一目的,就需要有一类无须考虑软硬件平台就可以执行的应用程序,且这些程序还要有极大的安全保障。对于用户的这种要求,传统的编程语言显得无能为力。

为解决这一问题,SUN 公司于 1995 年 5 月推出了 Java,其目的是提供跨平台、交互式 Web 和支持 Internet 计算。同时 WWW 应用的普及,使得数据库技术也迅速进入网络时代,越来越多的用户需要在网络上访问数据库中的资源。为给应用程序提供更高的可移植性,使应用程序不依赖于后台数据库的具体种类,软件供应商提供了数据库中间件来屏蔽后台数据库的差异。ODBC 和 JDBC 即是这些中间件的典型代表。

本章首先介绍当前流行的 Java 语言和 JDBC 中间件,以及使用 J2EE 平台进行数据库应用系统开发的全过程。然后,以一个简化的选课系统为例,详述用 Java 和相关技术开发数据库应用系统的过程与步骤。

11.1 Java 语言与 JDBC、ODBC

11.1.1 Java 语言

1991 年,SUN 公司的 JameGosling、BillJoe 等人为在电视、控制烤面包箱等家用消费类电子产品上进行交互式操作而开发了一个名为 Oak 的软件,这就是 Java 语言的前身。但在当时并没有引起人们的注意,直到 1994 年下半年,Internet 的迅猛发展和 WWW 的快速增长,促进了 Java 语言研制的进展,在他们用 Java 语言开发了 Hotjava 浏览器后,Java 得到了业界的认可,逐渐成为 Internet 上受欢迎的开发与编程语言。

一般来说,Java 是 Java 程序设计语言(以下简称 Java 语言)和 Java 平台的总称。

Java 平台由 Java 虚拟机(Java Virtual Machine,JVM)和 Java 应用编程接口(Application Programming Interface,API)构成。Java 虚拟机是实现 Java 语言跨平台特性的技术手段。它是运行在实际计算机上的一个程序,其功能就是解释执行 Java 语言生成的机器代码。它相当于一个"翻译",将 Java 语言"翻译"成实际计算机能"听懂"的语言,使 Java 语言成为计算机世界的"世界语"。API 为 Java 应用提供了一个独立于操作系统的标准接口,可分为基本部分和扩展部分,其作用是为 Java 程序安全地使用本地资源提供方便。现在 Java 平台已经嵌入了几乎所有的操作系统,因此,Java 程序可以只编译一次,就可能在各种系统中运行,实现了跨平台的目标。

用 Java 编写的应用程序可分为两类:Application 和 Applet。Application 的运行不依赖于其他程序,只要有 Java 解释器就可以运行。Applet 一般指运行在 Web 浏览器中的 Java 小程序,是 Java 语言的机器代码,可加载到浏览器客户端运行,提供一些本地的互动功能。Applet 的加载和运行可通过操作系统进行管理,增加了安全性。由于 Applet 小巧、与平台无关、能满足独特的应用需求等特点,正好弥补了 Web 的不足,Java 被广泛接受并推动了 Web 应用的迅速发展,目前常用的浏览器均支持 Java Applet。作为一种伴随着网络发展起来的程序设计语言,Java 从一开始就和传统语言有着不同的特点:

1. 简洁性

Java 语言是一种面向对象的语言,它通过提供最基本的方法来完成指定的任务,只需理解一些基本的概念,就可以用它编写出适合于各种情况的应用程序。与 C++ 等其他语言相比,Java 略去了运算符重载、多重继承等模糊的概念,并且通过实现自动垃圾收集手段,大大简化了程序设计者的内存管理工作。另外,Java 也适合于在小型计算机上运行。

2. 面向对象

Java 语言的设计集中于对象及其接口,提供了简单的类机制以及动态的接口模型。对象中封装了它的状态变量以及相应的方法,实现了模块化和信息隐藏;而类则提供了一类对象的原型,通过继承机制,子类可以使用父类所提供的方法,实现了代码的复用。

3. 分布性

Java 是面向网络编程的语言。通过它提供的类库可以使用 TCP/IP,程序员可以通过 URL 地址在网络上方便地访问其他对象。

4. 鲁棒性

Java 程序在编译和运行时,都要对可能出现的问题进行检查,以消除错误的产生。它提供自动垃圾收集来进行内存管理,防止程序员在管理内存时容易出现的错误。通过集成的面向对象的例外处理机制,Java 可在编译时提示出可能出现但未被处理的例外,帮助程序员正确地进行选择以防止系统的崩溃。此外,Java 程序在编译时还可捕获类型声明中的许多常见错误,防止动态运行时不匹配问题的出现。

5. 安全性

运行于网络、分布环境下的 Java 程序必须要防止病毒的入侵。Java 不支持指针,一切对内存的访问都必须通过对象的实例变量来实现,这样,可避免指针操作中容易产生的错误,同时也使通过内存"泄漏"等方式进行攻击的病毒无可乘之机。

6. 平台独立性

Java 解释器生成与最终运行程序的硬件平台无关的字节码指令,这些字节码指令使用统一的 Java 虚拟机(Java Virtual Machine)规范表示,由于现有的计算机基本上都有 Java 虚拟机功能,Java 解释器得到这些字节码后,对它进行解释和转换,使之能够在不同的平台上运行,实现了 Java 程序的平台独立性。

7. 可移植性

与平台独立的特性使 Java 程序可以方便地被移植到网络上的不同机器。同时,Java 的类库中也实现了与不同平台的接口,使这些类库可以移植。另外,Java 编译器是由 Java 语言本身实现的,Java 运行时系统由标准 C 实现,这使得 Java 系统本身也具有可移植性。

8. 解释执行

Java 解释器直接对 Java 字节码进行解释执行。字节码本身携带了许多编译时信息,使得连接过程更加简单。

9. 高性能

和其他解释执行的语言如 BASIC、TCL 不同,Java 字节码的设计使之能很容易地直接转换成对应于特定 CPU 的机器码,从而得到较高的性能。

10. 多线程

多线程机制使应用程序能够并行执行,而且同步机制保证了对共享数据的正确操作。通过使用多线程,程序设计者可以分别用不同的线程完成特定的行为,而不需要采用全局的事件循环机制,这样就可以很容易地实现网络上的实时交互行为。

11. 动态性

Java 的设计使它适合于一个不断发展的环境。在类库中可以自由地加入新的方法和实例变量而不会影响用户程序的执行,而且 Java 通过接口来支持多重继承,使之比严格的类继承具有更灵活的方式和扩展性。

Java 语言的这些特性,使 Java 语言在今天的网络计算环境下获得了广泛的应用。越来越多的系统使用 Java 语言开发,包括许多的数据库应用。

11.1.2　ODBC

数据库应用系统是指利用数据库强大的数据管理功能,完成用户的业务流程管理的系统。按照传统的软件工程的观点,应用系统开发流程包括需求分析、概要设计、详细设计、编码实现、系统测试等阶段。在每个阶段中,数据库设计均需完成相应的设计工作,在第 4 章中已有描述。

早期的应用系统开发技术中,应用系统直接访问数据库厂商提供的嵌入式访问接口,进行数据操作。这种开发方式使应用系统和 DBMS 紧密耦合,可充分利用数据库系统的特点,但也带来了不少的问题。用户在客户端要使用系统中的 RDBMS 时,往往要对程序中嵌入的 SQL 语句进行预编译。由于不同厂商在数据格式、数据操作、具体实现甚至语法方面都具有不同程度的差异,所以彼此不能兼容。如果一个应用系统后台使用了不同厂商提供的 DBMS,则数据的互连互通就更加困难。

长期以来,这种 API 的非规范情况令用户和 RDBMS 厂商都不能满意。在 20 世纪 80 年代后期,一些著名的厂商包括 Oracle、Sybase、Lotus、Ingres、Informix、HP、DEC 等结成了 SQL Access Group(SAG),提出了 SQL API 的规范核心:调用级接口(Call Level Interface,CLI)。

1991 年 11 月,微软宣布了 ODBC(Open DataBase Connectivity,开放数据库互连),次年推出可用版本。1992 年 2 月,推出了 ODBC SDK 2.0 版。ODBC 基于 SAG 的 SQL CAE 草案所规定的语法,共分为 Core、Level 1、Level 2 三种定义,分别规范了 22、16、13 共 51 条命令,其中 29 条命令甚至超越了 SAG CLI 中原有的定义,功能强大而灵活。它还包括标准的错误代码集、标准的连接和登录 DBMS 方法、标准的数据类型表示等。

由于 ODBC 思想上的先进性，且没有同类的标准或产品与之竞争，它如一枝独秀，推出后仅仅两三年就受到了众多厂家与用户的青睐，成为一种广为接受的标准。目前，已经有一百三十多家独立厂商宣布了对 ODBC 的支持，常见的 DBMS 都提供了 ODBC 的驱动接口，这些厂商包括 Oracle、Sybase、Informix、Ingres、IBM(DB/2)、DEC(RDB)、HP(ALLBASE/SQL)、Gupta、Borland(Paradox)等。目前，ODBC 已经成为客户机/服务器系统中的一个重要支持技术。

ODBC 的提出，使传统的应用系统的体系结构从两层改变为三层，即在传统的应用层（或称表示层）和数据层（即数据库 DBMS）的中间，增加了一个中间层次业务层。该层的主要作用是负责对数据层的操作，屏蔽不同数据层的差异，可提高整个应用系统的可移植性和可扩展性。

这样，基于 ODBC 的应用程序对数据库的操作可以不依赖任何 DBMS，不直接与 DBMS 打交道，所有的数据库操作都由对应的 DBMS 的 ODBC 驱动程序完成。也就是说，不论是 FoxPro、Sybase、SQL Server 还是 Oracle 数据库，均可用 ODBC API 进行访问。由此可见，ODBC 的最大优点是能以统一的方式访问底层的数据库。

一个完整的基于 ODBC 的数据库应用系统从层次结构上可划分为下面几个部分：

1. 应用程序（Application）

使用 ODBC 接口的应用程序可执行以下任务：①请求与数据源的连接和会话（SQLConnect）；②向数据源发送 SQL 请求（SQLExecDirct 或 SQLExecute）；③对 SQL 请求的结果定义存储区和数据格式；④请求结果；⑤处理错误；⑥如果需要，把结果返回给用户；⑦对事务进行控制，请求执行或回退操作（SQLTransact）；⑧终止对数据源的连接（SQLDisconnect）。

2. ODBC 管理器（Administrator）

由微软提供的驱动程序管理器是带有输入库的动态连接库 ODBC. DLL，其主要目的是装入驱动程序，此外还执行以下工作：

(1) 处理几个 ODBC 初始化调用。

(2) 为每一个驱动程序提供 ODBC 函数入口点。

(3) 为 ODBC 调用提供参数和次序验证。

3. 驱动程序管理器（Driver Manager）

驱动程序是实现 ODBC 函数和数据源交互的 DLL，当应用程序调用 SQL Connect 或者 SQL Driver Connect 函数时，驱动程序管理器装入相应的驱动程序，它对来自应用程序的 ODBC 函数调用进行应答，按照其要求执行以下任务：

(1) 建立与数据源的连接。

(2) 向数据源提交请求。

(3) 在应用程序需求时，转换数据格式。

(4) 返回结果给应用程序。

(5) 将运行错误格式化为标准代码返回。

(6) 在需要时说明和处理光标。

4. ODBC API

ODBC API 是一些 DLL，提供了 ODBC 和数据库之间的接口。它由各数据库厂商或第三方提供,以访问特定的 DBMS。

5. 数据源

数据源包含了数据库位置和数据库类型等信息,实际上是一种数据连接的抽象。

各部件之间的关系如图 11.1 所示。

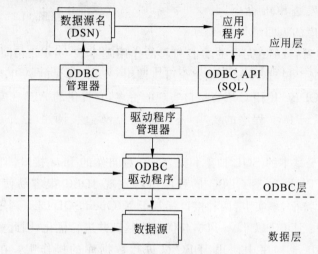

图 11.1　ODBC 应用系统层次结构

应用程序要访问一个数据库,首先必须用 ODBC 管理器注册一个数据源,管理器根据数据源提供的数据库位置、数据库类型及 ODBC 驱动程序等信息,建立起 ODBC 与具体数据库的联系。这样,只要应用程序将数据源名提供给 ODBC,ODBC 就能建立起与相应数据库的连接。

经过十多年的实际应用,ODBC 取得了很好的应用效果,越来越多的数据库厂商或者第三方软件商提供了很多支持 ODBC 的产品。但是,ODBC 局限于 Windows 操作系统中,同时还存在诸如性能不高,对非关系数据库的数据支持不是很好等缺陷。

11.1.3　JDBC

JDBC(Java DataBase Connectivity)是一种用于执行 SQL 语句的 Java API。它由一组用 Java 程序语言编写的类和接口组成。JDBC 为数据库开发人员提供了一个标准的 API,使他们能够用纯 Java API 来编写数据库应用程序。

JDBC 的最大特点是它独立于具体的关系数据库。与 ODBC(Open DataBase Connectivity)类似,JDBC API 中定义了一些 Java 类,分别用来表示与数据库的连接(connections)、建立 SQL 语句(SQL statements)、获取结果集(result sets)以及其他的数据库对象,使得 Java 程序能方便地与数据库交互并处理所得的结果。使用 JDBC,所有 Java 程序(包括 Java Applications、Applets 和 Servlet)都能通过 SQL 语句或数据库中的存储过程(stored procedures)来访问数据库。

要通过 JDBC 来访问某一特定的数据库,必须有相应的 JDBC Driver,它一般是由生产数据库的厂家提供,是连接 JDBC API 与具体数据库之间的桥梁。通常,Java 程序首先使用 JDBC API 来与 JDBC Driver Manager 交互,由 JDBC Driver Manager 载入指定的 JDBC

Drivers,之后就可以通过 JDBC API 来存取数据库。JDBC
调用层次关系如图 11.2 所示。

| Java Application |
| JDBC Driver Mananger |
| JDBC Driver |
| DBMS |
| DataBase |

图 11.2　JDBC 调用层次

从功能上说,JDBC 主要完成以下任务:

(1) 建立与数据库或其他数据源的连接。

(2) 向数据库发送 SQL 命令。

(3) 处理数据库的返回结果。

从上面的描述看,JDBC 完成的功能和起的作用基本和 ODBC 相同,那为什么还需要 JDBC 呢? 一般意义上说,Java 语言也完全可以调用 ODBC 提供的 API,实现访问数据库的功能。但是,由于 ODBC 使用 C 语言接口实现的特点,它提供的 API 在安全性、跨平台性及可靠性等方面达不到 Java 程序的要求,不太适合 Java 直接调用,这是 JDBC 产生的直接原因。

JDBC API 对于基本的 SQL 抽象和概念是一种自然的 Java 接口。它建立在 ODBC 上而不是从零开始。因此,熟悉 ODBC 的程序员将发现 JDBC 很容易使用。JDBC 保留了 ODBC 的基本设计特征,事实上,两种接口都基于 X/Open SQL CLI(调用级接口)。它们之间最大的区别在于: JDBC 以 Java 风格与优点为基础并进行优化,因此更加易于使用。

那么,如何在 Java 程序中使用 JDBC 来进行数据库的操作呢? 在下一节中将详细讨论。

11.2　JDBC 开发技术

11.2.1　JDBC 的组成和结构

JDBC 是 J2SE 和 J2EE 中提供的一种 Java API。它包括一系列的 Java 类和接口,为多种关系数据库提供统一的访问接口,可以通过它执行 SQL 语句。JDBC 为数据库开发人员提供了一个标准 API 的基础,在其基础上可以构建出更加高级和强大的工具和接口,使数据库开发人员能够用纯 Java API 编写数据库应用程序。

JDBC API 的两个主要的 package 分别是 java.sql 和 javax.sql。JDBC 的层次结构中包含一层驱动程序,以适应多种不同结构的数据库,如图 11.3 所示。

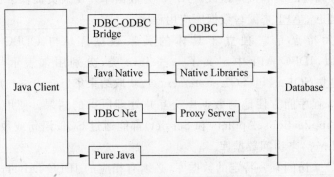

图 11.3　JDBC 层次结构

图中给出了 4 种不同类别的 JDBC 驱动程序。

（1）JDBC-ODBC 桥：这种驱动程序通过 JDBC 把对数据库访问的调用转换为 ODBC 的调用，再由 ODBC 去和数据库进行实际的交互。

（2）本地 API-部分 Java 驱动：这种驱动程序把 JDBC 对数据库调用转换给不同数据库客户端的链接库来处理。

（3）JDBC-网络-数据库：这种驱动程序把 JDBC 调用转交给网络中的代理服务器，由代理服务器去和数据库发生交互，而把交互结果返回。

（4）本地协议-纯 Java：这种驱动程序没有什么特别的需求，直接和数据库发生调用关系。它的速度是所有 4 种驱动中最快的。

使用 JDBC 进行数据库编程之前，需要对数据库和 Java 环境进行简单的配置，具体包括安装数据库客户端，并通过数据库参数配置，建立数据库和 JDBC 之间正确的连接关系。对于 Oracle 数据库客户端来说，正确地安装好数据库客户端以后，一般不需要特殊的配置就可以被 JDBC 识别和使用。

11.2.2　使用 JDBC 访问数据库的一般过程

正确配置 JDBC 环境后，就可以用 Java 语言调用 JDBC 的 API 来访问数据库了。对数据库的访问包括三个步骤：建立数据库连接、提交访问数据库的 SQL 语句和处理数据库返回的结果。下面来看一个最简单的例子。

```java
import java.sql.Connection;
import java.sql.DriverManager;
import java.sql.Statement;

public class JDBCExample1 {
    public static void main(String[] args){
        try {
            /**载入 ODBC 桥驱动程序 * /
            Class.forName("sun.jdbc.odbc.JdbcOdbcDriver");
            /**获取连接 * /
            Connection con=DriverManager.getConnection("jdbc:odbc:MyDsn");
            /**创建 SQL 命令 * /
            Statement stmt=con.createStatement();
            /**创建一个简单表 * /
            stmt.execute("select * from employee");
            /**关闭连接 * /
            con.close();
        }catch(Exception e){
            e.printStackTrace();
        }
    }
}
```

这是一个最简单的数据库访问程序，其中包含创建连接、创建 SQL 命令、执行命令获得结果集和关闭连接 4 个步骤，详述如下：

1. 建立连接

创建与 DBMS 之间的连接,这包含两个步骤:装载驱动程序和建立连接。

装载驱动程序仅需要一行代码。如上面程序中的:

```
Class.forName("sun.jdbc.odbc.JdbcOdbcDriver");
```

这行代码表示本次数据库访问将使用 JDBC-ODBC 桥驱动程序。

当然,也可以使用别的驱动程序,驱动程序的类名可从相关文档中得到。例如,如果要使用驱动"jdbc.driverabc",可使用如下代码装载:

```
Class.forName("jdbc.driverabc");
```

在装载的说明中,不需要为该驱动程序类创建实例,因为 Class.forName 将会自动加载驱动程序类,为它生成实例。但如果程序中创建了一个冗余的实例,也不会带来什么坏处。

装载驱动程序类之后,就可以创建数据库连接了。创建数据库连接的调用方式如下:

```
Connection con=DriverManager.getConnection(url,"username","password");
```

因为 JDBC 中把数据库当作一个服务来对待,因此这里的 URL 叫做 JDBC URL,与 HTTP、FTP 的 URL 一样,表示服务的位置。JDBC URL 形如"JDBC:子协议:数据源名"。在前面的程序中,这行代码为:

```
Connection con=DriverManager.getConnection("jdbc:odbc:MyDsn");
```

其中的 url 为"jdbc:odbc:MyDsn",表明这是一个 ODBC 子协议下,名为 MyDsn 的 ODBC 数据源。username 和 password 是登录 DBMS 的用户名和密码。

如果使用了其他驱动程序来开发 JDBC 程序,驱动程序文档中也一定会说明该使用什么子协议名。URL 的最后一部分提供了定位数据库的信息,它可能是一个直接数据源名,也可能是一个网络地址、端口和数据源名,该项的内容由数据源决定。

DriverManager.getConnection 方法将这个 JDBC URL 提供给程序中装载的驱动程序,如果它识别了这个 URL,就会根据这个 URL 创建一个到指定 DBMS 的数据库连接,并且由 DriverManager 类来管理这个连接的所有细节。

DriverManager.getConnection 方法返回的是一个已经打开的连接,程序可以直接使用此连接创建 JDBC Statements 对 SQL 数据库进行操作。

2. 创建 SQL 命令

建立好数据库连接后,使用该连接的 Statement 接口,可以方便地向数据源提交各种 SQL 命令,实现数据库中的各类操作,包括创建数据库表(Create),查询数据(Retrieve),更新数据(Update),删除数据(Delete)等。

创建 SQL 命令的基本用法是:

```
/**创建 SQL 命令 */
Statement stmt=con.createStatement();
/**查询一个表的数据 */
stmt.execute("select * from employee");
```

上面的程序段利用 Connection 实例的 createStatement 方法,获取了一个 Statement 实

例。然后就可以直接利用这个 Statement 实例来执行 SQL 语句了。符合基本 SQL 语法的语句都可以通过这种方式提交给 JDBC 连接，并通过它提交给后台的 DBMS 执行。

3. 执行命令并获得结果集

对于创建表这样的数据定义语句(DDL)，以及不需要返回复杂的数据结构来表达执行结果的语句，可使用 Statement 的 executeUpdate 方法来执行这些语句。

例如：

```java
import java.sql.Connection;
import java.sql.DriverManager;
import java.sql.Statement;

public class StatementExample {
    public static void main(String[] args){
        try{
            /**载入 ODBC-桥 驱动程序 */
            Class.forName("com.mysql.jdbc.Driver");
            /**获取连接 */
            Connection con=DriverManager.getConnection("jdbc:mysql://localhost:
            3306/test", "root", "root");
            /**创建 SQL 命令 */
            Statement stmt=con.createStatement();
            /**创建一个简单表 */
            stmt.executeUpdate("Create Table visualbuilder(id int(4)NOT NULL,name
            varchar(45))");
            System.out.println("Table Created");
            /**插入一行数据 */
            int i=stmt.executeUpdate("insert into visualbuilder(id,name)values(1,
            'Sun java')");
            System.out.println(i+"Recored(s)inserted");
            /**更新行的数据 */
            i=stmt.executeUpdate("update visualbuilder set name='visual builder'");
            System.out.println(i+"Recored(s)Updated");
            /**删除表中的数据 */
            i=stmt.executeUpdate("delete from visualbuilder");
            System.out.println(i+"Recored(s)Deleted");
            /**关闭连接 */
            stmt.close();
            con.close();
        } catch(Exception e){
            e.printStackTrace();
        }
    }
}
```

下面来看以上代码中的 SQL 操作。

上例中使用 Statement 实例 stmt 的 executeUpdate 方法来执行 SQL 命令。SQL 命令只需要以字符串的形式原样放在参数中就可以了。

需要注意的一点是，写在 Statement 参数中的 SQL 命令，请不要添加语句结束符，因为这个符号可能根据 DBMS 的不同而不同。例如，语句结束符在 Oracle 中是分号“；”，而在 Sybase 中则是“go”。根据 JDBC 的通用性原则，程序员在编码时，不应该填写这个符号；程序在执行时，会由驱动程序为它提供合适的语句结束符。

下面来逐个看看创建、更新和删除的操作。

首先是创建表：

```
stmt.executeUpdate("Create Table visualbuilder(id int(4)NOT NULL,name varchar(45))");
```

这条 SQL 命令将创建一个包含两列的数据表 visualbuilder，列 id 是一个长度为 4 的整数，而列 name 是一个最大长度为 45 的变长字符串。

此时不必关心该方法的返回值。但事实上它是有返回值的，为 0。executeUpdate 方法对于创建表等 DDL 命令，将返回 0 表示成功；而对于其他命令，会返回整数 rows，表示更新操作影响到的记录条数。而如果创建表失败，那么该方法将会抛出一个异常，被 try…catch 捕获到，从而结束这一系列操作。

接下来对它进行一次插入记录的操作：

```
int i=stmt.executeUpdate("insert into visualbuilder(id,name)values(1,'Sun java')");
```

该 SQL 命令把一行数据(1,'Sun java')插入到数据表 visualbuilder 中。

这里用一个整型变量 i 来保留方法 executeUpdate 的返回值。这个返回值表示该 SQL 命令执行后，影响的记录条数，然后把它打印到屏幕上。

再来看一下更新和删除记录的操作：

```
i=stmt.executeUpdate("update visualbuilder set name= 'visual builder'");
i=stmt.executeUpdate("delete from visualbuilder");
```

和前面的插入操作一样，通过 i 来记录返回值，从而获知该命令影响了多少条记录。在实际编程中，这使得我们知道，在没有异常被抛出的情况下，是否真地成功执行了参数中 SQL 命令字符串指定的操作。

数据查询和前面的 SQL 语句有一些不同，它返回的是一批满足查询条件的数据库记录，并应该在程序的后续语句中得到处理。因此，对于 select 这样的查询类 SQL 语句，需要有一个数据结构来保存它的查询结果，并方便后续的进一步处理。Statement 实例的 executeQuery 方法，及 ResultSet 类就是用来解决这些问题的。

ResultSet 类是 Java 提供的用于记录完整结果集的数据结构。它接收 select 语句的执行结果，保存为供 Java 程序访问的数据，提供一套访问其内部数据的方法，供程序中后续的处理使用。而负责执行 select 语句，并返回 ResultSet 结果集的接口，则是 Statement 类的 executeQuery 方法。下面来看一个实例。

```
import java.sql.Connection;
import java.sql.DriverManager;
import java.sql.ResultSet;
```

```
import java.sql.Statement;

public class BasicResultSetExample{
    public static void main(String[] args){
        try{
            /**载入驱动程序 * /
            Class.forName("com.mysql.jdbc.Driver");
            /**获取连接 * /
            Connection con=DriverManager.getConnection("jdbc:mysql://localhost:
            3306/test", "root", "root");
            /**创建语句 * /
            Statement stmt=con.createStatement();
            /**执行查询 * /
            ResultSet rs=stmt.executeQuery("select * from visualbuilder");
            /**输出查询结果 * /
            while(rs.next()){
                System.out.print("Id is "+rs.getInt("id"));
                System.out.println("Name is "+rs.getString("name"));
            }
            /**关闭连接 * /
            stmt.close();
            con.close();
        }catch(Exception e){
            e.printStackTrace();
        }
    }
}
```

　　查询语句的使用方法，是通过 Statement 实例的 executeQuery 方法，以 SQL 语句字符串为参数，执行查询。通过定义一个 ResultSet 实例 rs 来保存 select 语句的执行结果。

　　接下来便是对 ResultSet 进行遍历查询了。ResultSet 中保存了一个当前行的光标信息，第一次调用 ResultSet 的 next 方法，当前行会定位在数据表的第一行，之后每次调用 next 方法，它的当前行会向后移动一行，同时返回 true。当到达数据表最后一行之后时，会返回 false，表示遍历结束，跳出 while 循环。当定位到一行记录以后，使用 getXXX 这一系列方法，以列名为参数，就可以得到相应的值。如上面的程序中，rs. getInt("id")，就返回了该行记录中列 id 的 int 值。getXXX 系列方法的参数，也可以是列的序号，如上例中，id 是第 1 列，name 是第 2 列。

　　这里需要注意的是，缺省情况下，ResultSet 中的数据是只读的，并且遍历只能从第一行开始，方向只能向后进行。如果想要使 ResultSet 更加灵活，则可以通过在创建 Statement 实例的时候增加参数来实现。

　　把原来代码中的

```
Statement stmt=con.createStatement();
```

　　修改为

```
Statement stmt = con.createStatement(ResultSet.TYPE_SCROLL_SENSITIVE, ResultSet
.CON CUR_UPDATABLE);
```

这里,在 Connection 的 createStatement 方法中,增加了两个参数。

第一个参数表示得到的 ResultSet 的遍历方向,可以为以下三个值之一:

TYPE_FORWARD_ONLY:这是默认值,表示 ResultSet 仅能向后遍历。

TYPE_SCROLL_SENSITIVE 和 TYPE_SCROLL_INSENSITIVE:表示 ResultSet 可以双向遍历,即光标既可以向后移动,也可以向前移动,以及定位到数据表中给定绝对行数,或者相对行数的位置。

两种方式的区别在于:通过 TYPE_SCROLL_SENSITIVE 参数得到的结果集对数据库相关记录的修改是敏感的,即查询语句执行完成后,如果数据库中的数据有了改变,当光标移动到结果集的相应数据时,数据会反映数据库中最新的数据;而 TYPE_SCROLL_INSENSITIVE 方式得到的结果集对其他用户对数据库相关记录的修改不敏感,也就是说,查询语句执行完后,数据库中数据变化不会影响到 ResultSet 的数据。

第二个参数表示 ResultSet 是否可以修改,可以为以下两个值之一:

ResultSet.CONCUR_READ_ONLY:这是默认值,表示 ResultSet 为只读,不可在它上面进行修改。

ResultSet.CONCUR_UPDATABLE:表示 ResultSet 可以修改,后面将会讨论通过 ResultSet 来修改数据表的方法。

当第一个参数置为 TYPE_SCROLL_SENSITIVE 或 TYPE_SCROLL_INSENSITIVE 时,可以使用如下一些方法来移动 ResultSet 的当前行:

next():将光标移动到当前行的后面一行。如果移动到了最后一行的后面,那么将返回 false,否则返回 true。

previous():与 next 方法相对应,将光标移动到当前行的前面一行。如果移动到第一行的前面,将返回 false,否则返回 true。

first():将光标移动到第一行。如果表为空,则返回 false,否则返回 true。

last():与 first 相对应,将光标移动到最后一行。如果表为空,则返回 false,否则返回 true。

beforeFirst():将光标移动到第一行前面的位置。如果表为空,则返回 false,否则返回 true。

afterLast():与 beforeFirst 相对应,将光标移动到最后一行后面的位置。如果表为空,则返回 false,否则返回 true。

relative(int rows):移动光标到当前行后面 rows 行的位置。

absolute(int row):移动光标到绝对位置第 row 行的位置,第一行的行号为 1。若 row 为负,则以 last 行作为 -1 开始向前计算。

当第二个参数为 ResultSet.CONCUR_UPDATABLE 时,得到的 ResultSet 将是可以编辑修改的。并且可以很容易地把 ResultSet 上记录中数据的修改应用到数据库中。

首先需要获得一个这样的 ResultSet:

```
Statement stmt = con.createStatement(ResultSet.TYPE_SCROLL_SENSITIVE, ResultSet
```

```
.CON CUR_UPDATABLE);
ResultSet rs=stmt.executeQuery("select * from visualbuilder");
```

那么得到的 rs 就是这样一个 updatable 的数据表。

注意：一个 updatable 的数据表并不一定要是 TYPE_SCROLL_SENSITIVE 或者 TYPE_SCROLL_INSENSITIVE 的，它也可以是 TYPE_FORWARD_ONLY 的。但是在实际使用中，可能会经常希望在数据表中来回移动光标地修改它，所以一般情况下还是选用 scrollable 的类型。

修改 ResultSet 中的数据，将会用到它提供的 updateXXX 系列方法。updateXXX 系列方法和 getXXX 系列方法对应，它们提供对一行中列的数据进行修改的接口，如 updateString、updateInt、updateFloat。updateXXX 系列方法都包含两个参数，除了第一个表示列名的参数之外，还需要第二个参数，给定这列数据需要指定的新值，该新值的类型必须和方法名中指定的类型一致。

举例说明，假设上面 select 操作得到的 rs 中有如下三行数据：

```
id       name
-----    -------
1        Java
2        C++
```

可以进行如下的操作：

```
/**定位到第一行 * /
rs.next();
/**修改这行中 name 列的数据 * /
rs.updateString("name", "Java.Sun");
/**提交对该行的修改到数据库 * /
rs.updateRow();
```

则数据将变为：

```
id       name
----     --------
1        Java.Sun
2        C++
```

在上面的代码中，首先利用 ResultSet 中定位光标的方法，把光标定位到待修改的行上。然后利用 updateXXX 方法，将该行中的 name 列的字符串修改为"java Sun"。最后使用 updateRow 方法，将对该行的修改提交到数据库中。

需要特别注意的是，对于 ResultSet 中的任何修改，都需要通过 updateRow 方法才能将它提交到数据库。否则，如果没有提交就移动了数据表的光标，则对记录的修改就完全无效。updateRow 方法提交的是当前行中所有的修改，不论一行中修改了多少列的数据，都会一次全部提交到数据库。与 updateRow 对应的，还有另一个方法 cancelRowUpdates，它的作用是撤销对当前行的所有修改，回到修改前，或者上一次提交前的状态。已经用 updateRow 提交过的数据是无法通过 cancelRowUpdates 撤销的。

通过以上的一些介绍,我们已经了解了利用 JDBC 进行 Java 数据库编程的基本细节,包括创建表、插入数据、删除数据、查询数据、处理结果表、更新数据库等基本操作,已经可以编写基本的数据库应用程序了。尽管在实例中只使用了简短的 SQL 命令,但事实上,只要DBMS 和数据库驱动程序支持,可以通过同样的方法来使用更为复杂的 SQL 命令,以满足具体的应用需求。

4. JDBC 的其他特性

当然,前面仅仅介绍了对数据库基本访问要求的实现,但数据库应用除了功能方面的要求外,还需要满足数据库性能要求,以及对数据访问的一致性要求等。对于这些,JDBC 也能提供一定的支持。下面简单介绍 JDBC 的一些高级特性,包括 SQL 语句的预处理、数据库表的连接、事务处理等。

(1) PreparedStatement。

这是和 Statement 类似的一种表示 SQL 命令的类。它的特性是,可以把包含参数的SQL 命令进行预编译处理,在使用的时候,只需要填入几个参数,就可以很方便地执行 SQL操作。例如:

```
PreparedStatement prestmt=con.prepareStatement("UPDATE visualbuilder SET name=?
WHERE id=?")
```

经过这样的定义,prestmt 包含了两个参数,即上面方法参数中的两个问号。从左到右,它们分别是参数 1 和参数 2,即参数编号从 1 记起。在执行 prestmt 的 SQL 命令之前,必须要对它的几个参数进行赋值。如下:

```
updateSales.setString(1, "Java.Sun");
updateSales.setInt(2, 2);
```

这里又用到了 setXXX 系列方法,同前面的 getXXX 系列和 updateXXX 系列相同,它也对于多数 Java 数据类型有对应的版本。它的第一个参数是 PreparedStatement 的参数编号,第二个参数是需要给这个参数赋的值。

之后就可以使用同 Statement 一样的方式来执行 SQL 命令并返回执行结果了。

```
updateSales.executeUpdate();
```

或者

```
updateSales.executeQuery();
```

这两个方法的用法和 Statement 的对应方法完全相同。

从结果上看,以下两段代码可以实现同样的功能:

方法 1:

```
Statement stmt=con.prepareStatement("UPDATE visualbuilder SET name='java.Sun'
WHERE id=1")
stmt.executeUpdate();
```

方法 2:

```
PreparedStatement prestmt=con.prepareStatement("UPDATE visualbuilder SET name=?
```

```
WHERE id=?")
prestmt.setString(1, "java.Sun");
prestmt.setInt(2, 1);
prestmt.executeUpdate();
```

看起来方法 2 更加麻烦和累赘。那为什么要使用方法 2 呢? 原因是,当需要连续多次使用这个 SQL 语句,而只需要修改它的参数就可以达到目的的情况下,方法 2 更加简洁、安全和高效。

例如,接下来还需要进行一次同样的更新操作:

如果使用方法 1,将需要重写前面的 SQL 命令。而方法 2 可以简单地通过下面三行来方便地实现。

```
prestmt.setString(1, "c#");
prestmt.setInt(2, 2);
prestmt.executeUpdate();
```

可见,当需要反复多次使用类似的 SQL 操作命令的时候,由于方法 2 中的 SQL 命令已经得到预编译,执行的效率会比方法 1 高很多。

(2) 连接。

有的时候,可能需要通过连接操作从两个或更多的表中获得查询结果。对于 JDBC 来说,从多个表中取它们连接运算的结果,和从单个表中取数据没有什么区别,也仅需要执行相应的 SQL 语句而已,然后利用 excuteQuery 获取连接的结果表。

(3) 事务处理。

数据库应用中,事务处理是一项重要的因素。所有 DBMS 都支持不同程度的事务处理,那么,如何通过 JDBC 来处理数据库事务呢?

事务处理的过程,是希望把一系列 SQL 操作原子化,如果所有的操作都成功,那么一次性提交所有的操作结果,如果存在某一个步骤操作失败,那么所有的操作全部撤销。

在前面的应用中,所有的修改都是立即执行的,即可以认为每一步操作之后自动进行了提交会话的操作。当一个连接被创建的时候,它的默认模式就是"自动提交"状态,这意味着每一个独立的 SQL 语句都被当作一个会话,当它执行结束之后立即进行提交,每个事务只有一个语句。

如果要开启事务处理功能,允许 1 个或多个操作组成事务,需要通过下面的方式来关闭"自动提交"模式。

```
con.setAutoCommit(false);
```

这需要在创建出活动的 con 连接之后进行。如果再次执行 con. setAutoCommit(true),将返回到默认的自动提交状态。

一旦自动提交模式被取消,任何 SQL 命令都必须在调用 Connection 的方法来提交时才会提交到数据库。在上一次执行提交之后的所有操作,都被包含在当前的事务中,会在提交的时候全部作为一个整体来对待。

提交事务使用 Connection 的 commit 方法,如下:

```
con.commit();
```

commit 方法使 SQL 语句对数据库所做的任何修改成为永久性的,它还将释放事务持有的全部锁。而相应地,rollback 方法将放弃事务中,从上一次提交操作之后进行的所有 SQL 操作,回滚到上次提交时的状态。

对于尚未提交的事务中发生的修改,DBMS 需要通过锁的机制来避免其他事务对该事务涉及的数据进行访问,避免可能发生的冲突。一旦一个锁形成,它将持续作用直到事务被提交或者回滚。

DBMS 需要使用相应的策略来避免这样的数据冲突,该策略被称为事务隔离级别。例如,在 TRANSACTION_READ_COMMITTED 这种事务隔离级别下,数据库中的数据值只有在相关事务被提交之后才允许被读取,即不允许发生"脏读"。而在 TRANSACTION_READ_UNCOMMITTED 级别下,"脏读"行为被允许。通常不需要修改事务隔离级别,只需要使用 DBMS 提供的默认设置就可以了。JDBC 允许用户查看和设置连接的事务隔离级别,可利用 Connection 的 getTransactionIsolation 和 setTransactionIsolation 方法实现。但是需要注意两点:其一,尽管 JDBC 允许修改事务隔离级别,但是 DBMS 不一定允许,如果 DBMS 不允许,那么通过 JDBC 进行的修改都是无效的;其二,修改事务隔离级别应该在事务开始之前进行,并在事务结束后复位,不提倡在事务进行中修改隔离级别,因为这会立即触发 commit 方法,将此前所做的任何更改永久化。

JDBC 3.0 API 添加了记录点(Savepoint)的功能,可以在当前正在进行的事务处理过程中设置一系列的记录点,而 rollback 方法也有了一个可以使用一个记录点作为参数的重载,可以退回到一个记录点,而不是上次提交结束后的状态。如下所示:

```
Statement stmt=conn.createStatement();
int rows=stmt.executeUpdate("INSERT INTO TAB1(COL1)VALUES "+
                                          "(?FIRST?)");

//set savepoint
Savepoint svpt1=conn.setSavepoint("SAVEPOINT_1");
rows=stmt.executeUpdate("INSERT INTO TAB1(COL1)"+
                                    "VALUES(?SECOND?)");
...
conn.rollback(svpt1);
...
conn.commit();
```

其中,语句 Savepoint svpt1 = conn. setSavepoint("SAVEPOINT_1");设置了一个记录点,之后它便可以作为 rollback 的参数使用,退回到此刻的事务状态。同样,也可以使用 Connection. releaseSavepoint 方法来释放一个记录点,这时试图回滚到一个已被释放的记录点的操作会抛出一个 SQLException。另外,会话被提交,或者整个会话被回滚,或者回滚到记录点之前的另一个记录点的操作,也会使得记录点失效。

当一系列事务操作发生时,仅能通过 SQL 命令失败抛出的 SQLException 异常来获知事务处理过程失败了。所以当连续执行事务操作时,应该用 try…catch 块将代码保护起来,处理其中的 SQLException 异常,确保失败的操作被正确地回滚。

事务是数据库应用的一个重要环节,也是比较难以处理好的环节。在编程过程中,一方面要根据具体应用的要求,保证事务的操作,同时,要避免应用的死锁。

（4）使用存储过程。

大多数 DBMS 中都支持存储过程。存储过程是一系列 SQL 命令形成的一个逻辑单元，完成一个特定的任务，用于在数据库服务器上执行一系列的操作和查询。存储过程可以使用参数来编译和执行相应的工作。

如果需要建立一个存储过程，可以像前面的所有其他 SQL 命令一样，使用 Statement 或者 PreparedStatement 的 executeUpdate 方法来实现。调用存储过程，只需要以"{call Procedure_Name}"作为 execute 方法的参数就可以了。

但是考虑到存储过程执行的操作条数和返回的结果集个数是不确定的，所以通常会选择使用 execute 方法来调用存储过程，而不使用 executeUpdate 和 executeQuery。

execute 方法应该仅在语句能返回多个 ResultSet 对象、多个更新计数或 ResultSet 对象与更新计数的组合时使用。当执行某个存储过程或动态执行未知 SQL 字符串（即应用程序程序员在编译时未知）时，有可能出现多个结果的情况，尽管这种情况很少见。例如，用户可能执行一个存储过程，并且该存储过程先执行更新，然后执行选择，再进行更新，再进行选择，等等。通常使用存储过程的人应知道它所返回的内容。

因为 execute 方法处理非常规情况，所以获取其结果需要一些特殊处理并不足为怪。例如，假定已知某个过程返回两个结果集，则在使用 execute 方法执行该过程后，必须调用 getResultSet 方法获得第一个结果集，然后调用适当的 getXXX 方法获取其中的值。要获得第二个结果集，需要先调用 getMoreResults 方法，然后再调用 getResultSet 方法。如果已知某个过程返回两个更新计数，则首先调用 getUpdateCount 方法，然后调用 getMoreResults，并再次调用 getUpdateCount。

对于不知道返回内容的情况，则更为复杂。如果结果是 ResultSet 对象，则 execute 方法返回 true；如果结果是 JavaInt，则返回 false。如果返回 int，则意味着结果是更新计数或执行的语句是 DDL 命令。在调用 execute 方法之后要做的第一件事情是调用 getResultSet 或 getUpdateCount。调用 getResultSet 方法可以获得两个或多个 ResultSet 对象中第一个对象；调用 getUpdateCount 方法可以获得两个或多个更新计数中第一个更新计数的内容。

当 SQL 语句的结果不是结果集时，则 getResultSet 方法将返回 null。这可能意味着结果是一个更新计数或没有其他结果。在这种情况下，判断 null 真正含义的唯一方法是调用 getUpdateCount 方法，它将返回一个整数。这个整数为调用语句所影响的行数；如果为－1 则表示结果是结果集或没有结果。如果方法 getResultSet 已返回 null（表示结果不是 ResultSet 对象），则返回值－1 表示没有其他结果。也就是说，当下列条件为真时表示没有结果（或没有其他结果）：

```
((stmt.getResultSet()==null)&&(stmt.getUpdateCount()==-1))
```

如果已经调用 getResultSet 方法并处理了它返回的 ResultSet 对象，则有必要调用 getMoreResults 方法以确定是否有其他结果集或更新计数。如果 getMoreResults 返回 true，则需要再次调用 getResultSet 来检索下一个结果集。如上所述，如果 getResultSet 返回 null，则需要调用 getUpdateCount 来检查 null 是表示结果为更新计数还是表示没有其他结果。

当 getMoreResults 返回 false 时，它表示该 SQL 语句返回一个更新计数或没有其他结果。因此需要调用 getUpdateCount 方法来检查它是哪一种情况。在这种情况下，当下列条件为真时表示没有其他结果：

```
((stmt.getMoreResults()==false)&&(stmt.getUpdateCount()==-1))
```

下面的代码演示了一种方法用来确认已访问调用 execute 方法所产生的全部结果集和更新计数：

```
stmt.execute(queryStringWithUnknownResults);
while(true){
    int rowCount=stmt.getUpdateCount();
    if(rowCount>0){                              //它是更新计数；
        System.out.println("Rows changed="+count);
        stmt.getMoreResults();
        continue;
    }
    if(rowCount==0){                             //DDL 命令或 0 个更新
        System.out.println("No rows changed or statement was DDL command");
        stmt.getMoreResults();
        continue;
    }
    //执行到这里,证明有一个结果集
    //或没有其他结果
    ResultSet rs=stmt.getResultSet();
    If(rs!=null){
        ...                                      //使用元数据获得关于结果集列的信息
        While(rs.next()){
            ...                                  //处理结果
        }
        stmt.getMoreResults();
        continue;
    }
    Break;                                       //没有其他结果
}
```

最后再提到 PreparedStatement 的一个子类 CallableStatement，它在继承了 PreparedStatement 所有特性的基础上，还额外支持了传出和传入双向的参数，用于从存储过程中接受返回值。所以可以认为它是专门为调用存储过程准备的一个子类。

5. 关闭连接

Statement 在使用结束之后是需要关闭的。但由于 Java 的垃圾回收机制，即使程序员不做显式的回收，它也会在一段时间之后自动被回收。出于效率和节省资源的考虑，并养成一种良好的编程习惯，我们依然建议在使用结束之后，最好还是手工地关闭连接：

```
stmt.close();
```

本节介绍了利用 JDBC 访问数据库的一般过程和主要的方法，以及编写基于 JDBC 的应用程序应该注意的问题。为方便读者理解,所举的例子十分简单,实际应用情况显然会比这些例子复杂许多,但是,只要掌握了这些基本方法,再结合具体的应用要求,就应该能实现基本的功能了。

11.3　J2EE 开发技术

11.3.1　J2EE 概述

Java 最初是在浏览器和客户端应用中出现的。当时,很多人质疑它是否适合做服务器端的开发。现在,随着对 Java 2 平台企业版(J2EE)第三方支持的增多,Java 被广泛接纳为开发企业级服务器端解决方案的首选平台之一。

J2EE 是 Java 2 平台企业版(Java 2 Platform Enterprise Edition)的简称。它是一套完全不同于传统应用开发的技术架构,包含许多组件,可简化并规范应用系统的开发与部署,进而提高可移植性、安全与再用价值。J2EE 核心是一组技术规范与指南,其中所包含的各类组件、服务架构及技术层次,均有共同的标准及规格,让各种依循 J2EE 架构的不同平台之间,存在良好的兼容性,解决过去企业后端使用的信息产品彼此之间无法兼容的问题。

过去,Client/Server 是最常用的应用系统开发架构。在很多情况下,服务器提供的唯一服务就是数据库服务。在这种解决方案中,客户端程序负责数据访问、实现业务逻辑、用合适的样式显示结果、弹出预设的用户界面、接受用户输入等。前面的许多例子就是典型的 Client/Server 两层体系结构。

Client/Server 结构通常在第一次部署的时候比较容易,但难于升级或改进,而且经常基于某种专有的协议(通常是某种数据库协议),使重用业务逻辑和界面逻辑非常困难。更重要的是,在 Web 时代,两层化应用通常不能体现出很好的伸缩性,因而很难适应 Internet 的要求。

Sun 设计 J2EE 的部分起因就是想解决两层化结构的这些缺陷。为此,J2EE 定义了一套标准来简化 N 层企业级应用的开发。它定义了一套标准化的组件,并为这些组件提供了完整的服务。J2EE 还自动为应用程序处理了很多实现细节,如安全、多线程等。用 J2EE 开发 N 层应用包括将两层化结构中的不同层面切分成许多层。一个 N 层化应用 A 能够为以下的每种服务提供一个分开的层:

(1) 显示:在一个典型的 Web 应用中,客户端机器上运行的浏览器负责实现用户界面。

(2) 动态生成显示:尽管浏览器可以完成某些动态内容显示,但为了兼容不同的浏览器,这些动态生成工作应该放在 Web 服务器端进行,使用 JSP、Servlets 或者 XML(可扩展标记语言)和 XSL(可扩展样式表语言)实现。

(3) 业务逻辑:业务逻辑主要指用户应用所需要处理的逻辑,也就是应用的主要功能的实现。

(4) 数据访问:数据访问层负责和数据库 DBMS 进行交互,主要可通过 JDBC 来实现。

J2EE 是一个庞大的系统,在此仅介绍 Java Servlet 和 JSP 两种技术的一些特点,有兴趣的读者可进一步学习相关资料以掌握 J2EE 开发技术。

11.3.2　Java Servlet

Servlet 是 Java 技术对 CGI 编程的回答。Servlet 程序在服务器端运行,动态地生成 Web 页面。与传统的 CGI 和许多其他类似 CGI 的技术相比,Java Servlet 具有更高的效率,更容易使用,功能更强大,具有更好的可移植性,更节省投资。Java Servlet 的优点总结如下:

1. 高效

在传统的 CGI 中,每个请求都要启动一个新的进程,如果 CGI 程序本身的执行时间较短,启动进程所需要的开销很可能反而超过实际执行时间。而在 Servlet 中,每个请求由一个轻量级的 Java 线程处理(而不是重量级的操作系统进程)。

在传统 CGI 中,如果有 N 个并发的对同一 CGI 程序的请求,则该 CGI 程序的代码在内存中重复装载了 N 次;而对于 Servlet,处理请求的是 N 个线程,只需要一份 Servlet 类代码。在性能优化方面,Servlet 也比 CGI 有着更多的选择,比如缓冲以前的计算结果,保持数据库连接的活动,等等。

2. 方便

Servlet 提供了大量的实用工具例程,例如自动地解析和解码 HTML 表单数据、读取和设置 HTTP 头、处理 Cookie、跟踪会话状态等。

3. 功能强大

在 Servlet 中,许多使用传统 CGI 程序很难完成的任务都可以轻松地完成。例如,Servlet 能够直接和 Web 服务器交互,而普通的 CGI 程序不能。Servlet 还能够在各个程序之间共享数据,使得数据库连接池之类的功能很容易实现。

4. 可移植性好

Servlet 用 Java 编写,Servlet API 具有完善的标准。因此,为 I-Planet Enterprise Server 写的 Servlet 无须任何实质上的改动即可移植到 Apache、Microsoft IIS 或者 WebStar。几乎所有的主流服务器都直接或通过插件支持 Servlet。

5. 节省投资

不仅有许多廉价甚至免费的 Web 服务器可供个人或小规模网站使用,而且对于现有的服务器,如果它不支持 Servlet,要加上这部分功能也往往是免费的(或只需要极少的投资)。

11.3.3　JSP

JSP(Java Server Pages)是由 Sun Microsystems 公司倡导、许多公司参与一起建立的一种动态网页技术标准。JSP 技术有点类似 ASP 技术,它是在传统的 HTML 文件(＊.htm,＊.html)中插入 Java 程序段(Scriptlet)和 JSP 标记(tag),从而形成 JSP 文件(＊.jsp)。

用 JSP 开发的 Web 应用是跨平台的,既能在 Linux 下运行,也能在其他操作系统上运行。

JSP 技术使用 Java 编程语言编写类似 XML 的 tags 和 Scriptlets,来封装产生动态网页的处理逻辑。网页还能通过 tags 和 Scriptlets 访问存在于服务端的资源的应用逻辑。JSP 将网页逻辑与网页设计和显示分离,支持可重用的基于组件的设计,使基于 Web 的应用程序的开发变得迅速和容易。

Web 服务器在遇到访问 JSP 网页的请求时，首先执行其中的程序段，然后将执行结果连同 JSP 文件中的 HTML 代码一起返回给客户。插入的 Java 程序段可以操作数据库、重新定向网页等，以实现建立动态网页所需的功能。

JSP 与 Java Servlet 一样，是在服务器端执行的，通常返回该客户端的就是一个 HTML 文本，因此客户端只要有浏览器就能浏览。

JSP 页面由 HTML 代码和嵌入其中的 Java 代码所组成。服务器在页面被客户端请求以后对这些 Java 代码进行处理，然后将生成的 HTML 页面返回给客户端的浏览器。Java Servlet 是 JSP 的技术基础，而且大型的 Web 应用程序的开发需要 Java Servlet 和 JSP 配合才能完成。JSP 具备了 Java 技术的简单易用，完全面向对象，具有平台无关性且安全可靠，主要面向因特网的所有特点。

下面是 JSP 和其他类似或相关技术的一个简单比较：

1. 和 Active Server Pages（ASP）相比

Microsoft 的 ASP 是一种和 JSP 类似的技术。JSP 和 ASP 相比具有两方面的优点。首先，动态部分用跨平台的 Java 编写，而不是 VB Script 或其他 Microsoft 语言，功能强大而且更易于使用。其次，JSP 应用可以移植到其他操作系统和非 Microsoft 的 Web 服务器上。

2. 和纯 Servlet 相比

JSP 并没有增加任何本质上不能用 Servlet 实现的功能。但是，在 JSP 中编写静态 HTML 更加方便，不必再用 println 语句来输出每一行 HTML 代码。更重要的是，借助内容和外观的分离，页面制作中不同性质的任务可以方便地分开。例如，由页面设计专家进行 HTML 设计，同时留出供 Servlet 程序员插入动态内容的空间。

3. 和 JavaScript 相比

JavaScript 能够在客户端动态地生成 HTML。虽然 JavaScript 很有用，但它只能处理以客户端环境为基础的动态信息。除了 Cookie 之外，HTTP 状态和表单提交数据对 JavaScript 来说都是不可用的。另外，由于是在客户端运行，JavaScript 不能访问服务器端资源，比如数据库、目录信息等。

J2EE 是一个完整的开发平台，包含许多内容，如 JDBC、JSP、Servlet、JNDI、RMI、JMS、EJB 等。本节仅简单介绍了上面的两种技术，有兴趣和需要的读者可以进一步阅读其他资料，学习 J2EE 开发技术。

11.4　应用示例

本节以一个简化的选课系统为例，从需求分析、数据库设计、Java 编程与实现几方面展示开发数据库应用系统的全过程。

11.4.1　需求分析

某校决定开发一个课程管理系统，完成教师管理课程、学生选课及退课等基本操作。系统由管理员管理，教师和学生是系统的用户。教师可以在系统中维护自己的课程信息，学生可浏览查询所有课程，并从中选课，也可把已经选的课退掉。

从功能需求看，该系统主要实现系统管理功能、查询功能、课程管理和选、退课功能。

从数据需求看,该系统涉及如下信息:

(1) 教师:指全体开课老师,其编号(id)唯一,涉及的属性包括:教师编号(id)、姓名(name)、所属系(department)。

(2) 学生:指全体需要使用该系统进行选课的学生,其编号(id)唯一,为简单起见,在此仅为学生设计了另外一个属性:姓名(name)。

(3) 课程:指全部开设课程,由教师负责维护。其课程编号唯一,涉及属性包括:课程编号(CourseID)、课程名称(CourseName)、上课教室(classroom)、课程容量(capacity)。

以上数据之间存在如下约束:

一名教师可以开设多门课程,但一门课程仅由一名教师讲授;一门课程可以由多名学生选修,一名学生可以选修多门课程。

根据以上约束,可以得到应用系统的联系矩阵,如图 11.4 所示。

	教师	课程	学生
教师	null	X	null
课程	X	null	X
学生	null	X	null

图 11.4　课程管理系统实体集/联系矩阵

即教师信息和课程信息之间存在开课联系,学生信息和课程信息之间存在选退课联系。

从使用需求看,系统中的用户包括三种角色:第一种角色是学生,他们可以查询浏览所有课程,以选定(需要检查课程容量的要求)和退出课程,以及查看自己当前已选中的课程列表;第二种是教师,可以查询浏览所有课程,可以查看自己开设的课程列表,也可以添加和删除自己开设的课程;第三种角色是管理员,管理员也可以查询浏览所有课程,可以删除课程,还可以清空和初始化整个数据库中的数据。

11.4.2　数据库设计

在需求分析的基础上,采用分类抽象、分析归纳的方法得到课程管理系统的实体-关系(ER)模型,如图 11.5 所示。

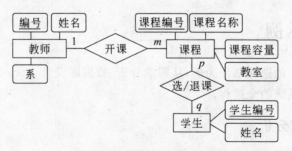

图 11.5　课程管理系统的 ER 模型

然后,根据第 4 章的相关知识,将 ER 模型转换为关系模式如下:

教师:Teacher(id, name, department)

学生：Student(id，name)

课程：Course(courseId，courseName，teacherId，classroom，capacity，studentcount)

选课：Student_Course(StudentId，CourseId)

为了方便编程，在课程关系模式中增加了 studentcount 属性，用来记录当前选中本课程的学生总数。当学生总数大于等于课容量时，将不再允许学生选修本课程。

逻辑设计完成后，还需要根据应用的需求，进行数据库物理设计，主要是索引。由于此应用比较简单，仅对每个关系表定义了主键。

11.4.3　数据库建立

开发此系统的硬件平台为 PC，操作系统为 Windows Server 2003。数据库为 Oracle 11g，Java 语言为 Java JDK 1.6 update12 版本。首先使用 Oracle 数据库本身的向导工具 Worksheet 来创建数据库和上述关系表，然后，使用 JDBC 驱动建立数据库连接，其步骤如下：

(1) 创建一个数据库供本系统使用。

通过 Oracle 的向导工具创建一个数据库，命名为 expmt。创建数据库的参数根据应用的规模来确定。

(2) 使用数据库管理员账号(或其他拥有相关权限的用户)登录 expmt 数据库，创建一个 exp 用户，供应用系统访问数据库，建立数据库连接使用。然后，把对数据库表操作的权限授予 exp 用户，其脚本如下。

```
create user exp identified by exppassword default tablespace users temporary
tablespace temp;
grant connect,resource,dba to exp;
```

(3) 使用 exp 用户注册，在 expmt 数据库中建立 student、teacher、course 和 student _course 4 张关系表。

student 表用来存放学生的信息。因学号用于标识表中的每一条记录，将学号属性定义为该表的主键。

```
create table student(
  id INTEGER NOT NULL,
  name varchar2(20)default NULL,
  primary key(id)
);
```

teacher 表中存放教师的相关信息。因教师的 ID 用于标识表中的每一条记录，将 ID 属性定义为该表的主键。

```
create table teacher(
  id INTEGER NOT NULL,
  name varchar2(20)default NULL,
  department varchar2(50)default NULL,
  primary key(id)
);
```

课程的信息存放在 course 表中,我们将其值具有唯一性的属性(courseId)作为主键,该主键由系统按照递增序列自动生成。

```
create table course(
  courseId INTEGER NOT NULL,
  courseName varchar2(50)NOT NULL,
  teacherId INTEGER NOT NULL,
  classroom varchar2(50)NOT NULL,
  capacity INTEGER NOT NULL,
  studentcount INTEGER NOT NULL,
  primary key(courseId)
);
```

course 表中自增值的功能,通过创建一个序列(sequence)实现,并创建一个触发器(trigger),以便在每次对 course 表进行插入操作的时候,自动获取并填写自增值的 courseId 值。下面的脚本用于创建序列和触发器。

```
create sequence s_course_id increment by 1 start with 1 maxvalue 999999999;

create or replace trigger bef_ins_course
before insert on course
for each row
declare
  iid integer;
begin
  select s_course_id.nextval into iid from dual;
  :new.courseId:=iid;
end;
```

student_course 表用来记录学生选课的情况,表中的每一行就是一条学生选课记录。属性 studentId 和 courseId 联合作为该表的主键。

```
create table student_course(
  studentId INTEGER NOT NULL,
  courseId INTEGER NOT NULL,
  primary key(studentId, courseId)
);
```

然而,studentId 和 courseId 并不是该表固有的属性,它们分别继承自 student 表和 course 表,被称为外来码(外键)。本例中涉及的外来码都没有定义引用完整性约束(外键约束)。

以上这些创建数据库、建数据库表和索引等工作,一般由数据库管理员根据系统设计文档及要求,通过数据库管理工具来完成。程序员编写应用程序时,仅仅是访问建立好的数据库和数据库表,以实现应用系统各项具体的功能需求。

11.4.4 Java 设计与实现

建好数据库与关系表之后,就需要设计和编写程序来实现系统功能,如建立数据库连接、访问数据表、进行数据的增、删、改等。在开始编写代码之前,需要准备好 Java 开发的环境。Java 本身不提供 Oracle 数据库的访问驱动,因此需要从 Oracle 的网站上下载一个 JDBC 驱动程序。用户可以根据自己的 JDK 和 Oracle 客户端版本,从 http://www.oracle.com/technology/global/cn/software/tech/java/sqlj_jdbc/index.html下载到对应的 jar 文件。然后将它放到 JDK 的 lib 目录中,并在环境变量的 classpath 中加载它。下面的示例代码,是在 Oracle Client 11g 和 JAVA JDK 1.6 update12 中编写的。如果 Oracle 或 JDK 版本不一致,只要注意 JDBC 驱动的版本正确,一般也可以正确使用。

　　Java 编程的依据是功能需求。根据用户需求,执行相应的数据库操作逻辑,将执行结果返回给用户。本实例不提供用户操作界面,仅从示范的角度通过命令行代码展示应用系统功能部分的设计与实现。

　　Java 程序的结构是按照功能划分为:查询、系统管理、课程管理、选、退课模块设计编码与实现的。查询模块是按照三类不同的用户角色,分别提供了三种角色的类。而由于三种角色均会使用到查询、浏览课程的功能,我们将这部分功能放在抽象的基类 User 类中。另外,对于连接的管理,为了避免在每一处需要使用数据库连接的地方都用 URI、用户名和密码来创建一个连接,而单独设计了一个类来向数据库操作提供连接(Connection)。

　　对于连接的管理有很多方法,比较常用的是使用连接池来实现一组可重复使用的连接,同时控制并发连接的总数。本例出于简单考虑,仅提供一个简单的连接控制:每次申请连接,都创建一个新的连接。这样实现的代码较简单。

```
public class GetConnection{
    private static String dbURI="jdbc:oracle:thin:@127.0.0.1:1521:expmt";
                                                              //数据库资源
    private static String dbUser="exp";                   //用户名
    private static String dbPassword="exppassword";       //密码

    public static Connection getConnection(){
        try{
            Class.forName("oracle.jdbc.driver.OracleDriver");   //指定驱动程序
            Connection conn=DriverManager.getConnection(dbURI,dbUser,dbPassword);
            return conn;
        }
        catch(Exception e){
            e.printStackTrace();
            return null;
        }
    }
}
```

　　这个 GetConnection 类中用静态的 getConnection 方法为调用者创建一个新的连接,并且需要由调用者来负责关闭它。

　　接下来开始编写实际操作的代码。

　　首先来看看作为基类的 User 类。它提供所有用户都可以执行的查询和浏览操作,而其中查询操作可以认为是有限定条件的浏览操作。另外,这些操作和 user 的身份、id 都没有关系,因此 User 类中不需要别的数据成员。这样,可设计如下的代码来实现。

```java
import java.sql.*;
import java.util.*;

public class User{
    //该方法从数据库操作的 ResultSet 中向屏幕打印结果
    public void printResult(ResultSet rs, String title){
        try{
            System.out.println("--------------------------------");
            System.out.println(title+":");
            System.out.print(String.format("%s|", "课程号"));
            System.out.print(String.format("%s|", "课程名          "));
            System.out.print(String.format("%s|", "教师号"));
            System.out.print(String.format("%s|", "教师姓名     "));
            System.out.print(String.format("%s|", "开课系       "));
            System.out.print(String.format("%s|", "上课地点     "));
            System.out.print(String.format("%s|", "课容量"));
            System.out.print(String.format("%s%n", "课余量"));
            while(rs.next()){
                System.out.print(String.format("%-6d|", rs.getInt("courseid")));
                System.out.print(String.format("%-16s|", rs.getString("coursename")));
                System.out.print(String.format("%-6d|", rs.getInt("teacherid")));
                System.out.print(String.format("%-12s|", rs.getString("teachername")));
                System.out.print(String.format("%-12s|", rs.getString("department")));
                System.out.print(String.format("%-12s|", rs.getString("classroom")));
                System.out.print(String.format("%-6d|", rs.getInt("capacity")));
                System.out.print(String.format("%-6d%n", rs.getInt("remain")));
            }
        }catch(Exception e){
            e.printStackTrace();
        }
    }
    //利用 courseId 作为查询条件的查询处理
    public void queryCourse(Integer courseId){
        try{
            Connection con=GetConnection.getConnection();
            PreparedStatement prestmt=con.prepareStatement(
                "SELECT c.courseid courseid, c.coursename coursename, c.teacherid
                teacherid, t.name teachername, "+
                "t.department department, c.classroom classroom, c.capacity capacity,
                c.capacity-c.studentcount remain "+
                "FROM course c, teacher t where c.teacherid=t.id and c.courseid=?
                order by courseid"
            );
            prestmt.setInt(1, courseId);
```

```
        ResultSet rs=prestmt.executeQuery();
        printResult(rs, "查询课程");
        System.out.println("Query done.");
        con.close();
    }catch(Exception e){
        e.printStackTrace();
    }
}
//利用课程名称作为查询条件的查询处理
public void queryCourse(String courseName){
    try{
        Connection con=GetConnection.getConnection();
        PreparedStatement prestmt=con.prepareStatement(
            "SELECT c.courseid courseid, c.coursename coursename, c.teacherid
            teacherid, t.name teachername, "+
            "t.department department, c.classroom classroom, c.capacity capacity,
            c.capacity-c.studentcount remain "+
            "FROM course c, teacher t where c.teacherid=t.id and c.coursename
            like ? order by courseid"
        );
        prestmt.setString(1, "%"+courseName+"%");
                                //注意在 setString 时,文本本身不要再加引号
        ResultSet rs=prestmt.executeQuery();
        printResult(rs, "查询课程");
        System.out.println("Query done.");
        con.close();
    }catch(Exception e){
        e.printStackTrace();
    }
}
//浏览所有课程的查询处理
public void queryCourse(){
    try{
        Connection con=GetConnection.getConnection();
        PreparedStatement prestmt=con.prepareStatement(
            "SELECT c.courseid courseid, c.coursename coursename, c.teacherid
            teacherid, t.name teachername, "+
            "t.department department, c.classroom classroom, c.capacity capacity,
            c.capacity-c.studentcount remain "+
            "FROM course c, teacher t where c.teacherid=t.id order by courseid"
        );
        ResultSet rs=prestmt.executeQuery();
        printResult(rs, "浏览所有课程");
        System.out.println("Query done.");
        con.close();
```

```
        }catch(Exception e){
            e.printStackTrace();
        }
    }
}
```

作为一个普通用户的基本功能,在 User 中就得到了实现。需要指出的是,代码中所实现的查询功能,都是按照建立数据库连接,准备实现查询功能所需的 SQL 语句,提交数据库执行,然后对返回的结果集进行处理这几个步骤来完成的。

然后,按照前面的设计分别实现系统管理(Administrator)、课程管理(Teacher)和选、退课(Student)的功能。

Administrator 需要实现的功能是清空数据库和删除课程。清库的操作必须要保证全部表删除完成,否则都算做失败。而删除课程的时候,一定要保证课程信息连同学生对该课程的选择一并全部删除。我们通过事务来保证上面两个操作的原子性。

```java
import java.sql.*;
import java.util.*;

public class Administrator extends User{
    //清空数据库的操作.只清空课程和选课信息表,不清空教师、学生表
    public void clearDatabase(){
        try{
            Connection con=GetConnection.getConnection();
            Statement stmt=con.createStatement();
            con.setAutoCommit(false);
            stmt.execute("delete from course");
            stmt.execute("delete from student_course");
            con.commit();
            System.out.println("清空数据库操作完成.");
            con.close();
        }catch(Exception e){
            e.printStackTrace();
        }
    }
    //删除课程的操作
    public void deleteCourse(Integer courseId){
        try{
            Connection con=GetConnection.getConnection();
            con.setAutoCommit(false);
            System.out.println("----------------------------");
            try{
                Integer courseNumber=0;
                Integer studentNumber=0;
                PreparedStatement prestmt= con.prepareStatement("delete from course
                where courseId=?");
```

```
                prestmt.setInt(1, courseId);
                courseNumber=prestmt.executeUpdate();
                                           //记录下影响的记录条数,用于显示成功信息
                prestmt = con. prepareStatement ( " delete from student _ course where
                courseId=? ");
                prestmt.setInt(1, courseId);
                studentNumber=prestmt.executeUpdate();
                con.commit();
                System.out.println(String.format("删除课程成功,%d 门课程和%d 条选
                课记录被删除.", courseNumber, studentNumber));
            }catch(Exception e){
                con.rollback();
                System.out.println("删除课程失败.");
            }
            con.close();
        }catch(Exception e){
            e.printStackTrace();
        }
    }
}
```

Teacher 可以浏览自己开设的课程,通过 course 表中的 teacherId 来辨识一门课程属于哪位教师。然后教师可以开设和删除自己的课程,因此还需要 appendCourse 和 deleteCourse 方法,添加课程时将课程的 teacherId 设为自己的 id,删除课程时要检查 teacherId 是否相符。

```
import java.*;
import java.sql.*;

public class Teacher extends User{
    private Integer teacherId;

    public Teacher(Integer id){
        this.teacherId=id;
    }

    public void listMyCourse(){
        try{
            Connection con=GetConnection.getConnection();
            PreparedStatement prestmt=con.prepareStatement(
                "SELECT c.courseid courseid, c.coursename coursename, c.teacherid
                teacherid, t.name teachername, "+
                "t.department department, c.classroom classroom, c.capacity capacity,
                c.capacity-c.studentcount remain "+
                "FROM course c, teacher t "+
                "where c.teacherid=t.id and c.teacherid=? order by courseid"
```

```
        );
        prestmt.setInt(1, this.teacherId);
        ResultSet rs=prestmt.executeQuery();
        printResult(rs, "我开设的所有课程")
        System.out.println("Query done.");
        con.close();
    }catch(Exception e){
        e.printStackTrace();
    }
}
//创建课程的过程.返回值是新创建的课程的 id.若创建失败则返回 null
public Integer appendCourse(String courseName, String classroom, Integer capacity){
    Integer appendId=null;
    try{
        Connection con=GetConnection.getConnection();
        PreparedStatement prestmt=con.prepareStatement(
            " insert into course (courseName, teacherId, classroom, capacity,
            studentcount)values(?,?,?,?, 0)"
        );
        prestmt.setString(1, courseName);
        prestmt.setInt(2, this.teacherId);
        prestmt.setString(3, classroom);
        prestmt.setInt(4, capacity);
        Integer appendCount=prestmt.executeUpdate();
        System.out.println("--------------------------------");
        if(appendCount>0){

            PreparedStatement prestmtGetId=con.prepareStatement(
                "select s_course_id.currval lastid from dual"
                    //这条语句用于取得序列中的当前值,即刚刚插入的数据的 courseId
            );
            ResultSet rs=prestmtGetId.executeQuery();
            if(rs.next()){
                appendId=rs.getInt("lastid");
                System.out.println(String.format("课程添加成功,courseId=%d",
                appendId));
            }
            else{
                System.out.println("课程添加失败.");
            }
        }
        else{
            System.out.println("课程添加失败.");
        }
        System.out.println("Operation done.");
```

```
        con.close();
    }catch(Exception e){
        e.printStackTrace();
    }
    return appendId;
}


public void deleteCourse(Integer courseId){
    try{
        Connection con=GetConnection.getConnection();
        con.setAutoCommit(false);
        System.out.println("------------------------------------");
        PreparedStatement prestmt=con.prepareStatement(
            "delete from course where courseId=? and teacherId=?"
        );
        prestmt.setInt(1, courseId);
        prestmt.setInt(2, this.teacherId);
        Integer deleteCount=prestmt.executeUpdate();
        if(deleteCount>0){
            prestmt=con.prepareStatement(
                "delete from student_course where courseId=?"
            );
            prestmt.setInt(1, courseId);
            prestmt.executeUpdate();
            System.out.println(String.format("%d 个课程删除成功,courseId=%d",
            deleteCount, courseId));
            con.commit();
        }
        else{
            System.out.println("课程删除失败.");
            con.rollback();
        }
        System.out.println("Operation done.");
        con.close();
    }catch(Exception e){
        e.printStackTrace();
    }
}
}
```

Student 需要实现的操作是,首先要列出自己已经选中的课程,这个结果从 student _course 表中选取 studentId 等于自己 id 的 courseId 即可。选课的操作,也就是在 student _course 表中增加一条记录,但由于课程有容量限制,在添加这条记录之前,必须要先在 course 表中修改 studentCount 值,使其增值,成功之后才能添加 student_course 表中的记录。这里的"成功"必须要通过受影响的记录条数来进行确认,以保证不会出现并行冲突。
退课的操作则相对简单,先删除 student_course 中的选课记录,然后将 studentCount 值减 1
即可,这两件事情也需要通过事务来保证原子操作。

```java
import java.*;
import java.sql.*;

public class Student extends User{
    private Integer studentId;

    public Student(Integer id){
        this.studentId=id;
    }
    //列举当前选中的课程
    public void listMyCourse(){
        try{
            Connection con=GetConnection.getConnection();
            PreparedStatement prestmt=con.prepareStatement(
                "SELECT c.courseid courseid, c.coursename coursename, c.teacherid
                teacherid, t.name teachername, "+
                "t.department department, c.classroom classroom, c.capacity capacity,
                c.capacity-c.studentcount remain "+
                "FROM course c, teacher t, student_course sc "+
                "where c. teacherid = t. id and sc. studentid =? and sc. courseid =
                c.courseid order by courseid"
            );
            prestmt.setInt(1, this.studentId);
            ResultSet rs=prestmt.executeQuery();
            printResult(rs, "我选择的所有课程");
            System.out.println("Query done.");
            con.close();
        }catch(Exception e){
            e.printStackTrace();
        }
    }
    //选课的操作
    public void joinCourse(Integer courseId){
        try{
            Connection con=GetConnection.getConnection();
            con.setAutoCommit(false);
            //首先检查是否已经选过这门课程
            PreparedStatement prestmtSelect=con.prepareStatement(
                "select * from student_course where studentid=?and courseid=?"
            );
            prestmtSelect.setInt(1, this.studentId);
```

```
prestmtSelect.setInt(2, courseId);
ResultSet rsSelect=prestmtSelect.executeQuery();
if(rsSelect.next()){
    //已经选过这门课程,选课失败
    con.rollback();
    System.out.println("选课失败：已经选过此课程");
}
else{
    //检查该课程的选课人数是否小于课容量
    prestmtSelect=con.prepareStatement(
        "select capacity, studentcount from course where courseid=?"
    );
    prestmtSelect.setInt(1, courseId);
    rsSelect=prestmtSelect.executeQuery();
    if(rsSelect.next()){
        int capacity=rsSelect.getInt("capacity");
        int studentcount=rsSelect.getInt("studentcount");
        if(studentcount>=capacity){
            //如果选课人数已满,那么将不允许再选课
            con.rollback();
            System.out.println("选课失败：课程容量超过上限");
        }
        else{
            PreparedStatement prestmtUpdate=con.prepareStatement(
                "update course set studentcount=studentcount+1 where
                courseid=? and studentcount<capacity"
            );
            prestmtUpdate.setInt(1, courseId);
            Integer affectedRows=prestmtUpdate.executeUpdate();
            if(affectedRows<1){
                con.rollback();
                System.out.println("选课失败：课程容量超过上限");
            }
            else{
                PreparedStatement prestmtInsert=con.prepareStatement(
                    "insert into student_course (studentid, courseid)
                    values(?, ?)"
                );
                prestmtInsert.setInt(1, this.studentId);
                prestmtInsert.setInt(2, courseId);
                prestmtInsert.executeUpdate();

                con.commit();
                System.out.println(String.format("选课成功：学生%d 选择
                了课程%d.", this.studentId, courseId));
```

```
                    }
                }
            }
            else{
                //如果课程不存在,那么报错,选课失败
                con.rollback();
                System.out.println("选课失败:课程未找到");
            }
        }
        con.close();
    }catch(Exception e){
        e.printStackTrace();
    }
}
//退课的操作
public void leaveCourse(Integer courseId){
    try{
        Connection con=GetConnection.getConnection();
        con.setAutoCommit(false);
        PreparedStatement prestmtSelect=con.prepareStatement(
            "select * from student_course where studentid=? and courseid=?"
        );
        prestmtSelect.setInt(1, this.studentId);
        prestmtSelect.setInt(2, courseId);
        ResultSet rsSelect=prestmtSelect.executeQuery();
        if(!rsSelect.next()){
            //学生的选课列表中没有该课程
            con.rollback();
            System.out.println("退课失败:未曾选上此课程");
        }
        else{
            //开始退课处理
            PreparedStatement prestmtDelete=con.prepareStatement(
                "delete from student_course where studentid=? and courseid=?"
            );
            prestmtDelete.setInt(1, this.studentId);
            prestmtDelete.setInt(2, courseId);
            prestmtDelete.executeUpdate();

            PreparedStatement prestmtUpdate=con.prepareStatement(
                "update course set studentcount=studentcount-1 where courseid
                =? and studentcount>0"
            );
            prestmtUpdate.setInt(1, courseId);
            prestmtUpdate.executeUpdate();
```

```
            con.commit();
            System.out.println(String.format("退课成功：学生%d退掉了课程%d.",
            this.studentId, courseId));
        }
        con.close();
    }catch(Exception e){
        e.printStackTrace();
    }
}
}
```

　　这里需要重点看一下 joinCourse 选课操作的代码。在设计上，本例中使用 course 表中的 studentCount 列来控制选课学生的总数。joinCourse 方法中的操作显得非常小心，这是因为必须要保证在并行环境下，不会因为逻辑上的问题造成数据库逻辑控制的失效，造成选课人数超过课容量，或者学生都选不上课的问题。这其中存在一处需要注意的地方，在任何时候，一门课程的 studentCount 的值都应该和 student_course 中统计出的值相符，一旦因为任何原因造成这两个数不相符，就会导致课容量的控制出现问题。要避免这种情况，主要是避免绕过程序控制直接对数据库进行操作。

　　至此，这套系统的数据库设计和代码实现都完成了。我们可以写一个测试程序来试试它是否工作正常。

```
import java.util.*;

public class Experiment{
    public static void main(String args[]){
        Administrator admin=new Administrator();
        admin.queryCourse();
        admin.queryCourse(1);
        admin.queryCourse("操作");
        Teacher teacher=new Teacher(101);
        Integer appendId=teacher.appendCourse("新课程1","新楼101",4);
        teacher.queryCourse();
        teacher.listMyCourse();
        Student student=new Student(1);
        student.queryCourse();
        student.listMyCourse();
        student.joinCourse(appendId);
        student.queryCourse();
        student.listMyCourse();
        teacher.deleteCourse(appendId);
        teacher.listMyCourse();
        student.listMyCourse();
    }
}
```

　　编译并运行 Experiment.java 文件,可通过程序的屏幕输出,来了解其执行过程。

　　上面的代码仅仅提供了整个系统逻辑处理功能的实现,尽管表现形式简单。但是这样的逻辑代码可以被各种相关的表现模块调用,Java 图形界面程序或者 JSP 中都可以使用它的接口来完成数据库控制的逻辑功能。JDBC 编程的设计和实现方法,无论在什么形式的 Java 程序中都是一样的。

　　网络环境下数据库应用系统开发技术已经比较成熟,应用也十分广泛。Java 语言随着网络应用的普及而诞生,以其简洁和跨平台的优势,迅速成为当前网络应用的主流开发语言。

　　JDBC 是 Java 语言进行数据库应用开发的接口。它屏蔽了底层数据库 DBMS 的差异,给上层的应用开发提供了统一的平台,使数据库应用系统具有更好的可移植性和跨平台运行能力。JDBC 不单能运行单独的 SQL 语句,还具备事务处理、存储过程等高级特性。

　　J2EE 是一个基于 Java 语言的分布式企业级应用开发技术架构。它使 Java 语言具备了开发大型应用系统的能力。

1. Java 语言的主要特点是什么?

2. 什么是 ODBC? 什么是 JDBC? 简述 JDBC 与 ODBC 的主要区别。

3. JDBC 的主要功能是什么? 创建一个简单 JDBC 的应用包括哪几个主要步骤?

4. 应用系统的两层结构和三层结构的含义是什么? 它们有哪些不同?

5. 试用 JDBC 开发一个简单的数据库应用。例如,建立一个班级通信录。

第 12 章 . NET 平台数据库编程

随着网络技术尤其是 Internet 的迅猛发展,各大 IT 厂商纷纷提出自己的互联网战略,推出自己的平台和产品。针对 Sun 公司 Java 平台的挑战,Microsoft 在 2000 年宣布了自己的 Microsoft . NET 战略,吹响了一次互联网技术变革的号角,并在随后的几年中不断完善自己的. NET 平台,推出了一系列的产品、技术和服务。Microsoft . NET 的目标为:提供一个一致的面向对象的编程环境,无论对象代码是在本地存储执行,还是在 Internet 上分布而在本地或是在远程执行;提供一个将软件部署和版本控制冲突最小化的代码执行环境;提供一个可提高代码执行安全性的代码执行环境;提供一个可解决因脚本解释执行而出现性能问题的代码执行环境;使开发人员的经验在面对类型迥异的应用程序时保持一致;按照工业标准生成所有交互信息,以确保基于. NET Framework 的代码可与任何其他代码集成。

本章首先概述. NET Framework、Visual Studio. NET 以及 C♯ 语言,然后重点介绍 ADO. NET、ASP. NET 数据库编程的内容,最后结合一个应用实例讨论. NET 数据库编程的过程与步骤。

12.1 . Net Framework 与 Visual Studio. NET

12.1.1 . NET Framework 概述

Microsoft. NET 开发框架如图 12.1 所示,是一组相关技术的集合。它提供了生成和运行下一代应用程序和 XML Web 服务的内部 Windows 组件,这些技术及组件按照其功能组成了如图所示的一个层次结构。首先是整个开发框架的基础,即公共语言运行库(Common Language Runtime,CLR)以及它所提供的一组基础类库;在开发技术方面,. NET 提供了全新的数据库访问技术 ADO. NET,以及网络应用开发技术 ASP. NET 和 Windows 编程技术;在开发语言方面,. NET 提供了 VB、VC++、C♯、J♯ 和 JScript 等多种语言支持;而 Visual Studio. NET 则是全面支持. NET 的开发工具。

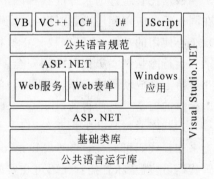

图 12.1 Microsoft .NET 开发框架

. NET Framework 包括两个主要组件:公共语言运行库和. NET Framework 类库。公共语言运行库是. NET Framework 的基础。用户可以将运行库看做一个在执行时管理代码的代理,它提供内存管理、线程管理和远程处理等核心服务,并且还强制实施严格的类型安全以及其他形式的代码准确性。实际上,代码管理的概念是运行库的基本原则,以运行库为目标的代码称为托管代码,而不以运行库为目标的代码称为非托管代码。. NET Framework

的另一个主要组件是类库，它是一个综合性的面向对象的可重用类型集合，用户可以使用它开发多种应用程序，这些应用程序既可以是传统的命令行或图形用户界面（GUI）应用程序，也可以是基于 ASP. NET 所提供的新型应用程序，例如 Web 窗体和 XML Web 服务等。图 12.2 显示了公共语言运行库和类库与应用程序之间以及与整个系统之间的关系。

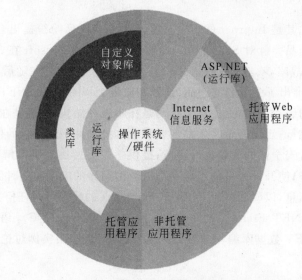

图 12.2　公共语言运行库和类库与应用程序以及整个系统的关系

1. 公共语言运行库

公共语言运行库能够提供内存管理、线程执行、代码执行、代码安全检查、编译以及其他系统服务。这些功能是在公共语言运行库上运行的托管代码所固有的。

根据托管组件的来源等各种因素，托管组件被赋予不同程度的信任。这意味着即使用在同一活动应用程序中，托管组件既可能被允许执行文件访问操作、注册表访问操作或其他须小心使用的功能，也可能被禁止执行这些功能。

运行库强制实施代码访问安全。例如，用户可以相信嵌入在网页中的可执行文件能够在屏幕上播放动画或音乐，但不能访问他们的个人数据、文件系统或者网络。因此，运行库所提供的安全性就使得通过 Internet 部署的合法软件能够具有丰富的功能。

运行库通过公共类型系统（Common Type System，CTS）进行严格类型检查和代码检查来加强代码可靠性。各种 Microsoft 和第三方语言编译器可以生成符合 CTS 规范的托管代码，这就意味着托管代码可在实施严格类型保真和类型安全的同时使用其他托管类型和实例。

运行库的托管环境消除了许多常见的软件问题。例如，运行库自动处理对象布局并管理对它们的引用，不再使用时将它们释放。这种自动内存管理解决了两个最常见的应用程序错误，即内存泄漏和无效内存引用。

运行库能够提高开发人员的工作效率。例如，程序员可以用他们选择的开发语言编写应用程序，同时也能充分利用其他开发人员用其他语言编写的运行库、类库和组件。任何选择以运行库为目标的编译器供应商都可以这样做。以 . NET Framework 为目标的语言编译器使得用该语言编写的现有代码可以使用 . NET Framework 的功能，这大大减轻了对现有应用程序进行迁移的工作负担。

运行库能够增强系统的性能。实时(Just In Time,JIT)编译的功能使所有托管代码能够以它执行时所在的系统的本机语言运行。同时,内存管理器排除了出现零碎内存的可能性,并增大了内存引用区域以进一步提高性能。

2. . NET Framework 类库

. NET Framework 类库是一个与公共语言运行库紧密集成的可重用的类型集合。该类库是面向对象的,用户自己的托管代码可利用类库提供的类型派生出新的功能。这不仅使 . NET Framework 类型易于使用,而且还减少了学习 . NET Framework 的新功能所需要的时间。此外,第三方组件可与 . NET Framework 中的类无缝集成。. NET Framework 类型使用户能够完成一系列常见编程任务,包括诸如字符串管理、数据收集、数据库连接以及文件访问等任务。除这些常见任务之外,类库还包括支持多种专用开发方案的类型。例如,可使用 . NET Framework 开发下列类型的应用程序和服务:

(1)控制台应用程序。

(2)Windows 窗体程序。

(3)ASP. NET 应用程序。

(4)XML Web 服务。

(5)Windows 服务。

3. ADO. NET 与 ASP. NET

(1)ADO. NET。

几乎所有的应用程序都需要访问从简单的文本文件到大型的关系型数据库等各种不同类型的数据。在 Microsoft . NET 中访问数据库的关键技术是 ADO. NET。ADO. NET 提供了一组用来连接到数据库、运行命令、返回记录集的类库,与 Microsoft 以前的 ADO(ActiveX Data Object)相比,Connection 和 Command 对象很类似,而 ADO. NET 的革新则主要体现在如下几个方面。

首先,ADO. NET 提供了对 XML 的强大支持,这也是 ADO. NET 的一个主要设计目标。在 ADO. NET 中,通过 XMLReader、XMLWriter、XMLNavigator、XMLDocument 等可以方便地创建和使用 XML 数据,并且支持 W3C 的 XSLT、DTD、XDR 等标准。ADO. NET 对 XML 的支持也为 XML 成为 Microsoft . NET 中数据交换的统一格式奠定了基础。

其次,ADO. NET 引入了 DataSet 的概念,这是一个常驻内存的数据缓冲区,它提供了数据的关系型视图。不管数据来源于一个关系型的数据库,还是来源于一个 XML 文档,都可以用一个统一的编程模型来创建和使用它。它替代了原有的 RecordSet 对象,提高了程序的交互性和可扩展性,尤其适合于分布式的应用环境。

另外,ADO. NET 中还引入了一些新的对象,例如 DataReader 可以用来高效率地读取数据,产生一个只读的记录集等。简而言之,ADO. NET 通过一系列新的对象和编程模型,并与 XML 紧密结合,使得在 Microsoft . NET 中能够十分方便和高效地进行数据操作。

(2)ASP. NET。

ASP. NET 是 Microsoft . NET 中的网络编程结构,它使得建造、运行和发布网络应用非常方便和快捷。可以从以下几个方面来了解 ASP. NET。

首先,ASP. NET Web Form 的设计目的就是使得开发者能够非常容易地创建 Web 窗体,它把快速开发模型引入到网络开发中来,从而大大简化了网络应用的开发。在 ASP. NET 中可以支持多种语言,公共语言运行库支持的所有语言在 ASP. NET 中都可以使用;代码和内容的分开可以使得开发人员和设计人员能够更好地分工合作,提高开发效率;另外,在 ASP. NET 中通过引入服务器端控件,大大提高了构建 Web 窗体的效率,并且服务器端控件是可扩展的,开发者可以建造自己需要的服务器端控件。

其次,Web Services 是下一代可编程网络的核心,它实际上就是一个可命名的网络资源,可用来在 Internet 范围内方便地表现和使用对象,这些是通过简单对象访问协议 (Simple Object Access Protocol,SOAP)甚至 HTTP 来实现的。在 ASP. NET 中,建造和使用 Web 服务都非常方便,Web 服务的建造者不需要了解 SOAP 和 XML 的细节,只需要把精力集中在自己的服务本身,这也为独立软件服务开发商提供了很好的机会。

最后,ASP. NET 应用不再是解释脚本,而是编译运行,再加上灵活的缓冲技术,从根本上提高了性能;由于 ASP. NET 的应用框架基于公共语言运行库,发布一个网络应用,仅仅是一个拷贝文件的过程,即使是组件的发布也是如此,更新和删除网络应用,可以直接替换/删除文件;开发者可以将应用的配置信息存放到 XML 格式的文件中,管理员和开发者对应用程序的管理可以分开进行;提供了更多样的认证和安全管理方式;在可靠性等多方面都有很大提高。

传统的基于 Windows 的应用仍然是 Microsoft . NET 战略中不可缺少的一部分。在 Microsoft . NET 中开发传统的基于 Windows 的应用程序时,除了可以利用现有的技术如 ActiveX 控件以及丰富的 Windows 接口外,还可以基于公共语言运行库开发,可以使用 ADO. NET、Web 服务等。

12.1.2　Visual Studio. NET 概述

Visual Studio . NET 是一套完整的开发工具集,用于生成 ASP . NET Web 应用程序、XML Web 服务、桌面应用程序和移动应用程序。Visual Basic、Visual C++ 、Visual C♯ 和 Visual J♯ 全都使用相同的集成开发环境(Integrated Develop Environment,IDE),利用此 IDE 可以共享工具且有助于创建混合语言解决方案。另外,这些语言利用了 . NET Framework 的功能,通过此框架可使用简化 ASP Web 应用程序和 XML Web 服务开发的关键技术。

Visual Studio 集成开发环境提供了设计、开发、调试和部署 Web 应用程序、XML Web 服务和传统的客户端应用程序所需的工具。这些工具主要有如下的功能:

(1) Visual Studio 提供了两类容器,帮助用户有效地管理开发工作所需的项,如引用、数据连接、文件夹和文件。这两类容器分别叫做解决方案和项目。

(2) Visual Studio 集成开发环境提供了大量的工具,可帮助用户编辑和操作文本、代码和标记,插入和配置控件、其他对象和命名空间,以及添加对外部组件和资源的引用。

(3) 编译、调试和测试是开发和完成可靠的应用程序、组件和服务的关键活动。随 Visual Studio 提供的工具使用户能够控制编译的配置,高效地发现和解决错误,而且能够以多种方式测试编译结果。

(4) 部署指将已完成的应用程序或组件分发、安装及配置到其他计算机上的过程。在 Visual Studio 中可以使用 Windows Installer 等技术部署应用程序或组件。

（5）用户可以通过多种方法更改 Visual Studio 集成开发环境的外观和行为。Visual Studio 中包含几个预定义的设置组合，可以使用它们对 IDE 应用进行自定义设置。此外，可以自定义各种项，如窗口、工具栏、快捷键以及各种显示选项。

（6）使用 Microsoft Visual Studio 的源代码管理功能，用户可以无须离开开发环境就能轻松管理个人和工作组项目。

Visual Studio 针对不同类型用户的需要提供了不同的版本，例如标准版、专业开发版、工作组系统版等。目前最新的 Visual Studio 套件是 2008 版本，2010 版本即将推出。

12.1.3 C♯语言简介

Microsoft .NET Framework 支持多种编程语言，在 Visual Studio .NET 集成开发环境中，可以使用 Visual Basic、Visual C++、Visual C♯、Visual J♯以及 JScript 等编程语言。

C♯（读做 C Sharp）作为一种编程语言，它是为生成在.NET Framework 上运行的多种应用程序而设计的。C♯简单、功能强大、类型安全，而且是面向对象的。C♯凭借它的许多创新，能够快速开发安全可靠的应用程序。使用 C♯可以创建传统的 Windows 客户端应用程序、XML Web 服务、分布式组件、客户端/服务器（Client/Server）应用程序、数据库应用程序以及很多其他类型的程序。Microsoft Visual C♯提供高级代码编辑器、方便的用户界面设计器、集成调试器和许多其他工具。

C♯是专门为.NET 应用而开发的编程语言，C♯与.NET Framework 的完美结合，使得 C♯在.NET Framework 运行库的支持下，具有以下特点：

1. 简洁的语法

在缺省的情况下，C♯的代码在.NET Framework 提供的"可操纵"环境下运行，不允许直接的内存操作。它所带来的最大的特色是没有了指针。与此相关的是，那些在 C++ 中被疯狂使用的操作符（如"::"、"->"）已经不再出现。C♯只支持一个"."，程序员需要理解的仅仅是名字的嵌套而已。

C♯语法表现力强，只有不到 90 个关键字，而且简单易学。C♯用真正的关键字换掉了 C++ 中那些把活动模板库和 COM 搞得很混乱的伪关键字。每种 C♯操作符在.NET 类库中都有了新名字。

语法中的冗余是 C++ 中的常见问题，如"const"和"♯define"、各种各样的字符类型等。C♯对此进行了简化，只保留了常见的形式，而别的冗余形式已从它的语法结构中被清除了。

2. 面向对象设计

C♯具有面向对象的语言所应有的一切特性：封装、继承与多态性。通过精心的面向对象设计，从高级商业对象到系统级应用，C♯是建造广泛组件的绝对选择。

在 C♯的类型系统中，每种类型都可以看做一个对象。C♯提供了一个叫做装箱（boxing）与拆箱（unboxing）的机制来完成这种操作，而不给使用者带来麻烦。

C♯只允许单继承，即一个类不会有多个基类，从而避免了类型定义的混乱。C♯中没有全局函数，没有全局变量，也没有全局常数，一切都必须封装在一个类中。这样的代码具有更好的可读性，并且减少了发生命名冲突的可能。

整个 C♯的类模型是建立在.NET 虚拟对象系统（Virtual Object System，VOS）的基础之上,其对象模型是.NET 基础架构的一部分,而不再是其本身的组成部分。这样做的另一个好处是兼容性。

3. 与 Web 紧密结合

.NET 中新的应用程序开发模型意味着越来越多的解决方案需要与 Web 标准相统一,例如 HTML 和 XML。由于历史的原因,现存的一些开发工具不能与 Web 紧密结合。SOAP 的使用使得 C# 克服了这一缺陷,大规模深层次的分布式开发从此成为可能。

由于有了 Web 服务框架的帮助,对程序员来说,Web 服务看起来就像是 C# 的本地对象。程序员能够利用他们已有的面向对象的知识与技巧开发 Web 服务。仅需要使用简单的 C# 语言进行处理,C# 组件就能够方便地转换为 Web 服务,并允许它们通过 Internet 被运行在任何操作系统上的任何语言所调用。

4. 安全性与错误处理

语言的安全性与错误处理能力,是衡量一种语言是否优秀的重要依据。任何人都会犯错误,即使是最熟练的程序员也不例外,这些错误常常产生难以预见的后果。一旦这样的软件被投入使用,寻找与改正这些简单错误的代价将会是让人无法承受的。C# 的先进设计思想可以消除软件开发中的许多常见错误,并提供了包括类型安全在内的完整的安全性能。为了减少开发中的错误,C# 会帮助开发者通过更少的代码完成相同的功能,这不但减轻了编程人员的工作量,同时更有效地避免了错误的发生。

.NET Framework 运行库提供了代码访问安全特性,它允许管理员和用户根据代码的 ID 来配置安全等级。.NET 平台提供的垃圾收集器(Garbage Collection,GC)将负责资源的释放与对象撤销时的内存清理工作。

变量是类型安全的。C# 中不能使用未初始化的变量,对象的成员变量由编译器负责将其置为零,当局部变量未经初始化而被使用时,编译器将做出提醒;C# 不支持不安全的指向,不能将整数指向引用类型,例如对象,当进行下行指向时,C# 将自动验证指向的有效性;C# 中提供了边界检查与溢出检查功能。

5. 版本管理技术

C# 提供内置的版本支持来减少开发费用,使用 C# 将会使开发人员更加容易地开发和维护各种商业用户版本。

升级软件系统中的组件是一件容易产生错误的工作。在代码修改过程中可能对现存的软件产生影响,很有可能导致程序的崩溃。为了帮助开发人员处理这些问题,C# 在语言中内置了版本控制功能。另一个相关的特性是接口和接口继承的支持。这些特性可以保证复杂的软件可以被方便地开发和升级。

6. 灵活性和兼容性

在简化语法的同时,C# 并没有失去灵活性。在 C# 中,如果需要与其他 Windows 软件交互,可以通过一个称为 Interop 的过程来实现。互操作使 C# 程序能够完成本机 C++ 应用程序可以完成的几乎任何任务。在直接内存访问必不可少的情况下,C# 甚至支持指针和"不安全"代码的概念。C# 允许将某些类或者类的某些方法声明为非安全的,这样一来就能够使用指针、结构和静态数组,并且调用这些非安全代码而不会带来任何其他问题。

正是由于其灵活性,C# 允许与需要传递指针型参数的 API 进行交互操作,DLL 的任何入口点都可以在程序中进行访问。C# 遵守.NET 公共语言规范(Common Language

Specification,CLS),从而保证了 C♯ 组件与其他语言组件间的互操作性。

总之,C♯ 是一种简洁、类型安全的面向对象的语言,软件开发人员可以使用它来构建在 .NET Framework 上运行的各种安全、可靠的应用程序。C♯语言的突出特点,使得它越来越成为 Microsoft .NET 平台上进行应用程序开发的首选编程语言。在 ASP.NET 和 ADO.NET 的支持下,C♯语言也被广泛用于数据库应用程序的开发。

12.2　ADO.NET

12.2.1　ADO.NET 概述

ADO.NET 对 Microsoft SQL Server 和 XML 等数据源以及对通过 OLE DB 和 ODBC 公开的数据源提供一致的访问。共享数据的应用程序可以使用 ADO.NET 来连接到这些数据源,并检索、处理和更新它们所包含的数据。

ADO.NET 通过数据处理将数据访问分解为多个可以单独使用或按一定顺序使用的不连续组件。ADO.NET 包含用于连接到数据库、执行命令和检索结果的.NET Framework 数据提供程序。用户可以直接处理检索到的结果,或将其放入 ADO.NET DataSet 对象中以特殊方式向用户公开。使用 DataSet 可以将来自多个数据源的数据进行组合或者在不同层之间进行远程处理。ADO.NET DataSet 对象也可以独立于.NET Framework 数据提供程序使用,以管理应用程序本地的数据或源自 XML 的数据。

ADO.NET 类在 System.Data.dll 中,并且与 System.Xml.dll 中的 XML 类集成。当编译使用 System.Data 命名空间的代码时,应引用 System.Data.dll 和 System.Xml.dll。

1. ADO.NET 的设计目标

随着应用程序开发的发展演变,新的应用程序越来越松散地耦合在一起,而且通常是基于 Web 应用程序模型。如今,越来越多的应用程序对通过网络连接传递的数据使用 XML 来编码。Web 应用程序将 HTTP 用于层间进行通信,必须显式处理请求之间的状态维护。而传统的基于连接、紧耦合编程风格与这一新模型不同,连接会在程序的整个生存期中保持打开,不需要对状态进行特殊处理。

在设计符合当今开发人员需要的工具和技术时,Microsoft 认识到需要为数据访问提供全新的编程模型,此模型是基于.NET Framework 生成的,这一点将确保数据访问技术的一致性,因为组件将共享公共类型系统、设计模式和命名约定。

设计 ADO.NET 的目的是为了满足这一新编程模型的以下要求:具有断开式结构;能够与 XML 紧密集成;具有能够组合来自多个不同数据源数据的通用数据表示形式;具有为与数据库交互而优化的功能。这些要求都是.NET Framework 固有的内容。在创建 ADO.NET 时 Microsoft 具有以下设计目标:

(1) 利用原有 ADO 知识。

ADO.NET 的设计满足了当今应用程序开发模型的多种要求,同时该编程模型尽可能地与 ADO 保持一致,这使现在的 ADO 开发人员不必从头开始学习。ADO.NET 是.NET Framework 的固有部分,ADO 程序员对它们应该仍会很熟悉。虽然大多数基于.NET 的新应用程序将使用 ADO.NET 来编写,但是 ADO.NET 还会与 ADO 共存,.NET 程序员仍然可以通过. NET COM 互操作性服务来使用 ADO。

（2）支持 N 层编程模型。

使用断开式数据集这一概念已成为编程模型中的焦点。ADO. NET 为断开式 N 层编程环境提供了一流的支持，许多新的应用程序都是为支持该环境而编写的。N 层编程的 ADO. NET 解决方案就是 DataSet。

（3）集成对 XML 的支持。

XML 和数据访问紧密联系在一起，XML 是关于数据编码的，数据访问也越来越多地使用 XML。. NET Framework 不仅支持 Web 标准，而且还是完全基于 Web 标准建立的。

2. ADO. NET 的结构

以前，数据处理主要依赖于基于连接的两层模型。当数据处理越来越多地使用多层结构时，程序员正在向断开方式转换，以便为他们的应用程序提供良好的可伸缩性。可以使用 ADO. NET 的两个组件来访问和处理数据，一个是. NET Framework 数据提供程序，另一个是 DataSet。

（1）. NET Framework 数据提供程序。

. NET Framework 数据提供程序是专门为数据维护以及快速地、只能向前地、只读地访问数据而设计的组件。Connection 对象提供与数据源的连接；Command 对象使用户能够访问用于返回数据、修改数据、运行存储过程以及发送或检索参数信息的数据库命令；DataReader 从数据源中提供高性能的数据流；DataAdapter 是连接 DataSet 对象和数据源的桥梁，它使用 Command 对象在数据源中执行 SQL 命令，将数据加载到 DataSet 中，并使对 DataSet 中数据的更改与数据源保持一致。

（2）DataSet。

DataSet 专门为进行独立于任何数据源的数据访问而设计。因此，它可以用于多种不同的数据源，例如用于 XML 数据或用于管理应用程序本地的数据。DataSet 包含一个或多个 DataTable 对象的集合，这些对象由数据行和数据列以及有关 DataTable 对象中数据的主键、外键、约束和关系信息组成。

图 12.3 说明了. NET Framework 数据提供程序与 DataSet 之间的关系。在决定应用程序是使用 DataReader 还是 DataSet 时，应考虑应用程序所需的功能类型。DataSet 用于执行以下功能：

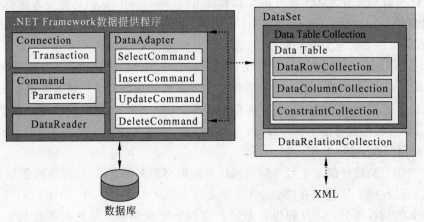

图 12.3　.NET Framework 数据提供程序与 DataSet

① 在应用程序中将数据缓存在本地,以便可以对数据进行处理。如果只需要读取查询结果,DataReader 是更好的选择。

② 在层间或通过 XML Web 服务对数据进行远程处理。

③ 与数据进行动态交互,例如绑定到 Windows 窗体控件,或者组合并关联来自多个源的数据。

④ 对数据执行大量的处理,而不需要与数据源保持打开的连接,从而将该连接释放给其他客户端使用。

如果不需要 DataSet 所提供的功能,则可以使用 DataReader 以只能向前且只读方式返回数据,从而提高应用程序的性能。虽然 DataAdapter 使用 DataReader 来填充 DataSet 的内容,但也可以只使用 DataReader 来提高性能,因为这样可以节省 DataSet 所使用的内存,并将省去创建 DataSet 并填充其内容所需的处理。

ADO. NET 利用 XML 来提供对数据的断开式访问。ADO. NET 是与. NET Framework 中的 XML 类并进设计的,它们都是同一个体系结构的组件。ADO. NET 和. NET Framework 中的 XML 类集中于 DataSet 对象。无论 XML 源是文件还是 XML 流,都可以用来填充 DataSet;无论 DataSet 中数据的源是什么,DataSet 都可以使用作为符合万维网联合会(W3C)标准的 XML 进行编写,并且其结构作为 XML 模式定义语言(XSD)模式。由于 DataSet 固有的序列化格式为 XML,因此它是在层间移动数据的出色媒介,这使 DataSet 成为与 XML Web 服务之间远程处理数据和结构上下文的最好选择。

3. . NET Framework 数据提供程序

. NET Framework 数据提供程序用于连接到数据库、执行命令和检索结果。用户可以直接处理检索到的结果,或将其放入 ADO. NET DataSet 对象,以便与来自多个源的数据或在层之间进行远程处理的数据组合在一起,以特殊方式向用户公开。. NET Framework 数据提供程序是轻量级的,它在数据源和代码之间创建了一个最小层,以便在不以功能性为代价的前提下提高性能。表 12.1 列出了. NET Framework 中包含的 . NET Framework 数据提供程序。

表 12.1 . NET Framework 数据提供程序

. NET Framework 数据提供程序	说 明
SQL Server . NET Framework 数据提供程序	提供对 Microsoft SQL Server 7. 0 版或更高版本的数据访问。使用 System. Data. SqlClient 命名空间
OLE DB . NET Framework 数据提供程序	适合于使用 OLE DB 公开的数据源。使用 System. Data. OleDb 命名空间
ODBC . NET Framework 数据提供程序	适合于使用 ODBC 公开的数据源。使用 System. Data. Odbc 命名空间
Oracle . NET Framework 数据提供程序	适用于 Oracle 数据源。Oracle . NET Framework 数据提供程序支持 Oracle 客户端软件 8. 1. 7 版和更高版本,使用 System. Data. OracleClient 命名空间

(1) SQL Server . NET Framework 数据提供程序。

SQL Server . NET Framework 数据提供程序使用它自身的协议与 SQL Server 通信。由于它经过了优化,可以直接访问 SQL Server 而不用添加 OLE DB 或开放式数据库连接

(ODBC)层,因此它是轻量级的,并具有良好的性能。图 12.4 将 SQL Server . NET Framework 数据提供程序和 OLE DB . NET Framework 数据提供程序进行了对比。OLE DB . NET Framework 数据提供程序通过 OLE DB 服务组件(提供连接池和事务服务)和数据源的 OLE DB 提供程序与 OLE DB 数据源进行通信(ODBC . NET Framework 数据提供程序的结构与 OLE DB . NET Framework 数据提供程序的结构相似;例如,它调用 ODBC 服务组件)。

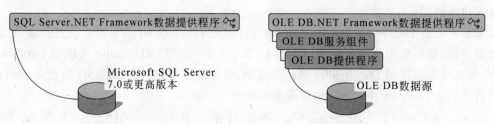

图 12.4　SQL Server 与 OLE DB .NET Framework 数据提供程序的对比

SQL Server . NET Framework 数据提供程序支持本地事务和分布式事务两者。对于分布式事务,默认情况下,SQL Server . NET Framework 数据提供程序自动登记在事务中,并从 Windows 组件服务或 System. Transactions 获取事务的详细信息。

(2) OLE DB . NET Framework 数据提供程序。

OLE DB . NET Framework 数据提供程序通过 COM Interop 使用本机 OLE DB 启用数据访问。OLE DB . NET Framework 数据提供程序支持本地事务和分布式事务两者。对于分布式事务,默认情况下,OLE DB . NET Framework 数据提供程序自动登记在事务中,并从 Windows 2000 组件服务获取事务详细信息。

OLE DB . NET Framework 数据提供程序无法与用于 ODBC 的 OLE DB 提供程序(MSDASQL)一起使用。要使用 ADO. NET 访问 ODBC 数据源,请使用 ODBC . NET Framework 数据提供程序。

(3) ODBC . NET Framework 数据提供程序。

ODBC . NET Framework 数据提供程序使用本机 ODBC 驱动程序管理器(DM)启用数据访问。ODBC 数据提供程序支持本地事务和分布式事务两者。对于分布式事务,默认情况下,ODBC 数据提供程序自动登记在事务中,并从 Windows 2000 组件服务获取事务的详细信息。

(4) Oracle . NET Framework 数据提供程序。

Oracle . NET Framework 数据提供程序通过 Oracle 客户端连接软件启用对 Oracle 数据源的数据访问。该数据提供程序支持 Oracle 客户端软件 8.1.7 版或更高版本。该数据提供程序支持本地事务和分布式事务两者。Oracle . NET Framework 数据提供程序要求必须先在系统上安装 Oracle 客户端软件(8.1.7 版或更高版本),才能连接到 Oracle 数据源。

. NET Framework 数据提供程序的选择需要根据应用程序的设计和数据源来确定,选择使用正确的. NET Framework 数据提供程序可以提高应用程序的性能、功能和完整性。

Connection、Command、DataReader 和 DataAdapter 是 . NET Framework 数据提供程序的 4 个核心对象,表12.2 给出了每个对象相应的说明。

表 12.2 . NET Framework 数据提供程序核心对象说明

对 象	说 明
Connection	建立与特定数据源的连接。所有 Connection 对象的基类均为 DbConnection 类
Command	对数据源执行命令。公开 Parameters,并且可以通过 Connection 在 Transaction 的范围内执行。所有 Command 对象的基类均为 DbCommand 类
DataReader	从数据源中读取只能向前且只读访问的数据流。所有 DataReader 对象的基类均为 DbDataReader 类
DataAdapter	用数据源填充 DataSet 并解析更新。所有 DataAdapter 对象的基类均为 DbDataAdapter 类

除表 12.2 列出的 4 个核心对象之外,. NET Framework 数据提供程序还包含表 12.3 列出的其他对象,也给出了相应的说明。

表 12.3 . NET Framework 数据提供程序其他对象说明

对 象	说 明
Transaction	使用户能够在数据源的事务中登记命令。所有 Transaction 对象的基类均为 DbTransaction 类
CommandBuilder	将自动生成 DataAdapter 的命令属性或将从存储过程派生参数信息并填充 Command 对象的 Parameters 集合。所有 CommandBuilder 对象的基类均为 DbCommandBuilder 类
ConnectionStringBuilder	为创建和管理 Connection 对象所使用的连接字符串的内容提供了一种简单的方法。所有 ConnectionStringBuilder 对象的基类均为 DbConnectionStringBuilder 类
Parameter	定义命令和存储过程的输入、输出和返回值参数。所有 Parameter 对象的基类均为 DbParameter 类
Exception	在数据源中遇到错误时返回。对于在客户端遇到的错误,. NET Framework 数据提供程序会引发. NET Framework 异常。所有 Exception 对象的基类均为 DbException 类
Error	公开数据源返回的警告或错误中的信息
ClientPermission	为. NET Framework 数据提供程序代码访问安全属性而提供。所有 ClientPermission 对象的基类均为 DBDataPermission 类

4. ADO. NET DataSet

DataSet 对象是支持 ADO. NET 的断开式、分布式数据方案的核心对象。DataSet 是驻留内存数据的表示形式,无论数据源是什么,它都会提供一致的关系编程模型。它可以用于多种不同的数据源,用于 XML 数据或用于管理应用程序本地的数据。DataSet 是包括相关表、约束和表间关系在内的整个数据集。图 12.5 显示的是 DataSet 对象模型。

DataSet 中的方法和对象与关系数据库模型中的方法和对象一致。DataSet 也可以按 XML 的形式来保持和重新加载其内容,并按 XML 模式定义语言(XSD)的形式来保持和重新加载其结构。

一个 ADO. NET DataSet 包含 DataTable 对象所表示的零个或更多个表的集合。DataTableCollection 包含 DataSet 中的所有 DataTable 对象。

DataTable 在 System. Data 命名空间中定义,表示内存驻留数据的单个表。其中包含由 DataColumnCollection 表示的列集合以及由 ConstraintCollection 表示的约束集合,这两

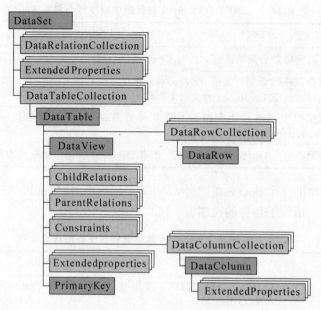

图 12.5　DataSet 对象模型

个集合共同定义表的结构。DataTable 还包含 DataRowCollection 所表示的行集合，而 DataRowCollection 则包含表中的数据。除了其当前状态之外，DataRow 还会保留其当前版本和初始版本，用来标识对行中存储数据的更改。

可以利用 DataView 创建存储在 DataTable 中的数据的不同视图。通过使用 DataView 可以使用不同排序顺序公开表中的数据，并且可以按行状态或基于筛选器表达式来筛选数据。

DataSet 在其 DataRelationCollection 对象中包含关系。关系由 DataRelation 对象来表示，它使一个 DataTable 中的行与另一个 DataTable 中的行相关联。关系类似于可能存在于关系数据库中的主键列和外键列之间的连接路径。DataRelation 标识 DataSet 中两个表的匹配列。关系使用户能够在 DataSet 中从一个表导航至另一个表。DataRelation 的基本元素为关系的名称、相关表的名称以及每个表中的相关列。关系可以通过一个表的多个列来生成，方法是将一组 DataColumn 对象指定为键列。将关系添加到 DataRelationCollection 中之后，可以选择添加 UniqueKeyConstraint 和 ForeignKeyConstraint，在对相关列的值进行更改时，强制执行完整性约束。

DataSet、DataTable 和 DataColumn 全部具有 ExtendedProperties。ExtendedProperties 是一个 PropertyCollection，可以在其中加入自定义信息，例如可以用于生成结果集的 SELECT 语句等。ExtendedProperties 集合与 DataSet 的结构信息一起持久化。

5. ADO. NET 示例程序

下面是使用 C♯语言编写的简单 ADO. NET 应用程序，它从数据源中返回结果并输出到控制台或命令提示符窗口。示例显示如何使用 SQL Server . NET Framework 数据提供程序 (System. Data. SqlClient)、OLE DB . NET Framework 数据提供程序（System. Data. OleDb）、ODBC . NET Framework 数据提供程序（System. Data. Odbc）和 Oracle . NET Framework 数据提供程序（System. Data. OracleClient)连接并检索数据。

下面的 SqlClient 示例假定用户可以连接到 Microsoft SQL Server 7.0 或更高版本上的 Northwind 示例数据库，并使用 SqlDataReader 从 Categories 表返回记录列表。OleDb 和 ODBC 示例假定已与 Microsoft Access Northwind 示例数据库建立连接。OracleClient 示例假定已与 Oracle 服务器上的 DEMO. CUSTOMER 建立连接。还必须添加对 System. Data. OracleClient. dll 的引用。

(1) 使用 SQL Server . NET Framework 数据提供程序的 ADO. NET 示例程序。

```
using System;
using System.Data;
using System.Data.SqlClient;

class Program
{
    static void Main()
    {
        string connectionString=GetConnectionString();
        string queryString="SELECT CategoryID, CategoryName FROM dbo.Categories;";
        using(SqlConnection connection=new SqlConnection(connectionString))
        {
            SqlCommand command=connection.CreateCommand();
            command.CommandText=queryString;

            try
            {
                connection.Open();
                SqlDataReader reader=command.ExecuteReader();
                while(reader.Read())
                {
                    Console.WriteLine("\t{0}\t{1}", reader[0], reader[1]);
                }
                reader.Close();
            }
            catch(Exception ex)
            {
                Console.WriteLine(ex.Message);
            }
        }
    }

    static private string GetConnectionString()
    {
        //为了避免在代码中存储连接串,可以从配置文件中获取数据库连接信息
        return "Data Source=(local);Initial Catalog=Northwind;Integrated Security=SSPI";
    }
}
```

（2）使用 OLE DB . NET Framework 数据提供程序的 ADO. NET 示例程序。

```
Using System;
using System.Data;
using System.Data.OleDb;

class Program
{
    static void Main()
    {
        string connectionString=GetConnectionString();
        string queryString="SELECT CategoryID, CategoryName FROM Categories;";
        using(OleDbConnection connection=new OleDbConnection(connectionString))
        {
            OleDbCommand command=connection.CreateCommand();
            command.CommandText=queryString;

            try
            {
                connection.Open();
                OleDbDataReader reader=command.ExecuteReader();
                while(reader.Read())
                {
                    Console.WriteLine("\t{0}\t{1}", reader[0], reader[1]);
                }
                reader.Close();
            }
            catch(Exception ex)
            {
                Console.WriteLine(ex.Message);
            }
        }
    }

    static private string GetConnectionString()
    {
        //为了避免在代码中存储连接串,可以从配置文件中获取数据库连接信息
        //下面假设 Northwind.mdb 位于本机 c:\Data 文件夹中
        return "Provider=Microsoft.Jet.OLEDB.4.0;Data Source="
            +"c:\\Data\\Northwind.mdb;User Id=admin;Password=;";
    }
}
```

（3）使用 ODBC . NET Framework 数据提供程序的 ADO. NET 示例程序。

```
using System;
```

```
using System.Data;
using System.Data.Odbc;

class Program
{
    static void Main()
    {
        string connectionString=GetConnectionString();
        string queryString="SELECT CategoryID, CategoryName FROM Categories;";
        using(OdbcConnection connection=new OdbcConnection(connectionString))
        {
            OdbcCommand command=connection.CreateCommand();
            command.CommandText=queryString;

            try
            {
                connection.Open();
                OdbcDataReader reader=command.ExecuteReader();
                while(reader.Read())
                {
                    Console.WriteLine("\t{0}\t{1}", reader[0], reader[1]);
                }
                reader.Close();
            }
            catch(Exception ex)
            {
                Console.WriteLine(ex.Message);
            }
        }
    }

    static private string GetConnectionString()
    {
        //为了避免在代码中存储连接串,可以从配置文件中获取数据库连接信息
        //下面假设 Northwind.mdb 位于本机 c:\Data 文件夹中
        return "Driver={Microsoft Access Driver(*.mdb)};"
            +"Dbq=c:\\Data\\Northwind.mdb;Uid=Admin;Pwd=;";
    }
}
```

(4) 使用 Oracle .NET Framework 数据提供程序的 ADO.NET 示例程序。

```
Using System;
using System.Data;
using System.Data.OracleClient;
```

```
class Program
{
    static void Main()
    {
        string connectionString=GetConnectionString();
        string queryString="SELECT CUSTOMER_ID, NAME FROM DEMO.CUSTOMER";
        using(OracleConnection connection=new OracleConnection(connectionString))
        {
            OracleCommand command=connection.CreateCommand();
            command.CommandText=queryString;

            try
            {
                connection.Open();
                OracleDataReader reader=command.ExecuteReader();
                while(reader.Read())
                {
                    Console.WriteLine("\t{0}\t{1}", reader[0], reader[1]);
                }
                reader.Close();
            }
            catch(Exception ex)
            {
                Console.WriteLine(ex.Message);
            }
        }
    }

    static private string GetConnectionString()
    {
        //为了避免在代码中存储连接串,可以从配置文件中获取数据库连接信息
        return "Data Source=ThisOracleServer;Integrated Security=yes;";
    }
}
```

12.2.2 ADO.NET 访问数据

任何数据库应用程序的一项主要功能是连接到数据源并检索数据源中存储的数据。ADO.NET 的 .NET Framework 数据提供程序充当应用程序和数据源之间的桥梁,用户可以执行命令以及使用 DataReader 或 DataAdapter 检索数据。任何数据库应用程序的另外一项关键功能就是可以更新存储在数据库中的数据。在 ADO.NET 中,更新数据包括使用 DataAdapter 和 DataSet 以及 Command 对象,还可能包括使用事务。

1. 建立连接

在 ADO.NET 中,通过在连接字符串中提供必要的身份验证信息,使用 Connection 对

象连接到特定的数据源,用户使用何种 Connection 对象取决于数据源的类型。

.NET Framework 提供的每个.NET Framework 数据提供程序包含一个 Connection 对象。要连接到 Microsoft SQL Server 7.0 或更高版本,可使用 SQL Server .NET Framework 数据提供程序的 SqlConnection 对象;要连接到 OLE DB 数据源,或连接到 Microsoft SQL Server 6.x 或更低版本,可使用 OLE DB .NET Framework 数据提供程序的 OleDbConnection 对象;要连接到 ODBC 数据源,可使用 ODBC .NET Framework 数据提供程序的 OdbcConnection 对象;要连接到 Oracle 数据源,可使用 Oracle .NET Framework 数据提供程序的 OracleConnection 对象。使用以上 4 种不同的 Connection 对象建立数据库连接的代码示例在 12.2.1 节中 ADO.NET 示例程序中已经给出。

(1) 连接字符串。

连接字符串 ConnectionString 包含作为参数传递给数据源的初始化信息,在设置后会立即被进行分析,语法错误将生成运行时异常。但是,只有在数据源验证了连接字符串中的信息后,才可以发现其他错误。连接字符串 ConnectionString 的格式是使用分号分隔的键/值参数对列表,示例如下:

```
keyword1=value; keyword2=value;
```

连接字符串忽略空格,关键字不区分大小写,但其值可能会区分大小写,这取决于数据源的大小写。如果值为分号、单引号或双引号,那么这样的值就必须加双引号。根据不同的.NET Framework 数据提供程序,连接字符串的内容也各不相同。

(2) 连接池管理。

连接到数据库服务器通常由几个需要较长时间的步骤组成。因为必须要建立物理通道,必须要与服务器进行初次握手,必须要分析连接字符串信息,必须要由服务器对连接进行身份验证,必须要运行检查以便在当前事务中登记,如此等等。实际上,大多数应用程序仅使用一个或几个不同的连接配置。这意味着在执行应用程序期间,许多相同的连接将反复地打开和关闭。

为了降低打开连接的成本,ADO.NET 使用称为连接池的方法进行优化,连接池能够减少需要打开新连接的次数。池进程保持物理连接的所有权,通过为每个给定的连接配置保留一组活动连接来管理连接。只要用户在连接上进行 Open 调用,池进程就会检查池中是否有可用的连接,如果某个池连接可用,会将该连接返回给调用者,而不是打开新连接。应用程序在该连接上进行 Close 调用时,池进程会将连接返回到活动连接池集中,而不是真正关闭连接,连接返回到池中之后,即可在下一个 Open 调用中重复使用。池连接可以大大提高应用程序的性能和可缩放性,默认情况下,ADO.NET 中启用连接池,除非显式地禁用,否则,连接在应用程序中打开和关闭时,池进程将对连接进行优化。

2. 检索数据

建立了与数据源的连接之后就可以利用 Command、DataAdapter 或者 DataReader 等不同的方法从数据源检索数据,每种方式都具有自己的特点。

(1) 利用 Command 检索数据。

当建立与数据源的连接后,可以使用 Command 对象来执行命令并从数据源中返回结果。用户可以使用 Command 构造函数来创建命令,也可以使用 Connection 的 CreateCommand 方法来创建用于特定连接的命令。用户可以使用 CommandText 属性来查询和修改 Command 对象的 SQL 语句。

　　. NET Framework 提供的每个. NET Framework 数据提供程序包括一个 Command 对象,OLE DB . NET Framework 数据提供程序包括一个 OleDbCommand 对象,SQL Server . NET Framework 数据提供程序包括一个 SqlCommand 对象,ODBC . NET Framework 数据提供程序包括一个 OdbcCommand 对象,Oracle . NET Framework 数据提供程序包括一个 OracleCommand 对象。

　　Command 对象公开了几个可用于执行所需操作的 Execute 方法。当以数据流的形式返回结果时,使用 ExecuteReader 可返回 DataReader 对象。使用 ExecuteScalar 可返回单个值。使用 ExecuteNonQuery 可执行不返回行的命令。

　　当用户将 Command 对象用于存储过程时,可以将 Command 对象的 CommandType 属性设置为 StoredProcedure。当 CommandType 为 StoredProcedure 时,可以使用 Command 的 Parameters 属性来访问输入及输出参数和返回值。无论调用哪一个 Execute 方法,都可以访问 Parameters 属性。但是,当调用 ExecuteReader 时,在 DataReader 关闭之前,将无法访问返回值和输出参数。

　　以下 C♯ 代码示例给出如何创建 SqlCommand 对象,以便从 SQL Server 中的 Northwind 示例数据库返回类别列表。

```
//假设下面代码中的 nwindConn 是一个合法的 SqlConnection 对象
SqlCommand command=new SqlCommand(
"SELECT CategoryID, CategoryName FROM dbo.Categories", nwindConn);
```

　　在数据驱动的应用程序中,存储过程具有许多优势。利用存储过程,数据库操作可以封装在单个命令中,既能优化性能又能增强安全性。虽然通过以 SQL 语句的形式传递存储过程名称并后接参数自变量的形式就能够调用存储过程,但如果使用 ADO. NET DbCommand 对象的 Parameters 集合则可以更加显式地定义存储过程参数并访问输出参数和返回值。

　　Parameter 对象可以使用 Parameter 构造函数来创建,或通过调用 Command 的 Parameters 集合的 Add 方法来创建。Parameters. Add 会将构造函数参数或现有 Parameter 对象用做输入。在将 Parameter 的 Value 设置为空引用时,请使用 DBNull. Value。

　　对于 Input 参数之外的参数,必须设置 ParameterDirection 属性来指定参数类型是 InputOutput、Output 还是 ReturnValue。以下 C♯ 示例程序给出如何为 SQL Server . NET Framework 数据提供程序创建 Input、Output 和 ReturnValue 参数。其他的数据提供程序也与此类似。

```
//假设下面代码中的 connection 是一个合法的 SqlConnection 对象
SqlCommand command=new SqlCommand("SampleProc", connection);
command.CommandType=CommandType.StoredProcedure;

SqlParameter parameter=command.Parameters.Add("RETURN_VALUE", SqlDbType.Int);
parameter.Direction=ParameterDirection.ReturnValue;
```

```
parameter=command.Parameters.Add("@InputParm", SqlDbType.NVarChar, 12);
parameter.Value="Sample Value";

parameter=command.Parameters.Add("@OutputParm", SqlDbType.NVarChar, 28);
parameter.Direction=ParameterDirection.Output;

connection.Open();

SqlDataReader reader=command.ExecuteReader();
Console.WriteLine("{0},{1}", reader.GetName(0), reader.GetName(1));
while(reader.Read())
{
  Console.WriteLine("{0},{1}", reader.GetInt32(0), reader.GetString(1));
}

reader.Close();
connection.Close();

Console.WriteLine("@OutputParm:{0}",command.Parameters["@OutputParm"].Value);
Console.WriteLine("RETURN_VALUE:{0}",command.Parameters["RETURN_VALUE"].Value);
```

(2) 利用 DataAdapter 检索数据。

DataAdapter 用于从数据源检索数据并填充 DataSet 中的表。DataAdapter 还将对 DataSet 的更改解析回数据源。DataAdapter 使用 .NET Framework 数据提供程序的 Connection 对象连接到数据源,并使用 Command 对象从数据源检索数据以及将更改解析回数据源。

.NET Framework 提供的每个 .NET Framework 数据提供程序包括一个 DataAdapter 对象,OLE DB .NET Framework 数据提供程序包括一个 OleDbDataAdapter 对象,SQL Server .NET Framework 数据提供程序包括一个 SqlDataAdapter 对象,ODBC .NET Framework 数据提供程序包括一个 OdbcDataAdapter 对象,Oracle .NET Framework 数据提供程序包括一个 OracleDataAdapter 对象。

ADO.NET DataSet 是数据的内存驻留表示形式,它提供了独立于数据源的一致关系编程模型。DataSet 表示整个数据集,其中包含表、约束和表之间的关系。由于 DataSet 独立于数据源,DataSet 可以包含应用程序本地的数据,也可以包含来自多个数据源的数据。与现有数据源的交互通过 DataAdapter 来控制。

DataAdapter 的 SelectCommand 属性是一个 Command 对象,用于从数据源中检索数据。DataAdapter 的 InsertCommand、UpdateCommand 和 DeleteCommand 属性也是 Command 对象,用于按照对 DataSet 中数据的修改来管理对数据源中数据的更新。

DataAdapter 的 Fill 方法用于使用 DataAdapter 的 SelectCommand 的结果来填充 DataSet。Fill 将要填充的 DataSet 和 DataTable 对象作为它的参数。Fill 方法使用 DataReader 对象来隐式地返回用于在 DataSet 中创建表的列名称和类型以及用于填充 DataSet 中的表行的数据。表和列仅在不存在时才创建;否则,Fill 将使用现有的 DataSet

结构。

以下 C♯代码用于创建一个 SqlDataAdapter 实例,并使用 SQL Server Northwind 数据库的客户列表来填充 DataSet 中的 DataTable,其中向 SqlDataAdapter 构造函数传递的 SQL 语句和 SqlConnection 参数用于创建 SqlDataAdapter 的 SelectCommand 属性。

```
//假设下面代码中的 connection 是一个合法的 SqlConnection 对象
string queryString="SELECT CustomerID, CompanyName FROM dbo.Customers";
SqlDataAdapter adapter=new SqlDataAdapter(queryString, connection);

DataSet customers=new DataSet();
adapter.Fill(customers, "Customers");
```

此示例中所示的代码没有显式地打开和关闭 Connection。如果 Fill 方法发现连接尚未打开,它将隐式地打开 DataAdapter 正在使用的 Connection。如果 Fill 已打开连接,它还将在 Fill 完成时关闭连接。当处理单一操作(如 Fill 或 Update)时,这可以简化用户的代码。但是,如果用户在执行多项需要打开连接的操作,则可以通过以下方式提高应用程序的性能:显式调用 Connection 的 Open 方法,对数据源执行操作,然后调用 Connection 的 Close 方法。应尝试保持与数据源的连接打开的时间尽可能短,以便释放资源供其他客户端应用程序使用。

DataAdapter 的 Fill 方法仅使用数据源中的表列和表行来填充 DataSet;虽然约束通常由数据源来设置,但在默认情况下,Fill 方法不会将此结构信息添加到 DataSet 中。若要使用数据源中的现有主键约束信息填充 DataSet,则可以调用 DataAdapter 的 FillSchema 方法,或者在调用 Fill 之前将 DataAdapter 的 MissingSchemaAction 属性设置为 AddWithKey。这将确保 DataSet 中的主键约束反映数据源中的主键约束。外键约束信息不包含在内,必须显式创建。

如果在使用数据填充 DataSet 之前向其中添加结构信息,可以确保将主键约束与 DataSet 中的 DataTable 对象包含在一起。这样,当再次调用来填充 DataSet 时,将使用主键列信息将数据源中的新行与每个 DataTable 中的当前行相匹配,并使用数据源中的数据改写表中的当前数据。如果没有结构信息,来自数据源的新行将追加到 DataSet 中,从而导致重复的行。当使用 FillSchema 或将 MissingSchemaAction 设置为 AddWithKey 时,将需要在数据源中进行额外的处理来确定主键列信息。这一额外的处理可能会降低性能。如果主键信息在设计时已知,为了实现最佳性能,建议显式指定一个或多个主键列。

以下 C♯代码示例显示如何使用 FillSchema 向 DataSet 添加结构信息。

```
DataSet custDataSet=new DataSet();

custAdapter.FillSchema(custDataSet, SchemaType.Source, "Customers");
custAdapter.Fill(custDataSet, "Customers");
```

以下 C♯代码示例显示如何使用 Fill 方法的 MissingSchemaAction.AddWithKey 属性向 DataSet 添加结构信息。

```
DataSet custDataSet=new DataSet();

custAdapter.MissingSchemaAction=MissingSchemaAction.AddWithKey;
custAdapter.Fill(custDataSet, "Customers");
```

（3）利用 DataReader 检索数据。

可以使用 ADO.NET DataReader 从数据库中检索只能向前且只读访问的数据流。查询结果在查询执行时返回，并存储在客户端的网络缓冲区中，直到用户使用 DataReader 的 Read 方法对它们发出请求。使用 DataReader 可以提高应用程序的性能，原因是它只要数据可用就立即检索数据，并且默认情况下一次只在内存中存储一行，减少了系统开销。

.NET Framework 提供的每个 .NET Framework 数据提供程序包括一个 DataReader 对象，OLE DB .NET Framework 数据提供程序包括一个 OleDbDataReader 对象，SQL Server .NET Framework 数据提供程序包括一个 SqlDataReader 对象，ODBC .NET Framework 数据提供程序包括一个 OdbcDataReader 对象，Oracle .NET Framework 数据提供程序包括一个 OracleDataReader 对象。

使用 DataReader 检索数据首先要创建 Command 对象的实例，然后通过调用 Command.ExecuteReader 创建一个 DataReader，即可从数据源检索行。以下 C♯ 程序示例说明如何使用 SqlDataReader，其中 command 代表有效的 SqlCommand 对象。

```
SqlDataReader reader=command.ExecuteReader();
```

使用 DataReader 对象的 Read 方法可从查询结果中获取行。通过向 DataReader 传递列的名称或序号引用，可以访问返回行的每一列。不过，为了实现最佳性能，DataReader 提供了一系列方法，将使用户能够访问其本机数据类型（GetDateTime、GetDouble、GetGuid、GetInt32 等）的列值。以下 C♯ 代码示例循环访问一个 DataReader 对象，并从每行中返回两列。

```
if(reader.HasRows)
  while(reader.Read())
    Console.WriteLine("\t{0}\t{1}", reader.GetInt32(0), reader.GetString(1));
else
  Console.WriteLine("No rows returned.");

reader.Close();
```

当 DataReader 打开时，可以使用 GetSchemaTable 方法检索当前结果集的结构信息。GetSchemaTable 能够返回一个填充了行和列的 DataTable 对象，这些行和列包含当前结果集的结构信息。DataTable 每一行对应结果集相关列的结构信息，这一行的每列都映射到结果集中返回的列的属性，其中 ColumnName 是属性的名称，而列的值为属性的值。以下 C♯ 代码示例为 DataReader 编写结构信息。

```
DataTable schemaTable=reader.GetSchemaTable();

foreach(DataRow row in schemaTable.Rows)
```

```
{
  foreach(DataColumn column in schemaTable.Columns)
    Console.WriteLine(column.ColumnName+"="+row[column]);
  Console.WriteLine();
}
```

（4）获取数据库模式信息。

从数据库获取模式信息通过模式发现过程来完成。通过模式发现，应用程序可以请求托管提供程序查找并返回有关给定数据库的数据库模式（也称为元数据）名称的信息。不同的数据库模式元素（例如表、列和存储过程）通过模式集合进行公开。每个模式集合包含所使用的提供程序特定的各种模式信息。

每个 .NET Framework 托管提供程序实现 Connection 类中的 GetSchema 方法，从 GetSchema 方法返回的模式信息采用 DataTable 的形式。GetSchema 方法属于重载方法，提供可选的参数来指定要返回的模式集合以及限制返回的信息量。

3. 修改数据

在 ADO.NET 中，更新数据包括使用 DataAdapter 和 DataSet 以及 Command 对象，还可能包括使用事务。下面对几种修改数据的方式进行简单介绍。

（1）使用 DataAdapter 更新数据。

调用 DataAdapter 的 Update 方法可以将 DataSet 中的修改返回给数据源。与 Fill 方法类似，Update 方法将 DataSet 实例和可选的 DataTable 对象或 DataTable 名称用做参数。DataSet 实例是进行过数据修改的 DataSet，而 DataTable 标识需要从中获取修改数据的那个表。

当调用 Update 方法时，DataAdapter 将分析已做出的更改并执行相应的命令（INSERT、UPDATE 或 DELETE）。当 DataAdapter 遇到对 DataRow 的更改时，它将使用 InsertCommand、UpdateCommand 或 DeleteCommand 来处理该更改。这样，用户就可以通过在设计时指定命令语法并在可能时通过使用存储过程来尽量提高 ADO.NET 应用程序的性能。在调用 Update 之前，必须显式设置这些命令。

以下 C# 示例给出如何通过显式设置 DataAdapter 的 UpdateCommand 来执行对已修改行的更新。请注意，在 UPDATE 语句的 WHERE 子句中指定的参数设置为 SourceColumn 的 Original 值。这一点很重要，因为 Current 值可能已被修改，并且可能不匹配数据源中的值，Original 值是用来从数据源填充 DataTable 的值。

```
//假设下面代码中的 connection 是一个合法的 SqlConnection 对象
SqlDataAdapter dataAdpater=new SqlDataAdapter(
    "SELECT CategoryID, CategoryName FROM Categories", connection);

dataAdpater.UpdateCommand=new SqlCommand(
    "UPDATE Categories SET CategoryName=@CategoryName "+
    "WHERE CategoryID=@CategoryID", connection);

dataAdpater.UpdateCommand.Parameters.Add(
    "@CategoryName", SqlDbType.NVarChar, 15, "CategoryName");
```

```
SqlParameter parameter=dataAdpater.UpdateCommand.Parameters.Add(
    "@CategoryID", SqlDbType.Int);
parameter.SourceColumn="CategoryID";
parameter.SourceVersion=DataRowVersion.Original;

DataSet dataSet=new DataSet();
dataAdpater.Fill(dataSet, "Categories");

DataRow row=dataSet.Tables["Categories"].Rows[0];
row ["CategoryName"]="New Category";

dataAdpater.Update(dataSet, "Categories");
```

(2) 使用 Command 对象修改数据。

使用. NET Framework 数据提供程序,用户可以执行存储过程或数据定义语句(如 CREATE PROCEDURE、CREATE TABLE、ALTER TABLE)。这些命令不会像查询一样返回行,因此 Command 对象提供了 ExecuteNonQuery 来处理这些命令。

除了使用 ExecuteNonQuery 来修改模式之外,还可以使用此方法处理那些修改数据但不返回行的 SQL 语句,如 INSERT、UPDATE 和 DELETE。

虽然行不是由 ExecuteNonQuery 方法返回的,但可以通过 Command 对象的 Parameters 集合来传递和返回输入和输出参数以及返回值。

修改数据的 SQL 语句(如 INSERT、UPDATE 或 DELETE)不返回行。同样,许多存储过程执行操作但不返回行。要执行不返回行的命令,使用相应 SQL 命令创建一个 Command 对象,并创建一个 Connection,包括所有必需的 Parameters。使用 Command 对象的 ExecuteNonQuery 方法来执行该命令。

ExecuteNonQuery 方法返回一个整数,表示当前已执行的语句或存储过程影响的行数。如果执行了多个语句,则返回的值为受所有已执行语句影响的记录的总数。

以下 C # 代码示例执行一个 INSERT 语句,以使用 ExecuteNonQuery 将一个记录插入数据库中。

```
//假设下面代码中的 connection 是一个合法的 SqlConnection 对象
connection.Open();

string queryString="INSERT INTO Customers "+
  "(CustomerID, CompanyName)Values('NWIND', 'Northwind Traders')";

SqlCommand command=new SqlCommand(queryString, connection);
Int32 recordsAffected=command.ExecuteNonQuery();
```

若要执行语句,如 CREATE TABLE 或 CREATE PROCEDURE,需使用相应的 SQL 语句和 Connection 对象创建一个 Command 对象,并使用 Command 对象的 ExecuteNonQuery 方法来执行该命令。以下 C # 代码示例在 Microsoft SQL Server 数据库中创建一个存储过程。

```
//假设下面代码中的 connection 是一个合法的 SqlConnection 对象
string queryString="CREATE PROCEDURE InsertCategory"+
    "@CategoryName nchar(15), @Identity int OUT "+
    "AS "+
    "INSERT INTO Categories(CategoryName)VALUES(@CategoryName)"+
    "SET @Identity=@@Identity "+
    "RETURN @@ROWCOUNT";

SqlCommand command=new SqlCommand(queryString, connection);
command.ExecuteNonQuery();
```

以下 C#代码示例执行由上面示例 C#代码创建的存储过程。该存储过程没有返回任
何行,因此将使用 ExecuteNonQuery 方法,但该存储过程会接收输入参数并返回输出参数
和返回值。

```
//假设下面代码中的 connection 是一个合法的 SqlConnection 对象
SqlCommand command=new SqlCommand("InsertCategory", connection);
command.CommandType=CommandType.StoredProcedure;

SqlParameter parameter=command.Parameters.Add("@RowCount", SqlDbType.Int);
parameter.Direction=ParameterDirection.ReturnValue;

parameter=command.Parameters.Add("@CategoryName", SqlDbType.NChar, 15);

parameter=command.Parameters.Add("@Identity", SqlDbType.Int);
parameter.Direction=ParameterDirection.Output;

command.Parameters["@CategoryName"].Value="New Category";
command.ExecuteNonQuery();

Int32 categoryID= (Int32)command.Parameters["@Identity"].Value;
Int32 rowCount= (Int32)command.Parameters["@RowCount"].Value;
```

(3) 进行事务处理。

可将逻辑上相关的一组操作放在一个事务中,以维护数据库数据的一致性和正确性。
例如,在将资金从一个账户转移到另一个账户的银行应用中,一个账户将一定的金额贷记到
一个数据库表中,同时另一个账户将相同的金额借记到另一个数据库表中。因为计算机可
能发生故障,所以,可能在一个表中更新了一行,但未能在其他表中更新相应行。如果用户
的数据库支持事务,则可以将多个数据库操作组合到一个事务中,以防止数据库中出现不一
致。如果在事务中的某一点发生故障,则所有更新都可以回滚到其事务前状态。如果没有
发生故障,则通过已完成状态提交事务来完成更新。

为了符合事务的条件,数据库服务器中的事务通常必须符合 ACID 属性,即原子性、一
致性、隔离性和持久性。一般来讲,只要客户端应用程序执行了更新、插入或删除操作,就可
能发生隐式事务,大多数关系数据库系统都通过为隐式事务提供锁定、记录和事务管理功

能,从内部支持事务。此外,用户还可以使用 SQL BEGIN TRANSACTION、COMMIT TRANSACTION 或 ROLLBACK TRANSACTION 语句创建显式事务。

事务如果是单阶段事务,并且由数据库直接处理,则属于本地事务。事务如果由事务监视程序进行协调并使用两阶段提交等故障保护机制解决事务,则属于分布式事务。

每个. NET Framework 数据提供程序使用自己的 Transaction 对象来执行本地事务。如果要求事务在 SQL Server 数据库中执行,则选择 System. Data. SqlClient 事务。对于 Oracle 事务,使用 System. Data. OracleClient 提供程序。此外,还提供了一个新的 DbTransaction 类,用于编写需要事务但与提供程序无关的代码。

在 ADO. NET 中,使用 Connection 对象控制事务。首先使用 BeginTransaction 方法启动本地事务;开始事务后使用 Command 对象的 Transaction 属性在该事务中登记一个命令;最后根据事务组件的成功或失败,提交或回滚在数据源上进行的修改。

事务的作用域限于该连接。以下示例执行显式事务,该事务由 try 块中两个独立的命令组成。这两个命令对 AdventureWorks SQL Server 2005 示例数据库的 Production. ScrapReason 表执行 INSERT 语句,如果没有引发异常,则提交。如果引发异常,catch 块中的代码将回滚事务。如果在事务完成之前事务中止或连接关闭,事务将自动回滚。执行事务的过程如下:

① 调用 SqlConnection 对象的 BeginTransaction 方法,以标记事务的开始。BeginTransaction 方法返回对事务的引用。此引用分配给在事务中登记的 SqlCommand 对象。

② 将 Transaction 对象分配给要执行的 SqlCommand 的 Transaction 属性。如果使用活动事务在连接上执行命令,并且 Transaction 对象尚未分配给 Command 对象的 Transaction 属性,将引发异常。

③ 执行所需的命令。

④ 调用 SqlTransaction 的 Commit 方法完成事务,或调用 Rollback 方法中止事务。如果在 Commit 或 Rollback 方法执行之前连接关闭或断开,事务将回滚。

```
using(SqlConnection connection=new SqlConnection(connectString))
{
    connection.Open();
    //启动一个本地事务
    SqlTransaction sqlTran=connection.BeginTransaction();
    //当前事务中的命令
    SqlCommand command=connection.CreateCommand();
    command.Transaction=sqlTran;

    try
    {
        command.CommandText=
          "INSERT INTO Production.ScrapReason(Name)VALUES('Wrong size')";
        command.ExecuteNonQuery();
        command.CommandText=
          "INSERT INTO Production.ScrapReason(Name)VALUES('Wrong color')";
```

```
        command.ExecuteNonQuery();
        sqlTran.Commit();
        Console.WriteLine("Both records were written to database.");
    }
    catch(Exception ex)
    {
        Console.WriteLine(ex.Message);
        Console.WriteLine("Neither record was written to database.");
        sqlTran.Rollback();
    }
}
```

总之,除了连接、检索和修改数据外,ADO. NET 还提供多种可在用户创建的数据访问应用程序中使用的其他功能,如数据跟踪、使用 XML Web 服务以及使查询结果分页等。由于这些内容超出了本书的范围,这里就不介绍了,请读者参考相关资料。

12.3 ASP. NET

12.3.1 ASP. NET 概述

ASP. NET 是一个统一的 Web 开发模型,它包括让用户使用尽可能少的代码生成企业级 Web 应用程序所必需的各种服务。ASP. NET 作为. NET Framework 的一部分提供,当用户编写 ASP. NET 应用程序的代码时,可以访问. NET Framework 中的类库。用户可以使用与公共语言运行库兼容的任何语言来编写应用程序的代码,这些语言包括 Microsoft Visual Basic、Visual C#、JScript . NET 和 Visual J# 等。ASP. NET 包括以下内容。

1. 页和控件框架

ASP. NET 页和控件框架是一种编程框架,它在 Web 服务器上运行,可以动态地生成和呈现 ASP. NET 网页。可以从任何浏览器或客户端设备请求 ASP. NET 网页,ASP. NET 会向发出请求的浏览器呈现 HTML 等标记。一般情况下,用户可以对多个浏览器使用相同的页,因为 ASP. NET 会为发出请求的浏览器呈现适当的标记。

ASP. NET 网页是完全面向对象的。在 ASP. NET 网页中,可以使用属性、方法和事件来处理 HTML 元素。ASP. NET 页框架为在服务器上运行的代码响应客户端事件提供了统一的模型,从而使用户不必考虑基于 Web 的应用程序中客户端和服务器隔离的实现细节。该框架还会在页生命周期中自动维护页及该页上控件的状态。

使用 ASP. NET 页和控件框架还可以将常用的用户界面功能封装成易于使用且可重用的控件。控件只需编写一次即可用于许多页,并集成到 ASP. NET 网页中。

ASP. NET 页和控件框架还提供其他各种功能,以便可以通过主题和外观来控制网站的整体外观和感觉。可以先定义主题和外观,然后在页面级或控件级应用这些主题和外观。除了主题外,还可以定义母版页,以使应用程序中的页具有一致的布局。

2. ASP. NET 编译器

所有 ASP. NET 代码都经过了编译,可提供强类型、性能优化和早期绑定以及其他优点。公共语言运行库会进一步将 ASP. NET 编译为本机代码,从而提供增强的性能。

ASP. NET 包括一个编译器,该编译器将包括页和控件在内的所有应用程序组件编译成一个程序集,ASP. NET 宿主环境可以使用该程序集来处理用户请求。

3. 安全基础结构

除了. NET 的安全功能外,ASP. NET 还提供了高级的安全基础结构,以便对用户进行身份验证和授权,并执行其他与安全相关的功能。用户可以使用由 IIS 提供的 Windows 身份验证对用户进行身份验证,也可以通过用户自己的用户数据库使用 ASP. NET Forms 身份验证和 ASP. NET 成员资格来管理身份验证。此外,可以使用 Windows 组或用户自定义角色数据库来管理 Web 应用程序的功能和信息方面的授权。

ASP. NET 始终使用特定的 Windows 标识运行,因此,用户可以通过使用 Windows 功能来保护应用程序的安全。

4. 状态管理功能

ASP. NET 提供了内部状态管理功能,它使用户能够存储页请求期间的信息,例如客户信息或购物车的内容。用户可以保存和管理应用程序定义、会话定义、页定义、用户定义以及开发人员定义的信息。此信息可以独立于页上的任何控件。

ASP. NET 提供了分布式状态功能,使用户能够管理一台计算机或数台计算机上同一应用程序的多个实例的状态信息。

5. ASP. NET 配置

通过 ASP. NET 应用程序使用的配置系统,可以定义 Web 服务器、网站或单个应用程序的配置设置。用户可以在部署 ASP. NET 应用程序时定义配置设置,并且可以随时添加或修订配置设置,且对运行的 Web 应用程序和服务器具有最小的影响。ASP. NET 配置设置存储在基于 XML 的文件中。由于这些 XML 文件是 ASCII 文本文件,因此对 Web 应用程序进行配置更改比较简单。用户可以扩展配置方案,使其符合自己的要求。

6. 运行状况和性能监视

ASP. NET 包括可监视 ASP. NET 应用程序的运行状况和性能的功能。使用 ASP. NET 运行状况监视可以报告关键事件,这些关键事件提供有关应用程序的运行状况和错误情况的信息。这些事件显示诊断和监视特征的组合,并在记录哪些事件以及如何记录事件等方面提供了高度的灵活性。

7. 调试支持

ASP. NET 利用运行库调试基础结构来提供跨语言和跨计算机调试支持。可以调试托管和非托管对象,以及公共语言运行库和脚本语言支持的所有语言。此外,ASP. NET 页框架提供使用户可以将检测消息插入 ASP. NET 网页的跟踪模式。

8. XML Web 服务框架

ASP. NET 支持 XML Web 服务。XML Web 服务是包含业务功能的组件,利用该业务功能,应用程序可以使用 HTTP 和 XML 消息等标准跨越防火墙交换信息。XML Web 服务不用依靠特定的组件技术或对象调用约定。因此,用任何语言编写、使用任何组件模型并在任何操作系统上运行的程序,都可以访问 XML Web 服务。

9. 可扩展的宿主环境

ASP. NET 包括一个可扩展的宿主环境,该环境控制应用程序的生命周期,即从用户首次访问此应用程序中的资源到应用程序关闭这一期间。虽然 ASP. NET 依赖作为应用程序宿主的 IIS Web 服务器,但 ASP. NET 自身也提供了许多宿主功能。通过 ASP. NET 的基础结构,用户可以响应应用程序事件并创建自定义 HTTP 处理程序和 HTTP 模块。

10. 可扩展的设计器环境

ASP. NET 对创建 Web 服务器控件的设计器提供了增强支持。使用 Visual Studio 等可视化设计器可以为 Web 服务器控件生成设计时用户界面,这样开发人员可以在可视化设计工具中配置控件的属性和内容。

12.3.2 ASP. NET 访问数据

Web 应用程序通常访问用于存储和检索动态数据的数据源。可以通过编写代码使用 System. Data 命名空间(通常称为 ADO. NET)和 System. Xml 命名空间中的类来进行数据访问。

ASP. NET 包括数据源控件和数据绑定控件两类服务器控件,这些控件管理无状态 Web 模型显示和更新 ASP. NET 网页中数据所需的基本任务。因此,用户不必了解页请求生命周期的详细信息即可执行数据绑定。

数据源控件是管理连接到数据源以及读取和写入数据等任务的 ASP. NET 控件。数据源控件不呈现任何用户界面,而是充当特定数据源(如数据库、业务对象或 XML 文件)与 ASP. NET 网页上的其他控件之间的桥梁。数据源控件实现了丰富的数据检索和修改功能,包括查询、排序、分页、筛选、更新、删除以及插入等。如表 12.4 所示是 ASP. NET 所包括的数据源控件。

表 12.4 ASP. NET 数据源控件

数据源控件	说 明
ObjectDataSource	使用户能够处理业务对象或其他类,并创建依赖于中间层对象来管理数据的 Web 应用程序
SqlDataSource	使用户能够处理 ADO. NET 托管数据提供程序,该提供程序提供对 Microsoft SQL Server、OLE DB、ODBC 或 Oracle 数据库的访问
AccessDataSource	使用户能够处理 Microsoft Access 数据库
XmlDataSource	使用户能够处理 XML 文件,该 XML 文件对诸如 TreeView 或 Menu 控件等分层 ASP. NET 服务器控件极为有用
SiteMapDataSource	与 ASP. NET 站点导航结合使用

数据源控件模型是可扩展的,因此用户还可以创建自己的数据源控件,实现与不同数据源的交互,或者为现有的数据源提供附加功能。

数据绑定控件将数据以标记的形式呈现给请求数据的浏览器。数据绑定控件可以绑定到数据源控件,并自动在页请求生命周期的适当时间获取数据。数据绑定控件可以利用数据源控件提供的功能,包括排序、分页、缓存、筛选、更新、删除和插入等。数据绑定控件通过其 DataSourceID 属性连接到数据源控件。ASP. NET 包括表 12.5 中描述的数据绑定控件。

表 12.5　ASP.NET 数据绑定控件

数据绑定控件	说　　明
列表控件	以各种列表形式呈现数据。列表控件包括 BulletedList、CheckBoxList、DropDownList、ListBox 和 RadioButtonList 控件
AdRotator	将广告作为图像呈现在页上，用户可以单击该图像来转到与广告关联的 URL
DataList	以表的形式呈现数据。每一项都使用用户定义的项模板呈现
DetailsView	以表格布局一次显示一条记录，并允许用户编辑、删除和插入记录。用户还可以翻阅多条记录
FormView	与 DetailsView 控件类似，但允许用户为每一条记录定义一种自动格式的布局。对于单条记录，FormView 控件与 DataList 控件类似
GridView	以表的形式显示数据，并支持在不编写代码的情况下对数据进行编辑、更新、排序和分页
Menu	在可以包括子菜单的分层动态菜单中呈现数据
Repeater	以列表的形式呈现数据。每一项都使用用户定义的项模板呈现
TreeView	以可展开结点的分层树的形式呈现数据

1. 连接到数据源

ASP.NET 使用户可以灵活地连接至数据库。简单的方法是使用数据源控件，当然也可以使用 ADO.NET 类自己编写执行数据访问的代码。若要使用数据源控件连接至数据库，可执行以下操作：

（1）确定所需的数据源控件的类型。例如，ObjectDataSource 控件使用中间层业务对象检索和修改数据，而 SqlDataSource 控件允许用户提供数据源和 SQL 语句的连接，从而检索和修改数据。

（2）使用 SqlDataSource 控件时，需确定所需的提供程序。提供程序是与特定类型的数据库进行通信的类。默认为 System.Data.SqlClient 提供程序，该提供程序连接至 Microsoft SQL Server 数据库。如果是 OLE DB、ODBC 或者 Oracle 数据源请使用相应的数据提供程序。

（3）将数据源控件添加到页面中，并设置其数据访问属性。例如，ObjectDataSource 控件需要中间层业务对象类型及一种或多种用于查询或修改数据的方法。SqlDataSource 控件需要一个包含提供程序打开特定数据库时所需信息的连接字符串，以及用于查询或修改数据的一个或多个 SQL 命令。

可以将提供程序和连接信息指定为 SqlDataSource 控件的单独属性，也可以在 Web 应用程序的 Web.config 文件中集中定义提供程序和连接字符串信息。在 Web.config 文件中存储连接信息后，可以重复使用这些信息处理多个数据控件实例。

连接字符串通常会提供服务器或数据库服务器的位置、要使用的特定数据库及身份验证信息，取决于提供程序。具体操作过程是在 Web.config 文件的〈configuration〉元素中创建一个名为〈connectionStrings〉的子元素，并将连接字符串置于其中，如下例所示：

```
<connectionStrings>
  <add name="NorthindConnectionString"
```

```
        connectionString="Server=MyDataServer;Integrated Security=SSPI;Database=
        Northwind;"
        providerName="System.Data.SqlClient"/>
    </connectionStrings>
```

在此示例中,同时提供了名称和提供程序。应用程序中任何页面上的任何数据源控件都可以引用此连接字符串项。将连接字符串信息存储在 Web. config 文件中的优点是,用户可以方便地更改服务器名称、数据库或身份验证信息,而无须编辑各个网页。此外,用户可以使用加密保护连接字符串。

数据源控件提供检索和修改数据等数据服务,这些服务可由其他数据绑定 Web 服务器控件(如 GridView、FormView 和 DetailsView 控件)使用。数据源控件(如 SqlDataSource)会封装连接至数据库以检索或操作数据所需的所有元素(提供程序、连接字符串和查询)。例如,下面的 SqlDataSource 控件配置将连接至数据库并从 Customers 表中读取所有记录。

```
<asp:SqlDataSource ID="SqlDataSource1"Runat="server"
  SelectCommand="Select * from Customers"
  ConnectionString="<%$ConnectionStrings:NorthwindConnectionString%>"/>
```

在此示例中,提供程序名称和连接字符串存储于 Web. config 文件中,而 SQL 查询配置为数据源控件的属性。

此外,如果不适于在应用程序中使用数据源控件,则可以使用 ADO. NET 类自行对数据访问进行编码。

2. 进行数据绑定

Web 应用程序通常显示来自关系数据库(如 Microsoft SQL Server、Microsoft Access、Oracle、OLEDB 或 ODBC 数据源)的数据。为了简化将控件绑定到数据库中的数据这一任务,ASP. NET 提供了 SqlDataSource 控件。

SqlDataSource 控件表示访问 Web 应用程序中使用的数据库的直接连接。数据绑定控件(如 GridView、DetailsView 和 FormView 控件)可以使用 SqlDataSource 控件来自动检索和修改数据,将用来选择、插入、更新和删除数据的命令指定为 SqlDataSource 控件的一部分,并让该控件自动执行这些操作,用户无须额外编写代码来创建连接并指定用于查询和更新数据库的命令。

下面的代码示例演示如何将 GridView 控件绑定到 SqlDataSource 控件以检索、更新和删除数据。

```
<%@Page language="C#"%>

<html>
  <body>
    <form runat="server">
      <h3>GridView Edit Example</h3>

      <!--GridView 控件自动设置属性 datakeynames 中的列为只读-->
      <!--在编辑模式中这些列不能通过输入控件进行输入-->
      <asp:gridview id="CustomersGridView"
```

```
        datasourceid="CustomersSqlDataSource"
        autogeneratecolumns="true"
        autogeneratedeletebutton="true"
        autogenerateeditbutton="true"
        datakeynames="CustomerID"
        runat="server">
    </asp:gridview>

    <!--本例使用从 Web.config 文件中获取的连接串-->
    <!--并连接到 SQL Server 的示例数据库 Northwind-->
    <asp:sqldatasource id="CustomersSqlDataSource"
        selectcommand="Select [CustomerID], [CompanyName], [Address], [City],
        [PostalCode], [Country] From [Customers]"
        updatecommand="Update Customers SET CompanyName=@CompanyName, Address=@
        Address, City=@City, PostalCode=@PostalCode, Country=@Country WHERE
        (CustomerID=@CustomerID)"
        deletecommand="Delete from Customers where CustomerID=@CustomerID"
        connectionstring="<%$ConnectionStrings:NorthWindConnectionString%>"
        runat="server">
    </asp:sqldatasource>


        </form>
    </body>
</html>
```

SqlDataSource 控件直接连接到数据库,因此可以实现两层数据模型。如果用户需要绑定到执行数据检索和更新的中间层业务对象,那么就可以使用 ObjectDataSource 控件来完成相应的任务。ObjectDataSource 控件可以与封装数据以及提供数据管理服务的任何业务对象一起工作。ObjectDataSource 控件使用标准数据源控件对象模型,因此,GridView 等数据绑定控件可以绑定到 ObjectDataSource 控件。

通过将 ObjectDataSource 控件的 TypeName 属性设置为业务对象的类型,可以将 ObjectDataSource 控件与业务对象关联。用户可以指定 ObjectDataSource 针对业务对象特定数据操作的一个或多个方法。ObjectDataSource 控件的 SelectMethod 属性标识将用于对业务对象进行数据检索操作的方法。同样,InsertMethod、UpdateMethod 和 DeleteMethod 属性分别标识将用于插入、更新和删除等操作的方法。

一旦将 ObjectDataSource 控件与业务对象关联,用户便可以使用数据绑定控件的 DataSourceID 属性将控件绑定到 ObjectDataSource 控件,如下面的示例所示。

```
<%@Register TagPrefix="aspSample"Namespace="Samples.AspNet.CS"
Assembly="Samples.AspNet.CS"%>

<%@Page language="c#"%>
<html>
    <head>
```

```
    <title>ObjectDataSource-C#Example</title>
  </head>
  <body>
  <form id="Form1"method="post"runat="server">
      <asp:gridview id="GridView1"runat="server"datasourceid="ObjectDataSource1"/>
      <asp:objectdatasource id="ObjectDataSource1"runat="server"
        selectmethod="GetAllEmployees"typename="Samples.AspNet.CS.EmployeeLogic"/>
  </form>
  </body>
</html>
```

由于篇幅限制,有关使用 AccessDataSource、XmlDataSource 和 SiteMapDataSource 进行数据绑定的例子这里就不一一介绍了,请读者参考相关资料。

总之,ASP.NET 具有使用户只需少量代码或无须代码就可以将数据访问添加到 ASP.NET 网页的功能。用户可以连接到数据库、XML 数据和文件以及其他作为数据源的业务对象。ASP.NET 可以使用各种控件显示数据,这些控件对于如何在页上显示数据方面提供了极大的灵活性。

12.4 应用实例

本书第 11.4 节在 Java 环境下,使用 Oracle 数据库,实现了一个简化的选课系统。本节介绍该系统功能在.NET 环境下的实现。关于系统的需求分析、数据库逻辑设计和创建数据库表的过程,与系统的具体实现无关,且在第 11.4 节中已经叙述,本节直接给出具体功能的实现。

示例用 C# 语言编程,数据访问选用 ADO.NET,后台数据库为 Oracle。安装完 Oracle Client 的 ODP 以后,利用 Visual Studio.NET 创建一个 C# 的 Windows 控制台应用程序,命名为 Experiment,使用 2.0 版本或以上的.Net Framework。创建好以后在引用中添加一项对 System.Data.Client 的引用,然后就可以使用下面的代码来实现相应的功能。

与 Java 实现一样,系统功能的实现包括建立连接,查找数据库表中的数据并展现给用户,根据用户的要求对数据进行增加、修改或删除等操作,最后,关闭数据库连接。实现中,还是把一些学生、教师和管理员都要用到的功能归并到基类 User 中。

12.4.1 建立数据库连接

示例中的 Oracle 数据库服务器 IP 地址为 127.0.0.1,端口号为缺省的 1521。数据库用户名为 exp,密码为 exppassword。下面是建立数据库连接的代码段,数据库连接建立完成后,就可以使用它进行数据访问了。

```
Using System;
using System.Data;
using System.Data.OracleClient;

namespace Experiment
```

```
{
    public class GetConnection
    {
        private static String dbString="Data Source= (DESCRIPTION="
                +"(ADDRESS_LIST=(ADDRESS=(PROTOCOL=TCP)(HOST=127.0.0.1)(PORT=1521)))"
                +"(CONNECT_DATA=(SERVER=DEDICATED)(SID=EXPMT)));"
                +"User Id=exp;Password=exppassword;";

        public static OracleConnection getConnection()
        {
            try
            {
                OracleConnection conn=new OracleConnection(dbString);
                return conn;
            }
            catch(Exception e)
            {
                System.Console.Error.WriteLine("Exception: "+e.Message);
                return null;
            }
        }
    }
}
```

12.4.2 访问数据库中的数据

选课系统的功能包括管理员对课程的管理、教师开课、学生选课等。其中,浏览课程功能是这三类用户都需要使用的功能,因此,我们设计了一个基类 User 来实现。

```
Using System;
using System.Data;
using System.Data.OracleClient;

namespace Experiment
{
    public class User
    {
        public void printResult(OracleDataReader dr, String title)
        {
            try
            {
                System.Console.Out.WriteLine("------------------------");
                System.Console.Out.WriteLine(title+":");
                System.Console.Out.Write("{0,8}|", "课程号");
                System.Console.Out.Write("{0,16}|", "课程名");
                System.Console.Out.Write("{0,8}|", "教师号");
```

```
            System.Console.Out.Write("{0,10}|", "教师姓名");
            System.Console.Out.Write("{0,10}|", "开课系");
            System.Console.Out.Write("{0,16}|", "上课地点");
            System.Console.Out.Write("{0,8}|", "课容量");
            System.Console.Out.Write("{0,8}\n", "课余量");
            while(dr.Read())
            {
                System.Console.Out.Write("{0,8}|", dr["courseid"].ToString());
                System.Console.Out.Write("{0,16}|", dr["coursename"].ToString());
                System.Console.Out.Write("{0,8}|", dr["teacherid"].ToString());
                System.Console.Out.Write("{0,10}|", dr["teachername"].ToString());
                System.Console.Out.Write("{0,10}|", dr["department"].ToString());
                System.Console.Out.Write("{0,16}|", dr["classroom"].ToString());
                System.Console.Out.Write("{0,8}|", dr["capacity"].ToString());
                System.Console.Out.Write("{0,8}\n", dr["remain"].ToString());
            }
        }
        catch(Exception e)
        {
            System.Console.Error.WriteLine("Exception: "+e.Message);
        }
    }


    //按课程号查询课程
    public void queryCourse(int courseId)
    {
        OracleConnection con=GetConnection.getConnection();
        try
        {
            con.Open();
            OracleCommand cmd=new OracleCommand();
            cmd.Connection=con;
            cmd.CommandType=CommandType.Text;
            cmd.CommandText="SELECT c.courseid courseid, c.coursename coursename,
            c.teacherid teacherid, t.name teachername, "+
                "t.department department, c. classroom classroom, c. capacity
                capacity, c.capacity-c.studentcount remain "+
                "FROM course c, teacher t where c.teacherid=t.id and c.courseid=:
                courseid order by courseid";
            cmd.Parameters.Clear();
            cmd.Parameters.Add(new OracleParameter(":courseId", courseId));
            OracleDataReader dr=cmd.ExecuteReader();
            printResult(dr, "查询课程");
            System.Console.Out.WriteLine("Query done.");
        }
```

```
        catch (Exception e)
        {
            System.Console.Error.WriteLine("Exception: "+e.Message);
        }
        finally
        {
            con.Close();
        }
    }

    //按课程名查询课程
    public void queryCourse(String courseName)
    {
        OracleConnection con=GetConnection.getConnection();
        try
        {
            con.Open();
            OracleCommand cmd=new OracleCommand();
            cmd.Connection=con;
            cmd.CommandType=CommandType.Text;
            cmd.CommandText="SELECT c.courseid courseid, c.coursename coursename,
            c.teacherid teacherid, t.name teachername, "+
                "t.department department, c. classroom classroom, c. capacity
                capacity, c.capacity-c.studentcount remain "+
                "FROM course c, teacher t where c.teacherid=t.id and c.coursename
                like :coursename order by courseid";
            cmd.Parameters.Clear();
            cmd.Parameters.Add(new OracleParameter(":coursename", "%"+courseName
            +"%"));
            OracleDataReader dr=cmd.ExecuteReader();
            printResult(dr, "查询课程");
            System.Console.Out.WriteLine("Query done.");
        }
        catch (Exception e)
        {
            System.Console.Error.WriteLine("Exception: "+e.Message);
        }
        finally
        {
            con.Close();
        }
    }

    public void queryCourse()
    {
```

```
        OracleConnection con=GetConnection.getConnection();
        try
        {
            con.Open();
            OracleCommand cmd=new OracleCommand();
            cmd.Connection=con;
            cmd.CommandType=CommandType.Text;
            cmd.CommandText="SELECT c.courseid courseid, c.coursename coursename,
            c.teacherid teacherid, t.name teachername, "+
                "t. department department, c. classroom classroom, c. capacity
                capacity, c.capacity-c.studentcount remain "+
                "FROM course c, teacher t where c. teacherid = t. id order by
                courseid";
            cmd.Parameters.Clear();
            OracleDataReader dr=cmd.ExecuteReader();
            printResult(dr, "浏览所有课程");
            System.Console.Out.WriteLine("Query done.");
        }
        catch(Exception e)
        {
            System.Console.Error.WriteLine("Exception: "+e.Message);
        }
        finally
        {
            con.Close();
        }
    }
}
}
```

作为一个普通用户的基本功能,在 User 中已得到了实现。需要指出的是,代码中所实现的查询功能,是按照建立数据库连接、准备实现查询功能所需的 SQL 语句,提交数据库执行,对返回的结果集进行处理这几个步骤来完成的。下面需要按照前面的设计分别实现Administrator、Teacher 和 Student 的功能。

Administrator 需要增加的功能是清空数据库和删除课程。清库的操作必须要保证删除全部表,否则此操作失败。而删除课程的时候,一定要保证课程信息连同学生对该课程的选择一并删除。通过事务来保证以上两个操作的原子性。

```
using System;
using System.Data;
using System.Data.OracleClient;

namespace Experiment
{   public class Administrator : User
    {
```

```
//清空数据库的操作
public void clearDatabase()
{
    OracleConnection con=GetConnection.getConnection();
    try
    {
        con.Open();
        OracleCommand cmd=new OracleCommand();
        cmd.Connection=con;
        cmd.CommandType=CommandType.Text;

        OracleTransaction transaction=con.BeginTransaction();
        cmd.Transaction=transaction;
        try
        {
            cmd.CommandText="delete from course";
            cmd.ExecuteNonQuery();
            cmd.CommandText="delete from teacher";
            cmd.ExecuteNonQuery();
            cmd.CommandText="delete from student";
            cmd.ExecuteNonQuery();
            cmd.CommandText="delete from student_course";
            cmd.ExecuteNonQuery();
            transaction.Commit();
            System.Console.Out.WriteLine("清空数据库操作完成.");
        }
        catch(Exception)
        {
            transaction.Rollback();
            System.Console.Out.WriteLine("清空数据库操作失败.");
        }
    }
    catch(Exception e)
    {
        System.Console.Error.WriteLine("Exception: "+e.Message);
    }
    finally
    {
        con.Close();
    }
}
//删除课程的操作
public void deleteCourse(int courseId)
{
    OracleConnection con=GetConnection.getConnection();
```

```
try
{
    con.Open();
    OracleTransaction transaction=con.BeginTransaction();
    System.Console.Out.WriteLine("-----------------------");
    try
    {
        int courseNumber=0;
        int studentNumber=0;
        OracleCommand cmd=new OracleCommand();
        cmd.Connection=con;
        cmd.CommandType=CommandType.Text;
        cmd.Transaction=transaction;

        cmd.CommandText="delete from course where courseId=:courseId";
        cmd.Parameters.Clear();
        cmd.Parameters.Add(new OracleParameter(":courseId", courseId));
        //记录下影响的记录条数,用于显示成功信息
        courseNumber=cmd.ExecuteNonQuery();

        cmd.CommandText=" delete from student_course where courseId =:
        courseId";
        cmd.Parameters.Clear();
        cmd.Parameters.Add(new OracleParameter(":courseId", courseId));
        //记录下影响的记录条数,用于显示成功信息
        studentNumber=cmd.ExecuteNonQuery();

        transaction.Commit();
        System.Console.Out.WriteLine(String.Format("删除课程成功,{0}
        门课程和{1}条选课记录被删除.", courseNumber, studentNumber));
    }
    catch(Exception)
    {
        transaction.Rollback();
        System.Console.Out.WriteLine("删除课程失败.");
    }
}
catch(Exception e)
{
    System.Console.Error.WriteLine("Exception: "+e.Message);
}
finally
{
    con.Close();
}
```

```
            }
        }
    }
```

Teacher 可以浏览自己开设的课程，我们通过 course 表中的 teacherId 来辨识一门课程属于哪位老师。教师可以开设和删除自己的课程，因此还需要 appendCourse 和 deleteCourse 方法，添加课程时将课程的 teacherId 设为自己的 Id，删除课程时要检查 teacherId 是否相符。

```
using System;
using System.Data;
using System.Data.OracleClient;

namespace Experiment
{
    public class Teacher : User
    {
        private int teacherId;

        public Teacher(int id)
        {
            this.teacherId=id;
        }

        public void listMyCourse()
        {
        OracleConnection con=GetConnection.getConnection();
        try
        {
            con.Open();
            OracleCommand cmd=new OracleCommand();
            cmd.Connection=con;
            cmd.CommandType=CommandType.Text;
            cmd.CommandText="SELECT c.courseid courseid, c.coursename coursename,
c.teacherid teacherid, t.name teachername, "+
                "t. department department, c. classroom classroom, c. capacity
                capacity, c.capacity-c.studentcount remain "+
                "FROM course c, teacher t "+
                "where c. teacherid = t. id and c. teacherid =: teacherid order by
                courseid";
            cmd.Parameters.Clear();
            cmd.Parameters.Add(new OracleParameter(":teacherid", teacherId));
            OracleDataReader dr=cmd.ExecuteReader();
            printResult(dr, "我开设的所有课程");
            System.Console.Out.WriteLine("Query done.");
        }
        catch(Exception e)
```

```
            {
                System.Console.Error.WriteLine("Exception: "+e.Message);
            }
            finally
            {
                con.Close();
            }
        }

public int appendCourse(String courseName, String classroom, int capacity)
{
    int appendId=-1;
    OracleConnection con=GetConnection.getConnection();
    try
    {
        con.Open();
        OracleCommand cmd=new OracleCommand();
        cmd.Connection=con;
        cmd.CommandType=CommandType.Text;
        cmd.CommandText="insert into course(courseName, teacherId, classroom,
        capacity, studentcount) values (:courseName, :teacherId, :classroom,
        :capacity,0)";
        cmd.Parameters.Clear();
        cmd.Parameters.Add(new OracleParameter(":courseName", courseName));
        cmd.Parameters.Add(new OracleParameter(":teacherId", teacherId));
        cmd.Parameters.Add(new OracleParameter(":classroom", classroom));
        cmd.Parameters.Add(new OracleParameter(":capacity", capacity));
        int appendCount=cmd.ExecuteNonQuery();
        System.Console.Out.WriteLine("------------------------");

        if(appendCount>0)
        {
            cmd.CommandText="select s_course_id.currval lastid from dual";
            cmd.Parameters.Clear();
            OracleDataReader dr=cmd.ExecuteReader();
            if(dr.Read())
            {
                appendId=Int32.Parse(dr["lastid"].ToString());
                System.Console.Out.WriteLine(String.Format("课程添加成功,
                courseId={0}", appendId));
            }
            else
            {
                System.Console.Out.WriteLine("课程添加失败.");
            }
```

```
        }
        else
        {
            System.Console.Out.WriteLine("课程添加失败.");
        }
        System.Console.Out.WriteLine("Operation done.");
    }
    catch(Exception e)
    {
        System.Console.Error.WriteLine("Exception: "+e.Message);
    }
    finally
    {
        con.Close();
    }
    return appendId;
}


public void deleteCourse(int courseId)
{
    OracleConnection con=GetConnection.getConnection();
    try
    {
        con.Open();
        OracleTransaction transaction=con.BeginTransaction();
        System.Console.Out.WriteLine("------------------------");
        try
        {
            OracleCommand cmd=new OracleCommand();
            cmd.Connection=con;
            cmd.CommandType=CommandType.Text;
            cmd.Transaction=transaction;

            cmd.CommandText="delete from course where courseId=:courseId
            and teacherId=:teacherId";
            cmd.Parameters.Clear();
            cmd.Parameters.Add(new OracleParameter(":courseId", courseId));
            cmd.Parameters.Add(new OracleParameter(":teacherId", teacherId));
            int deleteCount=cmd.ExecuteNonQuery();
                            //记录下影响的记录条数,用于显示成功信息

            if(deleteCount>0)
            {
                cmd.CommandText="delete from student_course where courseId
                =:courseId";
```

```
            cmd.Parameters.Clear();
            cmd.Parameters.Add(new OracleParameter(":courseId", courseId));
            cmd.ExecuteNonQuery();
            System.Console.Out.WriteLine(String.Format("{0}个课程删除
成功,courseId={1}", deleteCount, courseId));
            transaction.Commit();
        }
        else
        {
            System.Console.Out.WriteLine("课程删除失败.");
            transaction.Rollback();
        }
    }
    catch(Exception)
    {
        transaction.Rollback();
        System.Console.Out.WriteLine("删除课程失败.");
    }
    System.Console.Out.WriteLine("Operation done.");
}
catch(Exception e)
{
    System.Console.Error.WriteLine("Exception: "+e.Message);
}
finally
{
    con.Close();
}
```

　　Student 需要增加的操作,首先是列出当前学生(StudentID)已经选中的课程,这可以通过从 student_course 表中选取 studentId 等于当前学生 id 的 courseId 即可。选课操作就是在 student_course 表中增加一条记录,但由于课程有容量限制,在添加这条记录之前,必须要先在 course 表中修改 studentCount 值,使其增值,成功之后才能添加 student_course 表中的记录。这里的"成功"必须要通过受影响的记录条数来进行确认,以保证不会出现并发冲突。退课操作则相对简单,先删除 student_course 中的选课记录,然后将 studentCount 值减 1 即可,这两件事情也需要通过事务来保证原子操作。

```
using System;
using System.Data;
using System.Data.OracleClient;

namespace Experiment
```

```
    {
        public class Student : User
        {
            private int studentId;

            public Student(int id)
            {
                this.studentId=id;
            }

            public void listMyCourse()
            {
                OracleConnection con=GetConnection.getConnection();
                try
                {
                    con.Open();
                    OracleCommand cmd=new OracleCommand();
                    cmd.Connection=con;
                    cmd.CommandType=CommandType.Text;
                    cmd.CommandText="SELECT c.courseid courseid, c.coursename coursename,
                    c.teacherid teacherid, t.name teachername, "+
                        "t.department department, c.classroom classroom, c.capacity
                        capacity, c.capacity-c.studentcount remain "+
                        "FROM course c, teacher t, student_course sc "+
                        "where c.teacherid = t.id and sc.studentid =: studentid and
                        sc.courseid=c.courseid order by courseid";
                    cmd.Parameters.Clear();
                    cmd.Parameters.Add(new OracleParameter(":studentid", studentId));
                    OracleDataReader dr=cmd.ExecuteReader();
                    printResult(dr, "我选择的所有课程");
                    System.Console.Out.WriteLine("Query done.");
                }
                catch(Exception e)
                {
                    System.Console.Error.WriteLine("Exception: "+e.Message);
                }
                finally
                {
                    con.Close();
                }
            }

            public void joinCourse(int courseId)
            {
                OracleConnection con=GetConnection.getConnection();
```

```
try
{
    con.Open();
    OracleTransaction transaction=con.BeginTransaction();
    System.Console.Out.WriteLine("------------------------");
    try
    {
        OracleCommand cmd=new OracleCommand();
        cmd.Connection=con;
        cmd.CommandType=CommandType.Text;
        cmd.Transaction=transaction;
        //首先检查是否已经选过这门课程
        cmd.CommandText="select * from student_course where studentid
        =:studentid and courseid=:courseid";
        cmd.Parameters.Clear();
        cmd.Parameters.Add(new OracleParameter(":studentid", studentId));
        cmd.Parameters.Add(new OracleParameter(":courseid", courseId));
        OracleDataReader dr=cmd.ExecuteReader();
        if(dr.Read())
        {
            //已经选过这门课程,选课失败
            transaction.Rollback();
            System.Console.Out.WriteLine("选课失败：已经选过此课程");
        }
        else
        {
            //检查该课程的选课人数是否小于课容量
            cmd.CommandText="select capacity, studentcount from course
            where courseid=:courseid";
            cmd.Parameters.Clear();
            cmd.Parameters.Add(new OracleParameter(":courseid", courseId));
            dr=cmd.ExecuteReader();

            if(dr.Read())
            {
                int capacity=Int32.Parse(dr["capacity"].ToString());
                int studentcount=Int32.Parse(dr["studentcount"].ToString());
                if(studentcount>=capacity)
                {
                    //如果选课人数已满,那么将不允许再选课
                    transaction.Rollback();
                    System.Console.Out.WriteLine("选课失败：课程容量超
                    过上限");
                }
                else
```

```
            {
                cmd.CommandText="update course set studentcount=
                studentcount+1 where courseid=:courseid and studentcount
                <capacity";
                cmd.Parameters.Clear();
                cmd.Parameters.Add(new OracleParameter(":courseid",
                courseId));
                int affectedRows=cmd.ExecuteNonQuery();
                if(affectedRows<1)
                {
                    transaction.Rollback();
                    System.Console.Out.WriteLine("选课失败：课程容
                    量超过上限");
                }
                else
                {
                    cmd.CommandText=" insert into student_course
                    (studentid,courseid)values(:studentid,:courseid)";
                    cmd.Parameters.Clear();
                    cmd.Parameters.Add(new OracleParameter(":studentid",
                    studentId));
                    cmd.Parameters.Add(new OracleParameter(":courseid",
                    courseId));
                    cmd.ExecuteNonQuery();
                    transaction.Commit();
                    System.Console.Out.WriteLine(String.Format("选
                    课成功：学生{0}选择了课程{1}。",this.studentId,
                    courseId));
                }
            }
            else
            {
                //如果课程不存在,那么报错,选课失败
                transaction.Rollback();
                System.Console.Out.WriteLine("选课失败：课程未找到");
            }
        }
    }
    catch(Exception)
    {
        transaction.Rollback();
        System.Console.Out.WriteLine("选课失败.");
    }
    System.Console.Out.WriteLine("Operation done.");
```

```
        }
        catch(Exception e)
        {
            System.Console.Error.WriteLine("Exception: "+e.Message);
        }
        finally
        {
            con.Close();
        }
    }

    public void leaveCourse(int courseId)
    {
        OracleConnection con=GetConnection.getConnection();
        try
        {
            con.Open();
            OracleTransaction transaction=con.BeginTransaction();
            System.Console.Out.WriteLine("------------------------");
            try
            {
                OracleCommand cmd=new OracleCommand();
                cmd.Connection=con;
                cmd.CommandType=CommandType.Text;
                cmd.Transaction=transaction;
                //首先检查是否已经选过这门课程
                cmd.CommandText="select * from student_course where studentid
                =:studentid and courseid=:courseid";
                cmd.Parameters.Clear();
                cmd.Parameters.Add(new OracleParameter(":studentid", studentId));
                cmd.Parameters.Add(new OracleParameter(":courseid", courseId));
                OracleDataReader dr=cmd.ExecuteReader();
                if(!dr.Read())
                {
                    //学生的选课列表中没有该课程
                    transaction.Rollback();
                    System.Console.Out.WriteLine("退课失败：未曾选上此课程");
                }
                else
                {
                    //检查该课程的选课人数是否小于课容量
                    cmd.CommandText="delete from student_course where studentid=
                    :studentid and courseid=:courseid";
                    cmd.Parameters.Clear();
```

```
                cmd.Parameters.Add(new OracleParameter(":studentid",studentId));
                cmd.Parameters.Add(new OracleParameter(":courseid", courseId));
                cmd.ExecuteNonQuery();

                cmd.CommandText="update course set studentcount=studentcount
                -1 where courseid=:courseid and studentcount>0";
                cmd.Parameters.Clear();
                cmd.Parameters.Add(new OracleParameter(":courseid", courseId));
                cmd.ExecuteNonQuery();

                transaction.Commit();
                System.Console.Out.WriteLine(String.Format("退课成功：学生
                {0}退掉了课程{1}.", this.studentId, courseId));
            }
        }
        catch(Exception)
        {
            transaction.Rollback();
            System.Console.Out.WriteLine("退课失败.");
        }
        System.Console.Out.WriteLine("Operation done.");
    }
    catch(Exception e)
    {
        System.Console.Error.WriteLine("Exception: "+e.Message);
    }
    finally
    {
        con.Close();
    }
        }
    }
}
```

这样，系统中与数据相关部分的功能已经完成，可以用下面的程序来对这些功能进行简单的测试。

```
using System;
using System.Collections.Generic;
using System.Text;

namespace Experiment
{
    class Program
    {
```

```
static void Main(string[] args)
{
    Teacher teacher1=new Teacher(101);
    int courseid=-1;
    courseid=teacher1.appendCourse("测试课程", "未知教室", 2);

    Student student1=new Student(2);
    student1.queryCourse();
    student1.joinCourse(1);
    student1.joinCourse(2);
    student1.joinCourse(courseid);
    Student student2=new Student(3);
    student2.joinCourse(1);
    student2.joinCourse(2);
    Student student=new Student(1);
    student.queryCourse();
    student.listMyCourse();
    student.joinCourse(1);
    student.joinCourse(2);
    student.queryCourse();
    student.listMyCourse();
    student.leaveCourse(1);
    student.queryCourse();
    student.listMyCourse();

    teacher1.deleteCourse(courseid);
    }
  }
}
```

　　需要指出的是,全部程序均只给出了与数据库操作相关的代码,而用户界面相关的代码都没有体现,但它们也是系统中不可缺少的部分,感兴趣的读者可以自行设计界面,实现完整的选课功能。

小　　结

　　Microsoft 提出的.NET 战略及其一系列基于.NET 平台的技术、产品和服务,为广大计算机用户提供了一个全新的应用软件开发环境。

　　Microsoft .NET 平台的基础是.NET Framework。.NET Framework 核心部分是公共语言运行库和基础类库,在此基础之上开发人员可以使用 ADO.NET 和 ASP.NET 进行数据访问并建立 Web 应用程序。Visual Studio 是 Microsoft 提供的.NET 平台上的完整的开发工具集,利用它的集成开发环境能够快速开发出.NET 平台上的各种应用。C♯语言是专门为.NET 平台设计的全新的编程语言,它简单、功能强大、类型安全,而且是面向对象的。C♯凭借它的许多创新,基本实现了应用程序安全、可靠的快速开发。

　　Microsoft .NET 平台还在不断的发展和完善,使用 Visual Studio 开发基于.NET 平台的数据库应用程序必然也会随之变得越来越简单、快捷和方便。

1. .NET Framework 的基本组件是哪两个?

2. C#语言的特点是什么?

3. 简单介绍 ADO.NET 的结构。

4. .NET Framework 数据提供程序和 DataSet 的作用各是什么?

5. 简单介绍 ADO.NET 的几种检索数据和修改数据的方式。

6. ASP.NET 的数据源控件有几种? 它们各自有什么不同的用途?

7. 常用的 ASP.NET 的数据绑定控件有哪些?

8. 补充实例中选课系统的用户界面,使之成为一个完整应用系统。

参 考 文 献

1. Lan Sommerville. 软件工程(英文版. 第 8 版). 北京：机械工业出版社, 2006 年 9 月

2. Hector Garcia-Molina Jeffrey D. Ullman Jennifer Widom. 数据库系统全书. 岳丽华, 杨东青等译. 北京：机械工业出版社, 2003 年 10 月

3. 陈禹六, 周之英, 汤荷美等. 复杂系统通用的设计分析方法. 北京：电子工业出版社, 1991 年 3 月

4. Oracle. Oracle 数据库管理系统软件产品资料

5. MSDN 微软开发中心网站, http://msdn.microsoft.com/zh-cn/aa937802

　 . NET Framework(中文)

　 ASP. NET(中文)

　 Visual C#(中文)以及相关产品与技术